ナノインプリントの開発とデバイス応用

Development of Nanoimprint and Device Applications

《普及版／Popular Edition》

監修 松井真二

シーエムシー出版

まえがき

　1995年のChou教授によるナノインプリント技術の提案から15年が過ぎ，装置開発および関連部材である材料開発，モールド開発等のインフラがかなり整備されてきた。ナノインプリント技術は，これまでの半導体に代表される光ステッパーや電子ビーム描画による微細加工装置に比べて，プレス装置であるため装置構造が簡単でかつ装置価格が格段に安いことが特徴である。装置価格の安さ，プロセスが簡便かつ10ナノメートルレベルの高解像度，および高スループットである特徴がナノインプリントの様々なデバイスへの量産化適用への魅力である。

　これまでに，微細マイクロレンズ，高効率LEDを達成するためのフォトニクス結晶構造形成，LCD等への高性能反射防止膜等へすでに実応用されており，さらに様々な分野への応用研究が開始されている。最近では，エネルギー分野として，燃料電池の反応場の隔壁や太陽電池の表面にナノインプリントにより凹凸を持たせ効率を上げることが行われている。このように，ナノインプリント技術を適用した市場は急速に成長しており，その個々の製品市場規模は数百〜数千億と，きわめて大きい。ナノインプリント技術を有し，製品展開することにより，企業の技術差別化，優位性を図ることができる。近い将来には，パターンドメディア，LSIの量産適用研究も開始されると期待される。

　本書は，ナノインプリント技術に取り組む初心者から第一線の技術者，研究者のために，最前線の技術者，研究者に，ナノインプリントの基礎と共に現状で最新のナノインプリント装置と関連部材，多様なデバイス応用について内容をわかりやすく執筆していただいた。

　本書をまとめるにあたり，貴重な原稿をご寄稿いただいた執筆者皆様に深くお礼申し上げる。

　本書は，実際にナノインプリント技術に取り組む際に，必ず参考になる最新の研究成果を網羅しており，本書が国内のナノインプリント技術の発展とナノインプリントを利用した産業創生に役立つものと期待する。

2011年10月

兵庫県立大学

松井真二

普及版の刊行にあたって

　本書は2011年に『ナノインプリントの開発とデバイス応用』として刊行されました。普及版の刊行にあたり，内容は当時のままであり加筆・訂正などの手は加えておりませんので，ご了承ください。

2018年3月

シーエムシー出版　編集部

——— 監 修 者 ———

松 井 真 二　兵庫県立大学　高度産業科学技術研究所　教授

——— 執筆者一覧（執筆順）———

平 井 義 彦　大阪府立大学　大学院工学研究科　電子物理工学分野　教授

廣 島　　洋　�産業技術総合研究所　集積マイクロシステム研究センター
　　　　　　　グリーンナノデバイス研究チーム　チーム長

姜　　有 志　兵庫県立大学　高度産業科学技術研究所

小久保 光 典　東芝機械㈱　ナノ加工システム事業部　ナノ加工システム技術部
　　　　　　　部長

宮 内 昭 浩　㈱日立製作所　日立研究所　主管研究員

栗 原 健 二　NTT アドバンステクノロジ㈱　営業本部　第四営業部門　担当部長

流 川　　治　HOYA㈱　R&D センター　フェロー

法 元 盛 久　大日本印刷㈱　研究開発センター　ナノパターニング研究所
　　　　　　　主席研究員

三 澤 毅 秀　綜研化学㈱　NIP 製品プロジェクト　プロジェクトリーダー

大 幸 武 司　東洋合成工業㈱　研究開発本部　感光材研究所
　　　　　　　次世代技術研究グループ　主任

三 宅 弘 人　㈱ダイセル　研究統括部　コーポレート研究所
　　　　　　　機能・要素グループ　グループリーダー

川 口 泰 秀　旭硝子㈱　中央研究所　主席研究員

池 田 明 代　丸善石油化学㈱　研究所　新商品開発室　主任研究員

鈴 木 正 睦　日産化学工業㈱　電子材料研究所　新製品研究部　主任研究員

嶋 谷　　聡　東京応化工業㈱　開発本部　先端材料開発３部　技師

好 野 則 夫　東京理科大学　工学部　工業化学科　教授

小 林　　敬　東北大学　多元物質科学研究所

中 川　　勝　東北大学　多元物質科学研究所　教授

岡 田　　真　兵庫県立大学　大学院理学部

伊 丹 康 雄	ダイキン工業㈱　化学研究開発センター　主任研究員
谷 口 　 淳	東京理科大学　基礎工学部　電子応用工学科　准教授
坂 井 信 支	㈱サムスン横浜研究所　ER center　AR-2 team　専任研究員
久 保 祥 一	東北大学　多元物質科学研究所　助教
小 瀧 健 一	スミックス㈱　シニア・アプリケーション・アドバイザー
西 井 準 治	北海道大学　電子科学研究所　教授
常 友 啓 司	日本板硝子㈱　機能性ガラス材料事業部門　研究開発部
	グループリーダー
有 村 聡一郎	ローム㈱　研究開発本部　融合デバイス研究開発センター
伊 藤 嘉 則	オムロン㈱　エンジニアリングセンタ　開発センタ　技術専門職
魚 津 吉 弘	三菱レイヨン㈱　横浜先端技術研究所　リサーチフェロー
渡 部 壮 周	大日本印刷㈱　研究開発センター　オプティカルデバイス研究所
	所長
柳 沢 昌 輝	住友電気工業㈱　伝送デバイス研究所　主席
生田目 卓 治	旭化成イーマテリアルズ㈱　機能製品事業部　市場開発グループ
	主査
和 田 英 之	Molecular Imprints, Inc.　日本支店　Director of Applications
	Engineering
米 田 郁 男	㈱東芝　研究開発センター　デバイスプロセス開発センター
	リソグラフィプロセス技術開発部
	リソグラフィプロセス技術開発第三担当　研究主務
久 保 雅 洋	日本電気㈱　システム実装研究所　主任
水 野 　 潤	早稲田大学　ナノ理工学研究機構　准教授
篠 原 秀 敏	早稲田大学　理工学術院　電子光システム学科　助手
尹 　 成 圓	㈱産業技術総合研究所　集積マイクロシステム研究センター　研究員
鎌 田 芳 幸	㈱東芝　研究開発センター　主任研究員
八 瀬 清 志	㈱産業技術総合研究所　ナノシステム研究部門　研究部門長
笠 原 崇 史	早稲田大学　理工学術院　先進理工学研究科　ナノ理工学専攻
庄 子 習 一	早稲田大学　理工学術院　教授
横 山 義 之	富山県工業技術センター　機械電子研究所　電子技術課　主任研究員

執筆者の所属表記は，2011年当時のものを使用しております。

目　　次

総　論　松井真二

1　はじめに ………………………… 1	3.2　LED, 太陽電池への応用 ………… 3
2　ナノインプリント技術 …………… 1	3.3　パターンドメディア ……………… 4
2.1　熱ナノインプリント技術 ………… 1	3.4　光学部品 …………………………… 4
2.2　光（UV）ナノインプリント技術 … 2	3.5　バイオ応用 ………………………… 4
3　デバイス応用 …………………… 2	3.6　半導体応用 ………………………… 4
3.1　ディスプレイ部材 ……………… 2	4　まとめ ……………………………… 5

【第1編　転写方式】

第1章　熱ナノインプリント　平井義彦

1　はじめに ………………………… 7	4.2　光学要素, 曲面構造の形成 ……… 12
2　加工の基本 ……………………… 7	4.3　マイクロ・ナノ混在構造の形成 … 13
2.1　高分子樹脂の力学的性質 ………… 7	4.4　生分解性プラスチックのナノ加工 14
2.2　パターン依存性 …………………… 8	4.5　ガラス材料のナノ加工 …………… 14
3　熱ナノインプリントの要素技術 … 9	4.6　有機太陽電池, 有機半導体材料への
3.1　モールド作製技術 ………………… 9	ナノ加工 ………………………… 15
3.2　モールドの離型と表面処理 ……… 10	4.7　金属材料の直接インプリント …… 15
3.3　装置技術 …………………………… 10	4.8　リバーサルインプリント法による三
4　熱ナノインプリント技術のシーズと応	次元多層構造の作製 …………… 15
用 ………………………………… 10	5　おわりに …………………………… 16
4.1　高アスペクト比構造の形成 ……… 10	

第2章　光ナノインプリント　廣島　洋

1　はじめに ………………………… 18	4　セルフクリーニング効果 …………… 20
2　光ナノインプリントの概要 ……… 19	5　バブル欠陥対策と新しい光ナノインプ
3　濡れによる樹脂充填 ……………… 20	リント ……………………………… 21

I

第3章　室温ナノインプリント　姜　有志, 松井真二

1　はじめに ……………………………… 24
2　PDMS モールドと液相 HSQ を用いた
　　室温ナノインプリント ……………… 25
3　HSQ 転写パターンをマスクとして用い
　　た二層構造体の作製 ………………… 27
4　SiOx 反射防止構造の作製と評価 …… 28
5　PDMS モールドを用いた三次元ナノイ
　　ンプリント …………………………… 29
6　まとめ ………………………………… 31

第4章　ナノインプリントのシミュレーション技術

1　熱ナノインプリントのシミュレーショ
　　ン …………………… **平井義彦** … 33
1.1　はじめに …………………………… 33
1.2　樹脂の変形解析（静的解析）……… 33
1.3　変形の過渡応答（時間依存性）…… 36
1.4　粘弾性モデルによる大面積解析 … 38
1.5　粘性流体モデルによる樹脂の流動解
　　　析 …………………………………… 39
1.6　流体モデルによる大面積解析 …… 39
2　光ナノインプリントのシミュレーショ
　　ン …………………… **平井義彦** … 41
2.1　はじめに …………………………… 41
2.2　システムの構成 …………………… 41
2.3　レジスト充填プロセス …………… 42
2.4　UV 照射プロセス ………………… 46
2.5　UV 硬化プロセス ………………… 47
2.6　硬化収縮によるレジストの形状変化
　　　と残留応力の計算例 ……………… 48
2.7　まとめと今後の課題 ……………… 49

【第2編　装置と関連部材】

第5章　ナノインプリント装置

1　東芝機械 ………… **小久保光典** … 51
1.1　はじめに …………………………… 51
1.2　ナノインプリント ………………… 51
1.3　おわりに …………………………… 58
2　日立グループのナノインプリント装置
　　………………………… **宮内昭浩** … 60
2.1　はじめに …………………………… 60
2.2　熱ナノインプリント装置 ………… 60
2.3　光ナノインプリント装置 ………… 61
2.4　まとめ ……………………………… 62

第6章　モールド

1　各種材料によるモールド作製技術
　　………………………… **栗原健二** … 63
1.1　はじめに …………………………… 63
1.2　モールド加工技術 ………………… 63

II

1.3	ナノインプリントモールド加工例	64	3.3	HDD/パターンドメディア用モールド開発状況	76
1.4	おわりに	67	4	フィルムモールド …… **三澤毅秀** …	79
2	磁気ディスク用石英モールド ……… **流川　治** …	69	4.1	はじめに	79
2.1	はじめに	69	4.2	フィルムモールド「フレフィーモ™」	79
2.2	光ナノインプリント用石英モールドの製法	69	4.3	熱ナノインプリントでの性能評価例	80
2.3	今後の課題	70	4.4	光ナノインプリントでの性能評価例	80
2.4	まとめ	74	4.5	光式 Roll to Roll への応用	81
3	大日本印刷のモールド技術 ……… **法元盛久** …	75	4.6	まとめ	83
3.1	はじめに	75			
3.2	半導体 NGL 用モールド開発状況 …	75			

第7章　樹脂

1	UV ナノインプリント用光硬化性樹脂 ……… **大幸武司** …	84	3.2	光ナノインプリント用光硬化樹脂（NIF）	97
1.1	はじめに	84	3.3	おわりに	100
1.2	UV-NIL 用光硬化性樹脂の特性評価	85	4	丸善石油化学のナノインプリント用樹脂 ……… **池田明代** …	102
1.3	おわりに	88	4.1	はじめに	102
2	ダイセルの UV ナノインプリント樹脂 ……… **三宅弘人** …	89	4.2	熱 NIL 用樹脂：MTR-01	102
2.1	はじめに	89	4.3	UV-NIL 用樹脂：MUR-XR シリーズ	103
2.2	ダイセルの強み	89	4.4	まとめ	105
2.3	光（UV）硬化性材料について	90	5	UV ナノインプリント材料の屈折率制御 ……… **鈴木正睦** …	106
2.4	ダイセルの UV ナノインプリント材料開発に向けた取り組み	91	5.1	はじめに	106
2.5	新規 UV ナノインプリント材料の提案	94	5.2	フィルム用途に対応した UV ナノインプリントプロセス	106
2.6	おわりに	95	5.3	高屈折率 UV ナノインプリント材料	107
3	ナノインプリント量産プロセス用光硬化樹脂 ……… **川口泰秀** …	97	5.4	屈折率1.5付近の材料	109
3.1	はじめに	97	5.5	低屈折率 UV ナノインプリント材	

料 ……………………… 109	6.1 はじめに ……………… 112
5.6 各材料のナノインプリント ……… 110	6.2 RT-NIL 材料 …………… 113
5.7 おわりに ………………… 110	6.3 UV-NIL 材料 …………… 113
6 ケイ素含有インプリント材料	6.4 おわりに ……………… 115
……………………**嶋谷 聡**… 112	

第8章 離型剤（評価）

1 ナノインプリント用耐熱離型剤—400	ラン（FAS13）……………… 127
℃に耐えるフッ素系シランカップリン	2.7 おわりに ……………… 128
グ剤— ……………**好野則夫**… 117	3 走査型プローブ顕微鏡を用いた離型膜
1.1 はじめに ……………… 117	評価 ………**岡田 真, 松井真二**… 130
1.2 シランカップリング剤の表面改質メ	3.1 はじめに ……………… 130
カニズム ………………… 118	3.2 SPM による付着力と摩擦力測定方
1.3 耐熱離型剤の合成 ………… 119	法 ………………………… 130
1.4 400℃に耐えるフッ素系シランカッ	3.3 実験結果および考察 ……… 131
プリング剤 ………………… 120	4 ナノインプリント用フッ素系離型剤
1.5 まとめ ………………… 121	……………**伊丹康雄**… 134
2 光ナノインプリント用離型剤	4.1 フッ素系離型剤 …………… 134
……………**小林 敬, 中川 勝**… 123	4.2 表面処理剤オプツール DSX ……… 134
2.1 はじめに ……………… 123	4.3 ナノインプリント用離型剤（石英/
2.2 離型剤の種類 …………… 123	シリコンモールド用・ニッケル電鋳
2.3 離型剤の処理方法 ………… 124	用）……………………… 135
2.4 離型剤の評価 …………… 126	4.4 離型剤によるモールドの処理方法 135
2.5 離型性劣化の因子 ………… 126	4.5 離型剤層の厚み分析 ……… 136
2.6 離型剤トリデカフルオロ1,1,2,2-テ	4.6 最後に ………………… 137
トラヒドロオクチルトリメトキシシ	

第9章 離型不良・課題

1 高アスペクト比モールドを用いた離型	1.3 UV ナノインプリントによる転写お
性評価 ……………**谷口 淳**… 138	よび離型力の測定 …………… 138
1.1 はじめに ……………… 138	1.4 作製された GC の観察結果 ……… 140
1.2 高アスペクト比モールドの作製方法	1.5 転写樹脂の観察および離型力の測定
……………………… 138	結果 ……………………… 141

1.6 転写特性の評価 …………… 142	2.1 離型不良 ………………… 146
1.7 おわりに ……………… 144	2.2 樹脂剥がれ ……………… 146
2 離型不良対策─材料の観点から─	2.3 パターン部の破壊 ………… 148
………………… **坂井信支** … 146	2.4 まとめ ………………… 150

第10章 ナノインプリントパターン評価

1 ナノインプリントパターン評価	1.7 その他の技術 …………… 154
……… **久保祥一**，**中川　勝** … 151	2 ナノスケール・パターンのマクロ評価
1.1 はじめに …………………… 151	技術 …………… **小瀧健一** 156
1.2 測長電子顕微鏡（CD-SEM）…… 152	2.1 はじめに ………………… 156
1.3 反射分光膜厚計 …………… 152	2.2 マクロ撮像手法 …………… 156
1.4 X線反射率測定装置 ……… 152	2.3 マクロ手法における感度 ……… 157
1.5 光学的マクロ検査装置 ……… 153	2.4 マクロ手法による転写性の評価 … 158
1.6 蛍光顕微鏡 ……………… 153	2.5 おわりに ………………… 159

【第3編　デバイス応用】

第11章　光デバイス

1 ガラスインプリント法による微細構造	3.2 金型の設計と作製 …………… 174
光学素子の開発 ……… **西井準治** 161	3.3 室温ナノインプリントによるレンズ
1.1 はじめに ………………… 161	作製 ………………… 175
1.2 ガラスインプリント用モールドの作	3.4 まとめ ………………… 176
製と離型膜 ……………… 161	4 光学アレイ素子 ……… **伊藤嘉則** … 177
1.3 ガラスインプリントプロセス …… 163	4.1 はじめに ………………… 177
1.4 おわりに ………………… 166	4.2 プロジェクター用マイクロレンズア
2 ゾルゲルナノインプリント法による光	レイ ………………… 177
学素子 …………… **常友啓司** 168	4.3 ポリマー光導波路 …………… 178
2.1 はじめに ………………… 168	4.4 柱構造付きハイブリッド無反射構造
2.2 ゾルゲル法 ……………… 169	………………… 180
2.3 ゾルゲルナノインプリント法 …… 171	4.5 まとめ ………………… 181
2.4 おわりに ………………… 172	5 モスアイ型反射防止フィルム
3 レンズ応用 ……… **有村聡一郎** 174	………………… **魚津吉弘** 182
3.1 半導体素子上の光学素子 ……… 174	5.1 はじめに ………………… 182

5.2	モスアイ型反射防止フィルム …… 183	
5.3	モスアイ型反射防止フィルムを形成 するための金型の作製 ………… 183	
5.4	モスアイフィルムの光インプリント ………………………………… 184	
5.5	モスアイ型反射防止フィルムの反射 率と映り込み ………………… 185	
5.6	大型ロール金型を用いた連続賦形 186	
5.7	おわりに ……………………… 186	
6	ホログラム ………… **渡部壮周** … 188	
6.1	はじめに ……………………… 188	
6.2	ホログラムの種類 …………… 188	
6.3	ホログラムの機能 …………… 189	
6.4	計算機合成ホログラム（CGH： Computer Generated Hologram）… 189	
6.5	おわりに ……………………… 192	
7	半導体レーザへの光ナノインプリント の応用 ……………… **柳沢昌輝** … 194	
7.1	はじめに ……………………… 194	

7.2 動機と課題 …………………… 195
7.3 作製プロセス ………………… 196
7.4 結果 …………………………… 198
7.5 結言 …………………………… 200
8 ワイヤグリッド偏光フィルム ………………… **生田目卓治** … 202
8.1 はじめに ……………………… 202
8.2 ナノインプリント技術について … 203
8.3 ワイヤグリッド偏光フィルムの特徴 ………………………………… 204
8.4 課題 …………………………… 205
8.5 最後に ………………………… 206
9 LED ………………… **小久保光典** … 208
9.1 はじめに ……………………… 208
9.2 ナノインプリント技術 ……… 208
9.3 樹脂モールドを用いた高輝度 LED 用ナノインプリントプロセス …… 209
9.4 高輝度 LED 用量産装置 ……… 214
9.5 まとめ ………………………… 217

第12章 電子デバイス

1 CMOS ………………… **和田英之** … 218
1.1 はじめに ……………………… 218
1.2 インプリント・マスク ……… 218
1.3 重ね合わせ精度 ……………… 219
1.4 欠陥 …………………………… 220
1.5 インプリント・プロセス・インテグ レーション …………………… 221
1.6 まとめ ………………………… 222
2 CMOS ………………… **米田郁男** … 224
2.1 はじめに ……………………… 224
2.2 ナノインプリントリソグラフィ技術 の現状 ………………………… 225
2.3 ナノインプリントリソグラフィの応

用事例と今後の技術開発 ………… 229
2.4 まとめ ………………………… 229
3 ナノインプリント技術の実装応用 ………………… **久保雅洋** … 231
3.1 はじめに ……………………… 231
3.2 実装領域への応用に期待されるナノ インプリント技術 …………… 231
3.3 回路形成技術応用 …………… 233
3.4 おわりに ……………………… 234
4 実装技術 …… **水野 潤，篠原秀敏** … 236
4.1 はじめに ……………………… 236
4.2 実験 …………………………… 236
4.3 実験結果 ……………………… 238

5 化学増幅系光硬化性樹脂の熱・光併用 インプリント成形法とマイクロスケールデュアルダマシン銅配線製造への応用 ……………………… 尹　成圓 … 241

5.1 はじめに ……………………… 241

5.2 デュアルダマシン構造形成用二段 Ni 電鋳型の作製 ……………… 241

5.3 SU-8 の熱・光併用インプリントプロセス ………………………… 242

5.4 SU-8 の熱・光併用インプリントによるデュアルダマシン構造形成 … 245

5.5 銅めっきと CMP を併用した銅配線基板作製 …………………… 246

5.6 まとめ ………………………… 247

6 パターンドメディア ……… 鎌田芳幸 249

6.1 はじめに ……………………… 249

6.2 ナノインプリントで作製したガイド溝を用いる配列制御法 ………… 249

6.3 自己組織化 BPM の作製 ………… 250

6.4 まとめと今後の展望 …………… 252

7 フレキシブルディスプレイ ……………………… 八瀬清志 254

7.1 はじめに ……………………… 254

7.2 マイクロコンタクト印刷法 ……… 255

7.3 今後の発展と課題 ……………… 258

第13章　エネルギーデバイス

1 有機太陽電池への応用 … 平井義彦 260

1.1 はじめに ……………………… 260

1.2 国内外の研究報告例 …………… 260

1.3 まとめ ………………………… 265

2 燃料電池 ………………… 宮内昭浩 … 267

2.1 はじめに ……………………… 267

2.2 発電原理 ……………………… 267

2.3 試作例 ………………………… 268

2.4 まとめ ………………………… 268

第14章　バイオデバイス

1 細胞培養 ………………… 宮内昭浩 … 269

1.1 はじめに ……………………… 269

1.2 培養特性 ……………………… 269

1.3 まとめ ………………………… 271

2 マイクロ TAS ….. 水野　潤，笠原崇史，庄子習一 273

2.1 はじめに ……………………… 273

2.2 ナノスプレー一体型ポリマーチップの作製 …………………… 274

2.3 エレクトロスプレーイオン化実験 275

2.4 まとめ ………………………… 276

3 バイオ応用 ……………… 横山義之 … 278

3.1 はじめに ……………………… 278

3.2 バイオレジストの微細パターン形成 ……………………………… 278

3.3 バイオレジストの温度応答性 …… 279

3.4 バイオチップへの応用例 ………… 280

3.5 今後の展開 …………………… 282

総　論

松井真二*

1　はじめに

　ナノインプリントは，光ディスク製作ではよく知られているエンボス技術を発展させ，その解像性を高めた技術であり，凹凸のパターンを形成したモールドを，基板上の液状ポリマー等へ押し付けパターンを転写するものである[1~3]。この技術を光素子や半導体素子あるいは，ナノ構造材料形成等新たな応用へ展開しようとする試みが進められており，10 nm レベルのナノ構造体を，安価に大量生産でき，かつ高精度化が可能となりうる技術として近年注目を浴びている。1995年にプリンストン大学の Chou 教授が，ポリマーのガラス転移温度付近で昇温，冷却過程により 10 nm パターン転写が可能であるナノインプリント技術を発表した[4,5]。熱サイクルプロセスであるため，熱ナノインプリントとも呼ばれている。その後，オランダのフィリップス研究所（1996），米国テキサス大学の Wilson 教授が紫外光硬化樹脂を用いた，光（UV）ナノインプリント技術を発表した[6,7]。本稿では，ナノインプリント技術として，熱ナノインプリント，光（UV）ナノインプリントプロセスおよびナノインプリント技術のデバイス応用について概説する。

2　ナノインプリント技術

　図1は熱ナノインプリント，光ナノインプリントのプロセスを説明している。

2.1　熱ナノインプリント技術

　平坦性の高い基板上に PMMA などの熱可塑性樹脂をスピンコートし，さらにシリコン，熱酸化膜，ニッケルなどのモールドを用いてプレスする。その後，熱可塑性樹脂が柔らかくなるガラス転移温度より数十度高い温度でプレスしたまま加熱保持した後，ガラス転移温度以下まで冷却し，モールドを離型する。その後，残膜を酸素ドライエッチングにより除去する。Chou らの実験により，シリコン基板上の SiO₂/

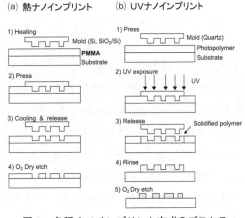

図1　各種ナノインプリント方式のプロセス

＊　Shinji Matsui　兵庫県立大学　高度産業科学技術研究所　教授

Siモールドを用いて，熱インプリントされた10 nmのPMMA転写パターンが実証されている[5]。

2.2 光（UV）ナノインプリント技術

UVナノインプリントは，室温プロセスで，石英基板表面にパターンの凹凸を付けた透明モールドを用いる。低粘性の光硬化樹脂をレジストとして用いているため，石英モールドのレジストへのプレス圧は，熱ナノインプリントが5-10 MPaであるのに対して，1 MPa以下と極めて小さい。パターン転写には紫外光（300-400 nm）が用いられるが，その解像度は光の波長に依存せず，石英モールドのパターンサイズにより決まる。このプロセスは，粘度の低い光硬化樹脂をモールドで変形させて，その後に紫外光を照射して樹脂を硬化させ，モールドを離すことによりパターンを得るものである。パターンを得るのに紫外光の照射のみで行えるので，熱サイクルに比べ，スループットが高く，温度による寸法変化等を防ぐことができる。また，モールドには紫外光を透過するモールドを使用するので，モールドを透過しての位置合わせが行える利点もある。これらの特徴のために，位置合わせ精度および重ね合わせ精度は基本的に現状の光ステッパと同程度であると期待できる。ステップ＆リピートによりウエハー全面へのインプリントも可能となる。線幅5 nmの石英ナノインプリントモールドを電子ビーム露光とドライエッチングで作製し，UVナノインプリントした結果，最小線幅5 nmパターンの転写に成功している[8]。

3　デバイス応用[9,10]

ナノインプリント技術応用の最小パターンサイズ範囲は，10 nm～10 μmオーダと広く，また素子面積・成形エリア範囲は10～1000 mmが要求されている。2.5インチサイズであるパターンドメディアは，平行平板型のナノインプリント装置が用いられるが，フラットパネルディスプレイでは，大きさ1 m以上の導光板，反射防止膜，偏光板等の光学部材が要求されており，大面積・高速転写が可能であるローラナノインプリントが用いられる。

図2はNEDOによって作成されたナノインプリントロードマップであり，IT，環境・エネルギー，バイオ産業振興に不可欠なキーテクノロジーとして位置付けられている。国内外においてナノインプリント技術の産業化が現実のものとなりつつある状況の中，ナノインプリント装置，転写材料・モールド・離型材等のナノインプリント部材への企業の進出が相次ぎ，ナノインプリント研究開発・ビジネスが急速な勢いで展開されつつある。ナノインプリントの応用分野は，①LCDのフラットパネルディスプレイにおける，導光板，無反射防止膜，金属ワイヤー偏光板等の光学部材，②磁気ディスク等のパターンドメディア，③マイクロレンズアレイ，光導波路等の光学部品，④燃料電池，太陽電池等のエネルギーデバイス，⑤バイオデバイス，等への応用研究開発が進んでいる。

3.1 ディスプレイ部材

ナノインプリントが量産技術として適用展開されているのが，面積は数cm～mオーダまでに

総　論

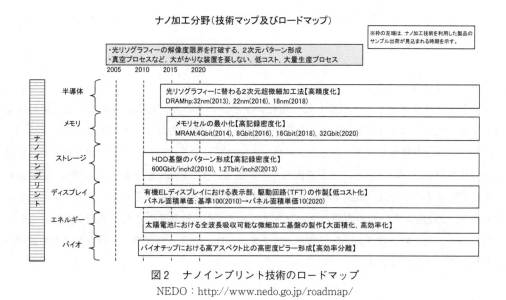

図2　ナノインプリント技術のロードマップ
NEDO：http://www.nedo.go.jp/roadmap/

わたる携帯電話，液晶テレビのフラットパネルディスプレイ（FPD）部材応用である。また，導光板，反射防止膜，偏光板等の光学部材の生産にナノインプリントが適用されつつある。導光板は，フレネルレンズ構造等のミクロンオーダの三次元構造である。これまで，射出成形により製造されていたが，高効率導光板を製造するには高精度三次元構造製造が重要であり，射出成形では要求される三次元構造を高精度に充填できなくなってきている。そのために，射出成形に代わり，ナノインプリント技術が製造ラインに展開されつつある。周期100 nmの高効率金属ワイヤー偏光板については，旭化成㈱がナノインプリントを用いて製品展開している。さらに，ソニー㈱は，フラットパネルディスプレイ用の反射防止フィルムの原版となるモールドを，Blu-ray製造技術を利用して，短時間で製造する技術を確立し，通常製造プロセスより高性能の0.1％以下の反射防止フィルム製造に成功している。また，シャープ㈱は，100 nm周期のモスアイ構造を有した，60インチサイズの反射防止膜を製造し，LCDテレビに実機搭載し，その高性能を示した。以上示したように，既にナノインプリントはディスプレイ部材応用に不可欠の製造技術として展開されており，大面積対応高速ナノインプリント技術として，ローラナノインプリントの製造展開が進んでいる。

3.2　LED，太陽電池への応用

　GaN表面に穴径100 nmレベルの周期構造を有するフォトニック結晶構造をナノインプリントで形成することにより，光の指向性向上と共に，取り出し効率が1.5倍になり，GaNのLED高効率化が実現でき，すでに市場展開されている。さらに，太陽電池の発電効率向上のために，シリコン太陽電池のガラス保護膜の透過率を向上させ発電効率を増大させるために，ガラス保護膜の片面または両面にナノインプリントにより，300 nm周期のモスアイ構造を形成している。ま

3

た，燃料電池についても，ナノインプリントにより隔壁膜の面積増大を行い，効率向上を図る研究開発が行われている。

3.3 パターンドメディア

ハードディスクドライブ（HDD）は，現在コンピュータの大容量の記録媒体として中心的な役割を果たしている。1990年代には10年で100倍という驚異的な伸び率で増大した。しかし，2000年から伸びが鈍化してきている。これは，安定に記録できる磁性体ドットの最小サイズに媒体の記録単位が近づいていることが原因の一つである。1 Tbit/inch^2 を超える大容量 HDD 用の高密度記録メディアでは，隣接トラック間の磁性体を物理的に分離するパターンドメディアが有力であり，20 nm スケールの周期パターンをメディア全面に作製することが必要である。このために，ハードディスクのパターンドメディアにおいては，ナノインプリント技術が必須の量産技術として導入されつつある。

3.4 光学部品

マイクロレンズ等の光学部品製造にはこれまで射出成形が用いられてきたが，高精度マイクロレンズ製造への対応が困難になってきており，ナノインプリント技術が高精度マイクロレンズ製造に用いられている。マイクロレンズアレイはデジタルカメラ，携帯カメラに搭載されており，大きな市場展開が見込める。さらに，光導波路製造においても，高精度加工が可能であるために損失が少なく，ナノインプリント技術が導入されている。

3.5 バイオ応用

現状の市場としては，ディスプレイ部材等に比べると大きくないが，パターンサイズ，使い捨てデバイスという特徴から，ナノインプリントが用いられる成長が期待できる分野である。バイオ・医療分野などへの応用例として，微小量の液体を制御するシステムであるマイクロ TAS（Micro Total Analysis System）デバイスが注目されている。流路内に作製された微小構造体によりサイズ選別を行う DNA/Protein バイオチップ，高アスペクトナノ構造を有する細胞培養シートおよび抗原抗体反応検出シート等が報告されており，市場展開が図られつつある。

3.6 半導体応用

ITRS（International Technology Roadmap for Semiconductors（http://www.itrs.net））ロードマップに，ナノインプリントリソグラフィが22 nm HP（ハーフピッチ）のリソグラフィ候補として EUV（極端紫外線露光）と共に掲載されている。高い位置精度および重ね合わせ精度が必要であるので，光ナノインプリントが CMOS リソグラフィ適用に向けて研究開発が進められている。米国の Molecular Imprints 社（MII）（http://www.molecularimprints.com/）は，8 インチおよび12インチ仕様の装置開発を行っており，インプリントフィールド毎に低粘度（数 cP）

の光硬化モノマーを滴下するドロップオンデマンド方式を採用し，ステップ＆リピートによって基板上にパターンを繰り返し形成することを特徴としており，最小11 nm HP パターンが示されている。また，ナノインプリント適用プロセスとして期待されているのが，銅多層配線デュアルダマシンプロセスである。光ナノインプリントにより，三次元モールドが高精度に転写できることが示されており，デュアルダマシン構造のモールドを用いて，従来のデュアルダマシンプロセスを50ステップから10ステップに簡略化することができる。さらに，現像工程がないため，現在 LSI 製造で問題となっている，パターンエッジラフネスの低減も魅力である。ナノインプリントの LSI 適用は，22 nm HP 以降であるが，光ナノインプリントの量産適用には，スループット，アライメント精度およびパターン欠陥などの高いハードルがあるが，これら課題が解決されれば，LSI 製造への適用検討が開始されると期待できる。

4　まとめ

　ナノインプリント技術は，Chou 教授の発明からこれまでの16年間，装置開発，プロセス開発，モールド・材料開発等がワールドワイドに精力的に進められ，パターンドメディア，ディスプレイ部材，光学部品，エネルギーデバイス，バイオデバイス等，LSI 以外への量産応用展開が急速に進んでいる。すでに，マイクロレンズ，反射防止膜，LED 等への実デバイス応用が行われており，最近では，エネルギー分野として，燃料電池の反応場の隔壁や太陽電池の表面にナノインプリントにより凹凸を持たせ効率を上げることが行われている。このように，ナノインプリント技術を適用した市場は急速に成長しており，その個々の製品市場規模は数百～数千億と，極めて大きい。ナノインプリント技術を有し，製品展開することにより，企業の技術差別化，優位性を図ることができる。近い将来には，LSI の量産適用研究も開始されると期待される。

文　　献

1)　ナノインプリント技術徹底解説，電子ジャーナル（2004）
2)　松井真二，古室昌徳，ナノインプリントの開発と応用，シーエムシー出版（2005）
3)　平井義彦，ナノインプリントの基礎と技術開発・応用展開，フロンテイア出版（2006）
4)　S. Y. Chou, P. R. Krauss and P. J. Renstrom, *Appl. Phys. Lett.*, **67**, 3114 (1995)
5)　S. Y. Chou, P. R. Krauss and P. J. Renstrom, *J. Vac. Sci. Technol. B*, **15**, 2897 (1997)
6)　J. Haisma, M. Verheijen and K. Heuvel, *J. Vac. Sci. Technol. B*, **14**, 4124 (1996)
7)　T. Bailey, B. J. Chooi, M. Colburn, M. Meissi, S. Shaya, J. G. Ekerdt, S. V. Screenivasan and C. G. Willson, *J. Vac. Sci. Technol. B*, **18**, 3572 (2000)
8)　M. D. Austin, H. W. Wu, M. L. Zhaoning, Y. D. Wasserman, S. A. Lyon and S. Y. chou, *Appl.*

Phys. Lett., **84**, 5299 (2004)

9) ナノインプリント応用事例, ㈱情報機構 (2007)

10) 日経マイクロデバイス, ナノインプリントの衝撃, 2008年5月号, pp. 35-47

〔第1編 転写方式〕

第1章 熱ナノインプリント

平井義彦*

1 はじめに

被加工材料として主に熱可塑性樹脂を用いる熱ナノインプリント法[1]は，図1に示すように，ガラス転移温度（Tg）以上に加熱した高分子樹脂にモールド（金型）をプレスし，冷却後にモールドを離型することで，微細構造を基板上の樹脂に転写するものである。モールドと基板の熱膨張率が異なるものを用いると熱歪が生じる恐れがあるが，加工しようとする材料の選択肢は極めて広く，多様なナノテクノロジー分野への産業応用が期待できる。

ここでは，熱ナノインプリント法の基礎となる要素技術と技術シーズ，応用事例についての概要を述べることにする。

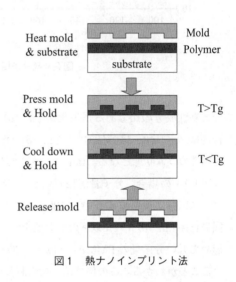

図1 熱ナノインプリント法

2 加工の基本

ここでは，熱ナノインプリントによる加工の基本的事項について述べる。

2.1 高分子樹脂の力学的性質[2]

高分子樹脂は，加熱することによってその機械的特性が変化する。ガラス転移温度以下では弾性的性質を示しているが，ガラス転移温度を越えると粘性的性質があらわれ，エラストマと呼ばれるゴム状態になる。さらに温度が上昇すると粘性流体的性質があらわれ，溶融する。これらの境界は，樹脂の種類や分子量によって異なるが，概ね100℃前後でガラス転移温度となり，200℃以上では溶融状態となる。インプリントで使用されるのは，ガラス転移温度以上のゴム弾性領域から，溶融状態にかけての温度域である。

図2に，高分子樹脂としてインプリント法に広く用いられているポリ・メタクリル酸メチル（PMMA）の粘弾性特性を示す。測定には，広い範囲にわたって粘性率の測定が可能なパラレルプレート式レオメータを用いた。せん断弾性率Gは，プレス圧力の設定の指針となり，弾性成

＊ Yoshihiko Hirai 大阪府立大学 大学院工学研究科 電子物理工学分野 教授

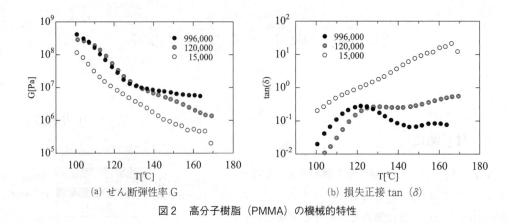

(a) せん断弾性率 G　　　　　　　　　　(b) 損失正接 tan (δ)

図2　高分子樹脂（PMMA）の機械的特性

分と粘性成分の比である損失正接 tan (δ) は樹脂状態の指針となる。tan (δ) がゼロに近い場合には，ポリマーは弾性的で，tan (δ) が1.0に近い値では粘弾性体となり，高分子樹脂では非圧縮性のゴム状態となる。tan (δ) がさらに上昇すると流動性が現れ，粘性流体的となる。

PMMA の場合，分子量が12万以上の PMMA では概ね類似した特性を示し，せん断弾性率はガラス転移温度を越える100〜130℃にかけて急激に減少する。また，ガラス転移温度以上でも損失正接 tan (δ) は1.0以下の低い値を示し，弾性的性質が残っていることを示している。一方，極めて低い分子量の PMMA（Mw = 15,000）は，温度上昇とともに流動性に富む特性を示していることがわかる。この例では，せん断弾性率は分子量の大きいものに比べて1/10倍程度に低下している。

これらの結果より，通常の PMMA では140℃以上の温度で10 MPa 以上の圧力を加えれば加工が可能であることが類推でき，プロセス条件設計の指針となる。

2.2 パターン依存性[3,4]

樹脂がモールドに完全に充填するのに必要なインプリント圧力について，パターン形状に対する依存性を述べる。図3(a)に解析に用いた系を示す。ここで，アスペクト比とは，モールドの溝の深さ h を，モールドの溝幅 L で割った値とし，初期膜厚は，樹脂の厚さ t をモールドの深さ h で規格化している（連続体力学近似が成立する限り，次に示す力学的な関係はパターン寸法の絶対値によらず，各寸法の比率で決まる）。また，圧力は樹脂の弾性率 E で規格化した値で示す。

図3(b)，(c)に，解析結果を示す。アスペクト比については，0.8付近を最小に，アスペクト比が大きい場合にも小さい場合にも必要とされるインプリント圧力は増大する。高アスペクト比の場合は，樹脂が入り込みにくくなり，低アスペクト比の場合には後に示すようにモールドのエッジに近い部分のみが盛り上がり，全体に樹脂を充填させるためにはより大きな圧力が必要となる（図3(b)）。一方，初期膜厚 t については，初期膜厚がモールド深さ h の2〜3倍より薄くなると，アスペクト比に係わらずインプリント圧力が急激に高くなる（図3(c)）。これは，膜厚が厚いほ

第1章 熱ナノインプリント

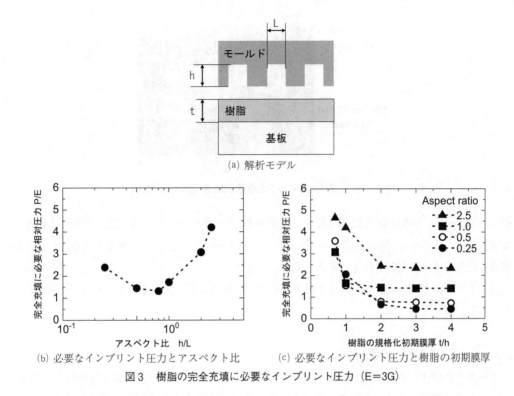

(a) 解析モデル

(b) 必要なインプリント圧力とアスペクト比　(c) 必要なインプリント圧力と樹脂の初期膜厚

図3 樹脂の完全充填に必要なインプリント圧力（E＝3G）

ど樹脂表面近くの変形抵抗が小さくなり，モールド溝への変形が容易になるためである。

このように，モールドパターンのアスペクト比と，樹脂の初期膜厚により，必要とされるインプリント圧力と樹脂の変形過程が異なってくる。

3 熱ナノインプリントの要素技術

ここでは，一般的な要素技術の概要を紹介する。各論は次章以降で詳細に述べられているため，詳しくは各章を参照いただきたい。

3.1 モールド作製技術

モールド（金型）は，ナノインプリントで重要な要素である。通常，半導体超微細加工技術が利用できるSi基板を用いて作製する。しかしSiは脆性材料であるため，耐久性に問題がある。このため，SiC，ダイアモンドなどの硬質材料や，Siを原版としてレプリカを作製する取り組みがおこなわれている。

熱ナノインプリント用のレプリカは，光インプリント用のレプリカと比べると，耐熱性や剛性が求められるため，金属材料が用いられる。一般的な方法としては，Si基板を原版としてNi電鋳による複製モールドを作製することが行われている[5]。無電解NiメッキによってSi基板の表面に100 nm程度のNi層を作製し，電解メッキによりレプリカモールドを作製する。図4に，作

ナノインプリントの開発とデバイス応用

図4　Niレプリカモールドの断面SIM像（250 nm L&S）

製したNiレプリカの断面SIM像を示す。無電解Niメッキ層の下に，電流値を徐々に上昇させて成長させたNiメッキ層が形成されている。Ni粒塊の粒径は15〜20 nm程度であるため，解像限界は粒径によって左右されると考えられる。

最近では，耐久性や離型性を向上させるために，添加材料を工夫するなどして実用化がはかられている。

3.2　モールドの離型と表面処理[6]

モールドと樹脂との剥離性は，ナノインプリントを成功させるために重要な基盤技術である。パターンの寸法が小さくなるとモールドと樹脂の接する面積が大きくなり，離型が困難となる。モールドの離型時に，摩擦によって樹脂がモールド側とともに引き上げられ，パターンが破断する欠陥が生じる。このため，モールドの表面エネルギーを低下させて樹脂との密着や摩擦を低減させる必要がある。一般的には，シランカップリング剤のフッ素樹脂単分子膜コートによるモールドの表面処理が用いられている。メチル系の反応基を用いることにより，大気中での処理が可能となる。

3.3　装置技術

すでに多くのナノインプリント装置が市販されている。実験室レベルでは，汎用の熱プレス機を改造することで基本的な実験は十分可能であるが，基板とモールドとの平行性，荷重の均一性を保つ機構や構造が必要となる。

4　熱ナノインプリント技術のシーズと応用

単に微細なパターンを形成するだけでなく，従来の半導体微細加工技術では困難な事例を中心に，インプリント加工のシーズについて紹介する。

4.1　高アスペクト比構造の形成[7,8]

高アスペクト比構造は，構造物の表面積を増大させるため，センサーやエネルギー変換などの

第1章　熱ナノインプリント

効率を向上させる効果が期待されている。さらに，光の波長以下の構造物では，共鳴減少を利用した波長板や光-光スイッチなどのナノ光学要素にも応用が期待されている。一方，熱ナノインプリントを用いると，用途に応じた材料を直接成型してそのまま利用できるため，その工業化が期待されている。しかし，熱ナノインプリント法で高アスペクト比パターンを作製するには，プレス時に高圧力が必要となるため，成型材料やモールドへの力学的負担が増え，欠陥を回避する工夫が必要となる。このため，樹脂の機械的特性を十分考慮に入れて樹脂を選択するとともに，プレス温度やプロセスシーケンスを最適化する必要がある。

高アスペクト比構造の成型には，樹脂の破壊強度と同程度の圧力を加える場合があるので，樹脂に致命的な欠陥を生ずる場合がある。図5に，その典型的な例を示す。樹脂パターンの根元付近からパターンが破断している。

図6に，ナノインプリントプロセス中における応力分布を示す。温度がガラス転移温度以上のプレス工程では，樹脂はゴム弾性体とみなせる。図6(a)に，その時の主応力分布を示す。この段階では，際立った応力集中は見られず，破壊の原因となるものは見あたらない。次に，樹脂が変形した後の冷却工程では，ガラス転移温度以下まで冷却された段階で，樹脂は弾性体に戻る。この時，プレス圧力をかけたままにすると，樹脂パターンのコーナ部分で大きな応力集中が生じ(図6(b))，樹脂に部分的な亀裂を生じさせる恐れがある。

図7に，従来の温度，圧力シーケンスで実験した高アスペクト比パターン形成の実験結果を示す。この場合，プレスした圧力はモールドを離型するまで連続的に印加されている。これによ

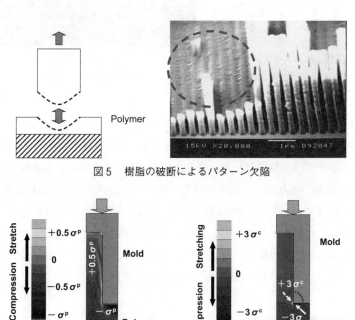

図5　樹脂の破断によるパターン欠陥

(a) 変形時：ゴム弾性体（T＞Tg）　　(b) 冷却時：弾性体（T＜Tg）
図6　インプリントの各工程における主応力分布

ナノインプリントの開発とデバイス応用

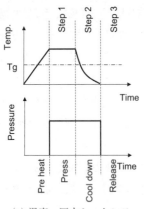
(a) 温度, 圧力シーケンス

(b) 実験結果

図7　従来のプロセスによる高アスペクト比パターン成型

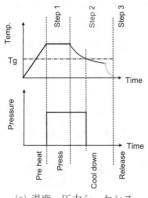
(a) 温度, 圧力シーケンス

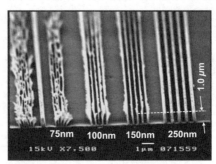
(b) 実験結果

図8　改良したプロセスによる高アスペクト比パターン成型

り，パターンが付け根部分から取り除かれていることが推察できる。

　この問題を解消するために，冷却時に樹脂の温度がガラス転移温度以下になると，モールドを除去せずに加えていた荷重を除荷し，さらに徐冷することにより熱応力を緩和することにした。図8に，改善した温度，圧力シーケンスでの高アスペクト比パターンの実験結果を示す。高さ$1.0\mu m$，線幅75 nmまでのパターンが，破断による欠陥なく形成されている。

　このように，高圧力が必要となるような高アスペクト比構造の成型では，プロセスシーケンスによっては特定箇所への応力の集中が発生し，これが致命的なパターン欠陥へと繋がるので注意する必要がある。図9に，PMMAによる高アスペクト比構造の成型例を示す。

4.2　光学要素，曲面構造の形成[9~11]

　回折光学素子やマイクロ流体素子などでは，曲面や鋸歯状の断面形状をもつマイクロパターンが要求される場合がある。従来のリソグラフィ技術では，露光とエッチングを繰り返すなどして

第1章　熱ナノインプリント

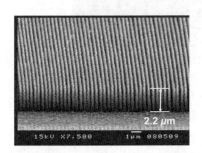

図9　高アスペクト比ナノパターン成型例
線幅200 nm，高さ2.2μm，PMMA

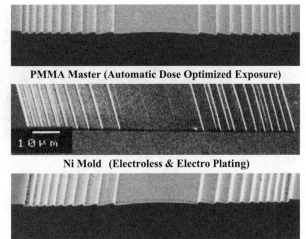

図10　二次元曲面形状パターンの形成

形成するため極めて効率が悪い。そこで，一度作製したパターンを原版としてレプリカを作製し，モールドとして用いることで問題は解決する。ここでは，原版の作製に電子線露光を用い，Ni電鋳によりレプリカを作製した例を紹介する。

電子線露光では，電子の散乱により，空間的な露光状態がパターンの形状，位置関係によって大きな影響を受ける近接効果が発生する。そこで，これを予め計算機シミュレーションによって予測し，近接効果補正を組み込んだ自動露光量最適化システムにより，曲面形状をもつ擬似三次元のレジスト・マスターパターンを作製した。

図10に作製結果を示す。原版の曲面形状が精度よく転写できていることがわかる。

このように，インプリント法によれば三次元形状のマスター・パターンを一度作製すれば，そのレプリカをモールドとして使用して，複雑な断面形状をもつ三次元形状の一括転写が可能となる。

4.3　マイクロ・ナノ混在構造の形成[12]

ナノ構造は，バイオチップや微量化学分析素子として，生物，環境科学の分野での応用が期待される。しかし，マイクロチップ化などのデバイス化を行おうとすると，マイクロ構造を同時に作製する必要が生じる。とりわけ，数十ミクロン以上の段差のある面に対して，その表面にナノ構造を一括して形成することは，従来のリソグラフィ技術では焦点深度などの問題で至難である。ところが，ナノインプリントを用いると，モールドを一度用意すれば可能となる。

図11に，ハイブリッドナノインプリント法によって作製したマイクロ・ナノ構造混在モールドを用いて，アクリル板表面に直接インプリントして作製した深い井戸底面のナノ・コーン構造を示す。図では，深さ約100μmの凹状の底面に，直径130 nmの円錐状のコーンがアレイ状形成さ

ナノインプリントの開発とデバイス応用

図11 熱ナノインプリントによるマイクロ・ナノ混在加工

れている。このように，インプリントを用いることによって，複合構造を一括して作製できる。

4.4 生分解性プラスチックのナノ加工[13]

生分解性プラスチックは，土壌や水中で自己分解し，また燃焼による環境の汚染も少ないため，これらのナノ構造を利用して，ディスポーザルな用途のバイオチップや環境計測チップの応用が期待できる。

図12に，ポリ乳酸によるナノ構造成型例を示す。PMMAなどと比べ結晶化などの熱履歴を受けやすいため，パターンの均一性は劣るが，使用目的によっては問題はない。

4.5 ガラス材料のナノ加工[14]

熱ナノインプリント法により，ガラス表面へのマイクロ・ナノパターンの形成も可能である。生分解性樹脂とは反対に，ガラス材料は耐薬品性と耐久性に優れ，紫外線も透過するため，光学要素の材料としての用途は広い。ガラスのインプリントで問題となるのは，高温プレスによる熱収縮と，ガラスの脆性による破壊である。このため，冷却前に離型を行いその後急冷するなどして，収縮による応力やパターン崩れを緩和することにより，ナノ構造が形成できる。

図13に，微細な格子状パターンの形成結果を示す1μmのLine & spaceパターンが転写形成されている。最近の成果については，本書でも詳細に紹介されている。

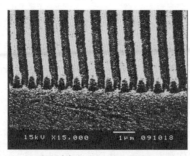
(a) 330 nm L&S

(b) 130 nm holes

図12 生分解性プラスチック板（ポリ乳酸）表面へのナノ加工

4.6 有機太陽電池，有機半導体材料へのナノ加工

有機半導体材料へのナノインプリント加工は，単に形状効果を利用するだけではなく，力学的なストレスにより生じる配向を積極的に利用し，電気的特性を向上させるものとして研究が進められている[15]。

ナノインプリントは，これらの材料を直接加工する方法として期待されている。図14に，太陽電池やFETに用いられる代表的な有機半導体であるP3HTの高アスペクト比構造を作製した例を示す[16]。

1.0 μm L&S (300 nm in height)
図13 低融点ガラス材料へのナノインプリント

4.7 金属材料の直接インプリント[17]

金属材料は，軟化させるには高温が必要となるため，熱インプリント法には適さない。そこで，延性材料を用いた室温でのナノ塑性加工を試みた。ここでは，シリコン基板上に蒸着させた金薄膜に，直接インプリントを行った。モールドと試料の大きさが異なると端面での応力集中が顕在化するため，試料とモールドの大きさを揃えてプレスした。図15に室温直接インプリントによる金薄膜の成形結果を示す。約1 GPaでプレスすると，ほぼモールド通りのパターンが転写できた。

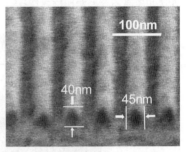

図14 有機太陽電池材料 (P3HT) のナノ加工

4.8 リバーサルインプリント法による三次元多層構造の作製[18,19]

ナノインプリント技術の高機能なシーズとして，リバーサルインプリント法が挙げられる。この方法によると，従来のマイクロマシン作製技術では必要とされた犠牲層やエッチングが不要で，簡単に積層構造が作製できる。

図15 金薄膜のインプリント加工
線幅200 nm，高さ約300 nm

図16に，リバーサルインプリント法の基本プロセスを示す。まず，モールドに樹脂をコートする。この状態で，温度を上昇させて，別途樹脂をコートした別の基板にこのモールドをプレスする。その後，モールドを離型する。離型するときの温度が，樹脂のガラス転移温度よりも低い場合には，樹脂はプラスチックな状態であるため，モールドの凹凸のエッジ部分で引っ張り応力のため破断され，モールドの凸部分の樹脂が，基板側に残されたかたちで転写される。これをリバーサルモードと呼ぶ。一方，離型するときの温度が，樹脂のガラス転移温度よりも高い場合には，樹脂はゴム弾性状態となり，軟化しているために樹脂が全て基板側に転写される全転写となる。リバーサルモードか全転写モードかは，温度，樹脂膜厚，プレス圧力，樹脂の種類などに依

存する。

この現象を利用すると，極めて簡単に三次元の積層構造が作製できる。図17に，リバーサルインプリント法での全転写モードを利用した積層三次元構造の形成例を示す。このほか，リバーサルモードを用いると，スノコ状の構造を作製できる。

このように，従来の微細加工では不得意であった積層構造の加工が，インプリントプロセスのみで可能となり，従来の微細加工では得られなかった機能が実現できることが期待される。

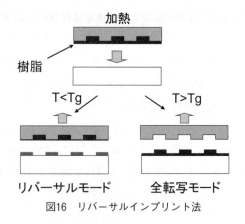

図16　リバーサルインプリント法

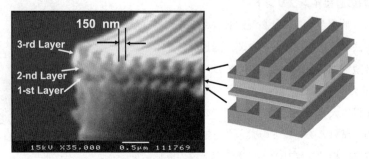

図17　リバーサルインプリント法（全転写モード）による積層化ナノチャネル構造の形成

5　おわりに

熱ナノインプリント法の要素技術と，様々なシーズについて紹介した。熱ナノインプリントでは，解像性（ナノインプリントの難度）は，線幅の微細さではなくパターンのアスペクト比と初期の樹脂膜厚で決まることを，シミュレーションと実験の裏づけによって明らかにした。

一方，モールドを一度作れば単純なプレスの繰り返しでその複製が作製できる特長を生かし，任意の曲面構造の成型や，マイクロ・ナノ混在構造の一括成型を紹介した。また，生分解性材料，ガラス材料，有機半導体材料など，熱ナノインプリントによる様々な材料のナノ成型を示した。

さらに，リバーサルインプリント法による三次元多層構造の作製について紹介した。

このように，熱ナノインプリント法は，従来の半導体，マイクロマシン加工技術にはない多様性，機能性を備えており，今後様々なマイクロ，ナノ加工への応用展開が期待される。

第1章 熱ナノインプリント

文　　献

1) S. Y. Chou, P. R. Krauss and P. J. Renstrom, *Appl. Phys. Lett.*, **67**, 3114 (1995)
2) Y. Hirai, T. Yoshikawa, N. Takagi, S. Yoshida, K. Yamamoto, *J. Photopolym. Sci. Technol.*, **16**, 615 (2003)
3) Y. Hirai, M. Fujiwara, T. Okuno, Y. Tanaka, M. Endo, S. Irie, K. Nakagawa and M.sasago, *J. Vac. Sci. Technol. B*, **19**, 2811 (2001)
4) Y. Hirai, T. Konishi, T. Yoshikawa and S. Yoshida, *J. Vac. Sci. Technol. B*, **22**, 3288 (2004)
5) Y. Hirai, S. Harada, S. Isaka, M. Kobayashi, Y. Tanaka, *Jpn. J.Appl. Phys.*, **41**, 4186 (2002)
6) Y. Hirai, S. Yoshida, A. Okamoto, Y. Tanaka, M. Endo, S. Irie, H. Nakagawa and M. Sasago, *J. Photopolymer Sci. and Technol.*, **14**, 457 (2001)
7) Y. Hirai, S. Yoshida and N. Takagi, *J. Vac. Sci.Technol. B*, **21**, 2765 (2003)
8) Y. Hirai, S. Yoshida, N. Takagi, Y. Tanaka, H. Yabe, K. Sakai, H. Sumitani and K. Yamamoto, *Jpn. J. Appl. Phys.*, **42**(1), 3863 (2003)
9) Y. Hirai, S. Harada, H. Kikuta, Y. Tanaka, M. Okano, S. Isaka, M. Kobayashi, *J. Vac. Sci. Technol. B*, **20**, 2867 (2002)
10) Y. Hirai, H. Kikuta, N. Okano, T. Yotsuya, K. Yamamoto, *Jpn. J. Appl. Phys.*, **39**(1), 6831 (2000)
11) Y. Hirai, N. Takagi, S. Harada,Y. Tanaka, *IEE of Japan*, **122-E**, 404 (2002)
12) K. Okuda, N. Niimi, H. Kawata, Y. Hirai, *J. Vac. Sci. Technol. B*, **25**, 2370 (2007)
13) K. Morimatsu, N.Takagi, H. Hasuda, Y. Ito, Y. Hirai, Abstract of 2nd-Nanoimprint and Nanoprint Technology Conference, F8 (Boston, 2003)
14) Y. Hirai, K. Kanakugi, T. Yamaguchi, K. Yao, S. Kitagawa, Y. Tanaka, *Micro-electronic Eng.*, **67-68**, 237 (2003)
15) 例えば, D. Cheyns, K. Vasseur, C. Rolin, J. Genoe, J . Poortmans, P. Heremans, *Nanotechnology*, **19**, 424016 (2008)
16) K. Tomohiro, N. Hoto, H. Kawata, Y. Hirai, *J. Photopolymer Sci. and Technol.*, **24**, 71 (2011)
17) Y. Hirai , T. Ushiro, T. Kanakugi and T. Matsuura, SPIE Annual meeting, 5220-11 (San Diego, 2003)
18) L.-R. Bao, X. Cheng, X. D. Huang, L. J. Guo, S. W. Pang and A. F. Lee, *J. Vac. Sci. Technol. B*, **20**, 2881 (2002)
19) M. Nakajima, T. Yoshikawa, K. Sogo, Y. Hirai, *Micro-electronic Eng.*, **83**, 876 (2006)

第 2 章　光ナノインプリント

廣島　洋*

1　はじめに

光ナノインプリント[1〜4]は基材に塗布した光硬化樹脂にモールドを押しつけUV光を照射することで基材上にモールドパターンの反転形状を形成する技術である。光ナノインプリントによりこれまでに2〜3 nm寸法のカーボンナノチューブの転写（図1）[5]や20 nmレベルのCMOS構造のメタルリフトオフ（図2）[6]が報告されており，ナノメータ寸法の構造形成手法として注目を集めている。光ナノインプリントは熱ナノインプリントのような樹脂の加熱冷却が不要で，一定温度の室温でパターン形成が可能であるため，パターン配置を高精度に行えることからリソグラフィへの応用が期待されている。最近では熱ナノインプリントと比較して高スループットでパ

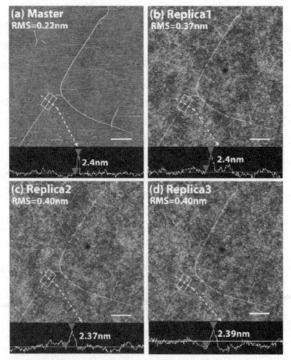

図1　カーボンナノチューブの光ナノインプリントによる転写[5]

＊　Hiroshi Hiroshima　㈱産業技術総合研究所　集積マイクロシステム研究センター
　　グリーンナノデバイス研究チーム　チーム長

第2章　光ナノインプリント

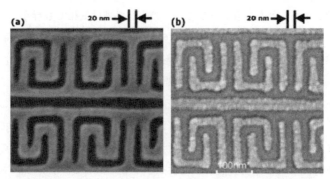

図2　光ナノインプリントとリフトオフプロセスによるCMOSメタルパターンの形成[6]

ターン形成が可能なことから大面積への応用も期待されている[7]。

2　光ナノインプリントの概要

　スピンコートなどにより基板に樹脂を塗布してナノインプリントを行う場合，光ナノインプリントの場合も熱ナノインプリントの場合と同様に液状の樹脂を使用するが，熱ナノインプリント用の樹脂膜は塗布後溶媒が蒸発し溶質である固体の樹脂膜が形成されるのに対し，光ナノインプリント用の樹脂膜は溶媒が蒸発後も（溶媒を使用していない場合もある）液体状である。光ナノインプリントは光硬化を利用する室温プロセスという特徴のほかに，この液体状の樹脂に対してインプリントを行うという特徴を認識する必要がある。

　光ナノインプリントはUV光を利用するためにモールドないし光硬化樹脂が塗布される基材のいずれかがUV光に対して透明である必要がある。モールドとしてはUV光の透過性，加工性，化学的安定性から石英を用いることが多い。反射防止構造形成では酸化アルミニウム材料（ポーラスアルミナ）のモールドが使用される[8]。最近では，UV光を透過する樹脂モールドの利用も進んでいる[9]。このようにモールド側をUV光に対して透明な材料とする場合が多いが，基材が透明な場合はどのような材料でもモールドとして利用できる。

　光ナノインプリントで使用される光硬化樹脂は光硬化接着剤とも見なすことができ，想像されるように，硬化した樹脂の基板やモールドに対する付着力が大きい。このため，一般的にモールド表面には離型処理を行う。離型処理としては，シランカップリング剤が用いられることが多い。シランカップリング剤としては，シリコン原子の一方にフルオロアルキル基を有し，他方にアルコキシル基やハロゲン基を有する分子構造の材料が利用される[10,11]。アルコキシル基やハロゲン基が加水分解してシラノール基となり，モールド表面原子と脱水縮合反応し，モールド表面にシリコンを介して強固に共有結合したフルオロアルキル基の分子膜を形成する。この処理を施したモールド表面の表面エネルギーはテフロンと同程度で非常に低く，樹脂の付着をかなり抑止することができる。シランカップリング剤の表面処理は，処理液にモールドをディップすること

19

で簡単に表面処理を行うことができる。また，この表面処理は気相でも行うことが可能である。

　光ナノインプリントで使用される光硬化樹脂の粘度は数〜数百 mPas の範囲のものが多く[12]，これに対して，熱ナノインプリントの樹脂は成形プロセス中の低粘度化された状態でも数百〜数千 Pas 程度であり[13]，光ナノインプリントの樹脂の流動性は5桁程度も高い。これは同じ構造のモールドで同じ圧力で樹脂の充填プロセスを行った場合，光ナノインプリントは5桁程度高速にプロセスが行えることを意味している。実際には，光ナノインプリントにおいては，熱ナノインプリントよりも2桁程度低い圧力でプロセスが行われる場合が多く，上記ほどのプロセスの高速性ではなくなるが，それでも3桁程度の高速性を示すことになる。ナノインプリントは微細パターンを形成する能力は高いが，実は，熱ナノインプリントでは数十 μm ないし数百 μm 以上の大きな寸法のパターンの形成が困難である。なぜなら，このような大きな寸法では，樹脂の移動が長距離となり移動の完了までに長時間を要するからである。このような大きな寸法領域にも光ナノインプリントでは充填の高速性により適用が可能である[14]。

3　濡れによる樹脂充填

　光ナノインプリントは熱ナノインプリントよりも低圧でインプリントを行うと述べたが，10 kPa（0.1気圧）という低圧力でもインプリントを行うことが可能である[15]。光ナノインプリントでは光硬化樹脂がモールドにより押されて変形するというよりは，むしろ，光硬化樹脂がモールドと基板間を濡れ広がるという現象で樹脂充填が進行するようである。このことは大面積化を行う場合に非常に都合が良く，熱ナノインプリントではインプリント圧力を確保するために面積に比例して加圧力を大きくすることが必要なのに対して，光ナノインプリントでは加圧力を増大させる必要がない。また，この濡れ性を利用する場合には，離型処理したモールド表面で光硬化樹脂が濡れ広がることが前提であるが，代表的な光ナノインプリント用樹脂である PAK-01では平坦面で70°程度の接触角になり，「濡れ」傾向である。パターンがある場合は Wenzel の接触角の考え方により，「濡れ」や「弾き」がより強調される傾向になる[16]。このため，PAK-01の場合はパターンがあればより「濡れ」やすく，どのようなパターンであっても基本的に「濡れ」を利用して充填を行えることが分かる。他の光硬化樹脂でも同様に「濡れ」を利用した充填を期待することができる。

4　セルフクリーニング効果

　インプリントにおいてモールドに微粒子などが固着してしまうと，その後のインプリントプロセスでは微粒子の付着箇所が毎回欠陥として転写されてしまう。インプリントを繰り返すことで別の微粒子が付着し欠陥箇所が増えていくと考えられ，欠陥発生状況に応じてモールドをクリーニングする必要があると考えられている。ところが，光ナノインプリントにおいては，インプリ

第2章 光ナノインプリント

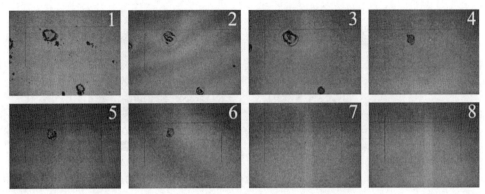

図3 セルフクリーニングによる微粒子起因の欠陥の減少[10]

ントそのものにクリーニング作用があるために，インプリントを繰り返すことでモールドは清浄化される方向にある（図3）[10]。光ナノインプリントでは液体へのインプリントとか「濡れ」を利用したインプリントであるために，モールドに付着した微粒子なども液体である光硬化樹脂により濡れることになる。光硬化樹脂は光硬化接着剤でもあるためにモールド表面に付着していた微粒子はUV照射後には樹脂と接着することになる。この接着力と微粒子のモールドとの付着力の大小により微粒子がモールドに留まるか除去されるかが定まる。光硬化樹脂の接着力は一般に大きく，微粒子は結果的にモールドから除去される場合が多い。このセルフクリーニング効果は光ナノインプリントに特有であり，光ナノインプリントでのモールド表面を容易に清浄な状態に維持することが可能である。

5 バブル欠陥対策と新しい光ナノインプリント

光ナノインプリントではバブル欠陥に注意する必要がある。熱ナノインプリントにおいてバブル欠陥はほとんど問題とはなっていないが，大気中での光ナノインプリントでは，大抵の場合にバブル欠陥が発生する[17]。これは，光ナノインプリントの圧力が熱ナノインプリントと比較してかなり低く，インプリント中に捕獲された大気をインプリント樹脂中にうまく溶解させることができないためである。真空を利用することでもちろん改善は可能である[18]。しかしながら，ナノインプリントの特徴は微細加工を低コストで実現する点にあり，できれば高コスト化につながる真空の利用は避けたい。加圧力や加圧時間を高め樹脂中に大気を溶解させる手法や，樹脂を液滴状に供給して捕獲する大気の量を少なくする手法[3]，樹脂の量を多くしてモールド外に樹脂とともに大気を排出する手法[18]，大気ではなく適当なガスを利用する手法などが提案されている。

ガスを利用するバブル欠陥抑止では，樹脂への溶解度や拡散係数の高いガスを利用する手法のほか，わずかの圧力で凝縮（液化）が起こるガスを利用する方法が提案されている[18,19]。前者は樹脂とガスとの組み合わせ方がポイントであるのに対し，後者はガス単体の特性で現象を発現させることができ，基本的に（液化後の樹脂中への溶解を除けば）あらゆる樹脂に適用が可能であ

ナノインプリントの開発とデバイス応用

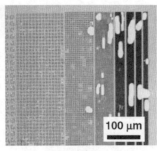 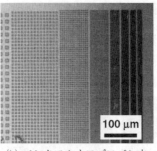

(a) 大気中　　　　　　　　(b) ペンタフルオロプロパン中

図4　ペンタフルオロプロパンを利用したバブル欠陥抑止[19]

る。ペンタフルオロプロパンは，室温の場合約1.5気圧で凝縮し，不燃性で低毒性のガスであり，今のところ，最も有望なバブル消去用ガスと考えられている（図4）[19]。このガスを利用する光ナノインプリントの文献は多く，ガスの有効性[20,21]や副作用に関して様々なことが明らかになりつつある。

文　　献

1) 近藤，藤森，電子通信学会研究会報告，CPM76-125, 29 (1977)
2) J. Haisma et al., *J. Vac. Sci. Technol. B*, **14**, 4124 (1996)
3) M. Colburn et al., *Proc. of SPIE*, **3676**, 379 (1999)
4) M. Komuro et al., *Jpn. J. Appl. Phys.*, **39**, 7075 (2000)
5) F. Hua et al., *Nano Lett.*, **4**, 2467 (2004)
6) M. D. Austin et al., *Nanotechnology* **16**, 1058 (2005)
7) http://www.mrc.co.jp/press/p08/080116.html
8) 益田秀樹，応用物理，**69**, 558 (2000)
9) K. Tsunozaki and Y. Kawaguchi, *Microelectron. Eng.*, **86**, 694 (2009)
10) T. Bailey et al., *J. Vac. Sci. Technol. B*, **18**, 3572 (2000)
11) Y. Hirai et al., *J. Photopolym. Sci. Technol.*, **14**, 457 (2001)
12) H. Schmitt et al., *J. Vac. Sci. Technol. B*, **25**, 785 (2007)
13) L. J. Heyderman et al., *Microelectorn. Eng.*, **54**, 229 (2000)
14) H. Hiroshima and M. Komuro, *J. Vac. Sci. Technol. B*, **25**, 2333 (2007)
15) H. Hiroshima et al., *Jpn. J. Appl. Phys.*, **49**, 06GL01 (2010)
16) 小野　周，表面張力　第6章，共立出版 (1980)
17) H. Hiroshima et al., *Jpn. J. Appl. Phys.*, **42**, 3871 (2003)
18) A. Fuchs et al., *J. Vac. Sci. Technol. B*, **23**, 2925 (2005)
19) H. Hiroshima and M. Komuro, *Jpn. J. Appl. Phys.*, **46**, 6391 (2007)

第 2 章　光ナノインプリント

20）　H. Hiroshima, *Jpn. J. Appl. Phys.*, **47**, 5151（2008）
21）　H. Hiroshima, *J. Vac. Sci. Technol. B*, **27**, 2925（2009）

第3章　室温ナノインプリント

姜　有志[*1]，松井真二[*2]

1　はじめに

　ナノインプリントリソグラフィ（NIL）は，ナノスケールのパターンを簡単なプロセス・高スループットでかつ低コストで複製できる非常に魅力的な技術である[1]。最近では，導光板や反射防止膜等の光学デバイス，パターンドメディア等の磁気記録デバイス等，様々な分野でナノインプリントは注目を集めている。ナノインプリントは大きく分けて熱ナノインプリント[1]，光ナノインプリント[2]，室温ナノインプリント[3]に分類される。①熱ナノインプリントでは，ポリメチルメタクリレート（PMMA）などの熱可塑性樹脂薄膜をガラス転移温度以上に昇温後型押し，冷却後モールドを離型しパターンを得る。②光ナノインプリントでは，光硬化性樹脂をモールドで変形させ，紫外光（300〜400 nm）を照射して樹脂を硬化後，モールドを離型しパターンを得る。③室温ナノインプリントでは，熱サイクルや紫外光照射を必要とせず，圧力のみでパターン形成を行う。

　室温ナノインプリントの転写材料にはゾルゲル材料が使用される。これまでに我々はスピンオングラス（SOG）[4]や酸化インジウムスズ（ITO）[5]などを使用してきたが，特に水素シルセスキオキサン（HSQ）を用いた室温ナノインプリントの転写性やプロセスについての研究を行ってきている。HSQ は $H_2SiO_{3/2}$ の繰り返し構造からなる無機ゾルゲル材料であり，これまでに高解像度ネガ型電子線描画用レジスト，低誘電率，高ドライエッチング耐性，高透過率，またアニール処理を行うことで SiOx 化するなど様々な特性が報告されている。

　HSQ を用いたインプリント方法にはスピンコート法[3]と液滴法[6]が存在する。これらの異なる HSQ の塗布法を取り入れることで同じ HSQ を用いているにも関わらず転写プロセス，転写時間，転写パターン深さなどが全く異なったパターンを得ることができる。図1にそれぞれの塗布法を用いる際のナノインプリントプロセスを示す。スピンコート法は基板上に HSQ をスピンコートし，SiO_2/Si ハードモールドを加圧し，離型することでパターン転写が完了となる。スピンコート法は非常に簡便なプロセスにおいて，微細構造を形成できる手法として注目されている。このスピンコート法を用いる際に課題として挙げられる点は，高い転写圧力（40 MPa）が必要になることである。これは回転塗布時に HSQ を含む溶媒の大半が取り除かれてしまうため，HSQ は基板上に非常に硬い膜として形成される。そのためパターン転写を行う際に高い圧

＊1　Yuji Kang　兵庫県立大学　高度産業科学技術研究所
＊2　Shinji Matsui　兵庫県立大学　高度産業科学技術研究所　教授

第3章　室温ナノインプリント

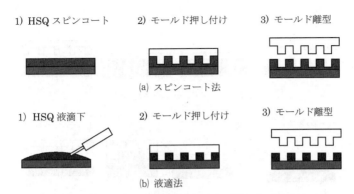

図1　HSQを用いた従来のナノインプリントプロセス

力が不可欠になる。一方，液滴法は基板上に溶媒を含んだ前躯体モノマーを滴下し，液上にSiO₂/Siモールドを押し付けパターン転写する。液滴法の利点としてはHSQに溶媒が含まれるため粘性が低くなり低圧（1 MPa）でインプリントでき，液滴する際の液量をコントロールすることにより残膜を調整することができる。しかし溶媒を蒸発させるため，モールド加圧時に90℃で15分保持する加熱処理が必要となり，基板の端からしか溶媒が蒸発しないために大面積パターンの転写が困難であった。

そこでHSQを用いた液滴法の問題を解決するために，従来のSiO₂/Siハードモールドの代わりにポリジメチルシロキサン（PDMS）モールド[7,8]を用いることを提案した。以下に，PDMSのガス透過性を利用した液相HSQへの室温ナノインプリント[9]とその応用としてHSQ転写パターンを用いた二層構造体の作製および反射防止構造の作製[10]，三次元ナノインプリント[11]について順次述べる。

2　PDMSモールドと液相HSQを用いた室温ナノインプリント

PDMSは優れた再現性および離型力を持つ型取り用材料として使用されている[7]。またPDMS自体はガス透過性を有するポーラス材料として知られているため[8]，PDMSモールドの数nm以下のポーラスから液相HSQの溶媒を蒸発させることで室温ナノインプリントプロセスの向上を試みた。

まずPDMSレプリカモールド作製プロセスを図2(a)に示す。①マスターモールド（SiO₂/Si，Ni，石英等）にフッ素離型処理（OPTOOL HD-1100TH，ダイキン工業㈱）を行い，撥水性を向上させる。②PDMS（X-32-3095，信越化学工業㈱）をモールド上に滴下し，スピンコートさせる。③PDMSをコートしたマスターモールドをホットプレート上150℃で30分加熱する。④PDMS硬化後，慎重にはがすことでPDMSレプリカモールドの完成となる。続いてPDMSモールドを用いた液相HSQへの室温ナノインプリントプロセスを図2(b)に示す。①Si基板上に転写材料となるHSQ（FOX-16，ダウコーニング㈱）をマイクロピペットを用いて滴下する。②

ナノインプリントの開発とデバイス応用

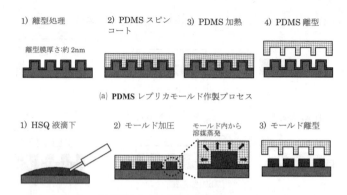

(a) PDMSレプリカモールド作製プロセス

(b) 室温ナノインプリントプロセス

図2　PDMSモールドを用いた液相HSQへの室温ナノインプリントプロセス

PDMSモールドを液相HSQ上に静かに接触させ，室温で1MPaの圧力を2分間加圧する。③PDMSモールドを離型しパターンを得る。

今回はSiO$_2$/SiモールドおよびPDMSモールドを用いて液相HSQに大面積ナノインプリントを行った。図3(a),(b)に6.5×6.5cm^{2}角のSiO$_2$/Siモールドおよび4インチSiウエハーに転写したHSQ転写パターンの写真を示す。HSQパターンは端から1cm以内では転写ができているが，他のエリアでは溶媒蒸発が不完全となり転写不良が顕著に現れている。次に，図3(c),(d)に14×14cm^{2}角のPDMSモールドおよび4インチSiウエハー上に転写したHSQ転写パターンを示す。HSQ転写パターンは4インチSiウエハー全エリアで綺麗に転写されていることが確認できる。これは溶媒がPDMSモールドのポーラス内を通り蒸発したためだと考えられる。そこでインプリント後に溶媒が完全に蒸発したかをフーリエ変換赤外分光(FT-IR)を用いて測定した。図4にSiO$_2$/SiモールドとPDMSモールドをそれぞれ用いて大面積インプリントした後のHSQ

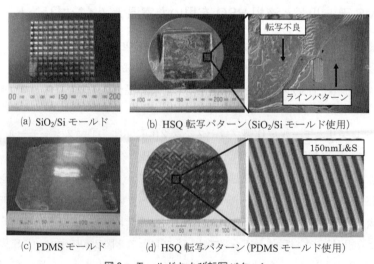

(a) SiO$_2$/Siモールド　　(b) HSQ転写パターン(SiO$_2$/Siモールド使用)

(c) PDMSモールド　　(d) HSQ転写パターン(PDMSモールド使用)

図3　モールドおよび転写パターン

第3章　室温ナノインプリント

に対する FT-IR スペクトルを示す。SiO₂/Si モールドを用いた場合，溶媒を示す有機ピークが観測される。一方 PDMS モールドを用いた場合，有機ピークがなくなっていることが確認できる。これにより溶媒が PDMS モールド内を通り完全に蒸発したことが示される。この様に PDMS モールド内を溶媒が蒸発するため加熱の必要がなくなり，室温での自然蒸発のみでインプリントが可能となった。さらにインプリント時間も15分から2分へ大幅に短縮された。

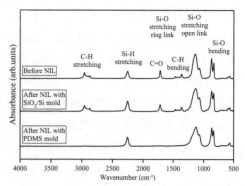

図4　インプリント前後における液相 HSQ の FT-IR スペクトル

3　HSQ 転写パターンをマスクとして用いた二層構造体の作製

PDMS モールドを用いた液相 HSQ への室温ナノインプリントの応用として，HSQ を上層，AZ フォトレジスト（AZ1500，クラリアントジャパン㈱）を下層とした二層構造体の作製を提案した。図5に HSQ と AZ フォトレジストの O_2RIE（ガス流量50 sccm，RF 出力100 W，ガス圧5.0 Pa）に対するドライエッチング深さのエッチング時間依存性を示す。HSQ は無機高分子であるため，酸素プラズマに対するドライエッチング耐性が非常に高く殆どエッチングされない。一方，AZ は HSQ と異なり有機高分子であるため，酸素プラズマに容易にエッチングされる。この様に HSQ は AZ フォトレジストと比較して O_2RIE において十分なドライエッチング耐性を持っており，二層構造体作製の際にマスクの役割を果たすことができる。

図6に HSQ を用いた液滴塗布法による二層構造体作製プロセスを示す。また今回は厚残膜および薄残膜を持つ HSQ パターンを作製し，O_2RIE による影響を確認した。①シリコン基板上に AZ フォトレジストをスピンコートにより塗布する。②AZ フォトレジストを硬化させるため，

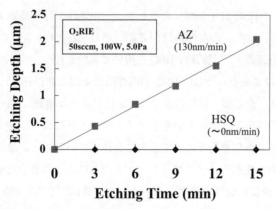

図5　HSQ と AZ の O_2RIE に対するドライエッチング深さ

180℃で2分間加熱する。③AZフォトレジストを塗布した基板上に5μlのHSQを液滴塗布する。④PDMSモールドを液層のHSQ上に静かに接触させ，2分間加圧する。厚残膜の場合は圧力0.5MPaにより，薄残膜の場合は圧力1MPaにより作製した。⑤PDMSモールドを剥離後，AZフォトレジスト上にHSQ転写パターンが得られる。⑥O₂RIEにより下層AZフォトレジストを除去する。

このプロセスにより，シリコン基板に塗布した1.7μmの膜圧のAZフォトレジスト上に，厚薄残膜を持つ1μmライン＆スペースパターンのHSQパターンを形成した（図7）。O₂RIE照射後，厚残膜を持つHSQパターンには変化が現れなかった。しかし，薄残膜の場合は残膜を除去することなくHSQ/AZ二層構造体を作製することができた。本実験結果から，HSQ液滴塗布法を用いて作製されたパターンにおいては転写条件次第で，残膜除去処理を行わずに二層構造体の作製が可能なことを実証した。

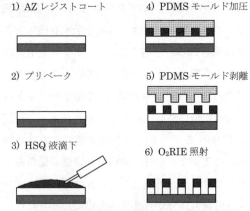

図6　HSQ/AZの二層レジストプロセス

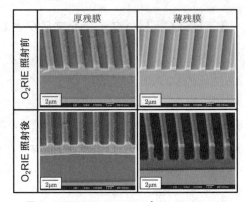

図7　HSQ/AZナノインプリントパターン

4　SiOx反射防止構造の作製と評価

次にPDMSモールドを用いた液滴室温ナノインプリントの応用として，モスアイ構造の複製・評価を行った。モスアイ構造は反射防止特性として知られているが，作製が困難である。そこでPDMSモールドを用いてHSQにインプリントしアニール処理を行う簡易プロセスにより，SiOxモスアイ構造の作製を行った。また今回はかご型（FOX-16，ダウコーニング㈱）とはしご型（OCNL103，東京応化工業㈱），二種類のHSQを用いて実験を行った。

まず，アニール処理によるそれぞれのHSQの内部構造変化をFT-IRにより測定した（図8）。FT-IRスペクトルより，かご型・はしご型共に600℃アニール処理でSi-H結合が脱離しSiOx化されている。続いて，HSQのヤング率をナノインデンターにより測定した（図9）。HSQのヤング率は600度アニール処理を行うことで急激に上昇していることが確認できる。次にかご型とはしご型HSQを用いて室温ナノインプリントすることにより作製したモスアイパターンを図10(a)，(b)に示す。共に綺麗に転写が成功していることが確認できる。続いてSiOx化のため600℃でアニール処理を行った。かご型HSQのパターンは流動しパターンが変化してしまった（図

第3章 室温ナノインプリント

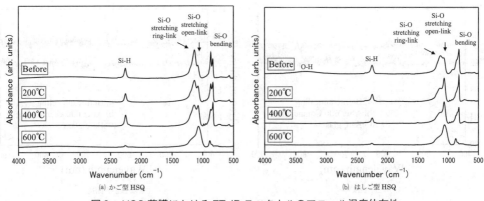

図8 HSQ薄膜におけるFT-IRスペクトルのアニール温度依存性
(a) かご型HSQ, (b) はしご型HSQ

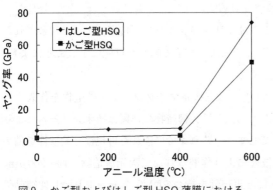

図9 かご型およびはしご型HSQ薄膜における
ヤング率のアニール温度依存性

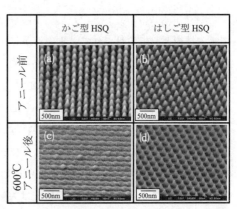

図10 HSQ転写モスアイ構造

10(c))。これはアニール処理を行う際にかご型HSQが開環結合したため、パターンがリフローしてしまったと考えられる[12]。一方、はしご型HSQのパターンは維持できていることが確認できる（図10(d)）。図11にインプリントによって作製されたHSQモスアイ構造を有するガラス基板のアニール前後の透過率を示す。ベアガラスの透過率は600 nmの波長領域で91.7%だったのに対し、HSQモスアイ構造を有したガラスの透過率はかご型が94.4%、はしご型が95.3%と共に透過率が上昇した。しかし、アニール処理後の透過率はかご型が92.6%へと大幅に減少し、はしご型も94.8%と微弱ながら減少した。以上の結果より、HSQモスアイ構造をガラス上に作製し透過率を上昇させることは可能であり、分子構造の違いからアニール処理による透過率の劣化に違いが表れることを明らかにした。

5　PDMSモールドを用いた三次元ナノインプリント

ナノインプリントはプレス技術によってナノ構造パターンを高スループットで複製することが

ナノインプリントの開発とデバイス応用

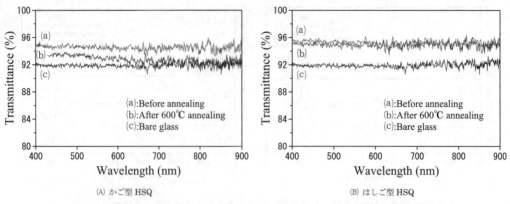

図11 HSQ モスアイパターンを有するガラス基板のアニール前後の可視光透過率
(A) かご型 HSQ, (B) はしご型 HSQ

できる技術として注目されている。しかし，これまでナノインプリント技術によって複製された
パターンは単面の二次元パターンであった。そこで三次元構造の転写を可能にすることにより，
ナノインプリント技術の応用がさらに広がると考えた。

集束イオンビーム化学気相成長法（FIB-CVD）[13)] は三次元マイクロ・ナノ構造物を作製する
ことができる技術として注目を集めている。しかし，三次元構造物の作製はイオンビームにより
直接描画していくため低スループットとなってしまう。これまでに優れた再現性と柔軟性を備え
た PDMS モールドを用いて二光子重合造形技術により作製された三次元構造物（10～200μm）
の複製が報告されている[14)]。この手法は柔軟性と再現性を持つ PDMS をモールドとし伸縮効果
によって三次元構造を離型している（図12）。今回は FIB-CVD を用いることにより微小な構造
物を作製し，PDMS モールドを用いたナノインプリントにより三次元構造物の転写評価を行った。

まずイオン源に Ga$^+$，原料ガスにフェナントレン（$C_{10}H_{14}$）を用いて FIB-CVD 装置により Si
基板上に直径1.5μm，高さ3μm のマイクロワイングラスを作製した。次に PDMS（Sylgard184,
ダウコーニング㈱）を FIB-CVD モールド上にスピンコートし，ホットプレートで熱硬化させた。
PDMS が硬化後，FIB-CVD モールドから慎重にはがし，PDMS コピーモールドを作製した。続
いて Si 基板上に HSQ（OCNL103 T-2，東京応化工業㈱）をスピンコートし室温ナノインプリン
トを行った。図13に FIB-CVD モールドと PDMS コピーモールドを用いてインプリントした
HSQ 構造の SEM 写真を示す。0.5 MPa では
綺麗にワイングラスが転写されていることが確
認できる。しかし，低圧（0.3 MPa）でインプ
リントを行った場合，上部までレジストが充填
されなかった（図13(a)）。一方，高圧（1 MPa）
でインプリントを行った場合，PDMS モール
ドが変形してしまったため，ワイングラスが潰

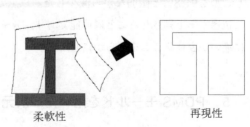

図12 PDMS の柔軟性及び再現性

第3章 室温ナノインプリント

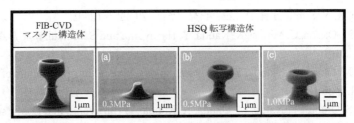

図13 FIB-CVD マスター構造体および HSQ 転写構造体

れてしまった（図13(c)）。最適な圧力でインプリントを行った場合，ワイングラスが綺麗に転写されていることが確認できる（図13(b)）。これらの実験結果は，適切なナノインプリント圧力により，PDMS モールドを用いた FIB-CVD 三次元構造物の転写が可能であることを示している。

6 まとめ

今回，従来用いていた SiO_2/Si モールドの代わりに PDMS モールドを用いることによって，HSQ に含まれる溶媒を PDMS ナノポーラス内から蒸発させた。このプロセスを用いることで室温・低圧・大面積・ハイスループットでの HSQ のパターニングを可能とした。

また今回の応用として，HSQ パターンをマスクとして用いた二層構造体を作製した。さらに FIB-CVD とナノインプリントを組み合わせることにより従来の二次元転写から三次元転写へと展開した。

PDMS モールドを用いた液相 HSQ へのナノインプリントは，今後の室温ナノインプリント研究および産業発展に重要かつ不可欠な技術であると確信している。

文　献

1) S. Y. Chou, P. R. Krauss and P. J. Renstom, *Appl. Phys. Lett.*, **67**, 3114（1995）
2) J. Haisma, M. Verheijien, K. Heuvel and J. Berg, *J. Vac. Sci. Technol. B*, **14**, 4124（1996）
3) S. Matsui, Y. Igaku, H. Ishigaki, J. Fujita, M. Ishida, Y. Ochiai, M. Komuro and H. Hiroshima, *J. Vac. Sci. Technol. B*, **21**, 2765（2003）
4) S. Matsui, Y. Igaku, H. Ishigaki, J. Fujita, M. Ishida, Y. Ochiai, M. Komuro and H. Hiroshima, *J. Vac. Sci. Technol. B*, **19**, 2801（2001）
5) Y. Kang, M. Okada, K. Nakamatsu, K. Kanda, Y. Haruyama and S. Matsui, *J. Vac. Sci. Technol. B*, **27**, 2805（2009）
6) K. Nakamatsu and S. Matsui, *Jpn. J. Appl. Phys.*, **45**, L546（2006）
7) Y. Xia and G. M. Whitesides, *Angew. Chem., Int Ed.*, **37**, 550（1998）

8) Y. S. Kim, K. Y. Suh and H. H. Lee, *Appl. Phys.*, **79**, 2285 (2001)

9) Y. Kang, M. Okada, C. Minari, K. Kanda, Y. Haruyama and S. Matsui, *Jpn. J. Appl. Phys.*, **49**, 06GL13 (2010)

10) Y. Kang, M. Okada, K. Kanda, Y. Haruyama and S. Matsui, In proceedings of the Rad Tech Asia 2011, P 36 (2011)

11) Y. Kang, S. Omoto, Y. Nakai, M. Okada, K. Kanda, Y. Haruyama and S. Matsui, *J. Vac. Sci. Technol. B*, **29**, 011005 (2011)

12) Y. K. Siew, G. Sarkar, X. Hu, J. Hui, A. See and C. T. Chua, *J. Electrochem. Soc.*, **147**, 335 (2000)

13) S. Matsui, T. Kaito, J. Fujita, M. Komuro, K. Kanda and Y. Haruyama, *J. Vac. Sci. Technol. B*, **18**, 3181 (2000)

14) C. N. LaFratta, T. Baldacchini, R. A. Farrer, J. T. Fourkas, M. C. Teich, B. E. A. Saleh, M. J. Naughton, *J. Phys. Chem. B.*, **108**, 11256 (2004)

第4章　ナノインプリントのシミュレーション技術

1　熱ナノインプリントのシミュレーション

平井義彦*

1.1　はじめに

ナノインプリントプロセスは，装置と材料を用意すれば比較的簡単にナノ成型ができる。しかし，プロセスの最適化や，欠陥の解析を行う上では，計算機シミュレーションによる現象の理解が有効である。

ここでは，ごく基本的な物理モデルを用いたシミュレーションについて解説する。

1.2　樹脂の変形解析（静的解析）

熱ナノインプリントでは，パターン形状に対する依存性が知られている[1]。樹脂がどのような力学的変形を受けて成型されているか，そのメカニズムを知ることは，プロセス条件の最適化や欠陥の低減には極めて有用である。一般にガラス転移温度以上での熱可塑性樹脂は，非圧縮性のゴム弾性体[2~4]として扱える。はじめに，時間応答を含まない静的な変形メカニズムについて紹介する[5]。

樹脂をモールドに完全に充填させるために必要なインプリント圧力について，図1に示すように，モールドパターンのアスペクト比（h/L）と樹脂の初期膜厚（t/h）に対する依存性を調べた。ここで，アスペクト比はモールドの溝の深さhをモールドの溝幅Lで規格化した値である。また，初期膜厚はモールドの深さhで規格化した。必要なインプリント圧力Pは，樹脂の弾性率

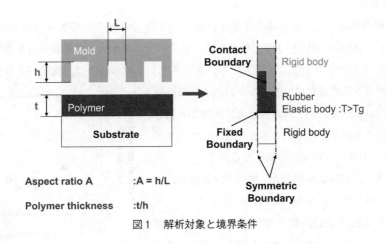

図1　解析対象と境界条件

---

*　Yoshihiko Hirai　大阪府立大学　大学院工学研究科　電子物理工学分野　教授

E で規格化した値を示す。

構成式として，ゴム弾性体モデルとして Moony-Rivlin モデル[3,4]を用いた。

$$\sigma_i = \lambda_r \frac{\partial W}{\partial \lambda_i} \tag{1}$$

ここで λ は拡大係数，W はひずみ密度関数で，モーメント I を用いて，

$$W = C_{10}(I_1 - 3) + C_{01}(I_2 - 3) \tag{2}$$

$$I_1 = \lambda_1^2 + \lambda_2^2 + \lambda_3^2 \tag{3}$$

$$I_2 = \lambda_1^2\lambda_2^2 + \lambda_2^2\lambda_3^2 + \lambda_3^2\lambda_1^2 \tag{4}$$

と表せる。ここで，C_{10} と C_{01} は Moony constant である。Moony constant は，樹脂のクリープ特性の実験結果よりフィッティングして求められるが，ここでは殆どの樹脂でよく用いられる経験則として，

$$C_{01} = 0.25\, C_{10} \tag{5}$$

$$6(C_{10} + C_{01}) \approx E \tag{6}$$

を用いた。ここで，E は樹脂の縦弾性率で，非圧縮性の場合には，せん断弾性率 G とは，$E = 3G$ の関係がある。

樹脂の初期膜厚が，モールド溝の深さ h に等しい場合（t/h = 1）のアスペクト比依存性を，図2に示す。アスペクト比が0.8付近を最小に，アスペクト比が大きい場合にも小さい場合にも必要とされるインプリント圧力は増大する。高アスペクト比の場合は，樹脂が入り込み難くなり，低アスペクト比の場合にはモールドのエッジに近い部分のみが盛り上がる。いずれも，完全に樹脂を充填させるためにはより大きな圧力が必要となる。アスペクト比が0.8程度のパターンが成型し易くなる。

図3に関連した実験結果を示す。実験と計算結果はよく一致していることがわかる。

図4に，初期膜厚（t/h）に対する依存性を示す。初期膜厚がモールド深さの2～3倍より薄くなると，アスペクト比に係わらずインプリント圧力が急激に高くな

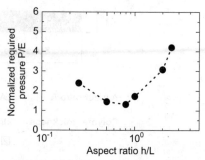

図2　完全充填に必要な圧力 P の
　　　アスペクト比依存性（t=h）

第4章　ナノインプリントのシミュレーション技術

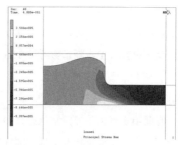

(a) 低アスペクト比（A = 0.25）時の樹脂の変形結果（t/h = 1.0）

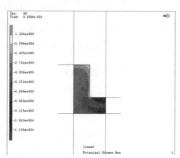

(b) アスペクト比 = 1 での変形結果（t/h = 1.0）

図3　アスペクト比の違いによる樹脂の変形結果

る。これは，膜厚が厚いほど樹脂表面近くの変形抵抗が小さくなり，モールド溝への変形が容易になるためである。したがって，高い圧力が必要な高アスペクト比パターンでは，樹脂の膜厚を成型しようとする高さの3倍以上にすることにより，より低い圧力での成型が可能となることが予測できる。

図5に，シミュレーションと実験結果を示す。両者はよく一致していることがわかる。初期膜厚が薄い場合には，変形が十分でないことがわかる。

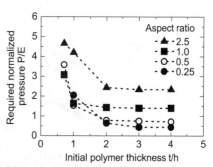

図4　完全充填に必要なインプリント圧力のパターン依存性

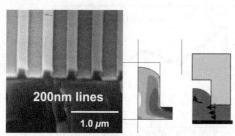

(a) 薄い初期膜厚（t/h = 0.5）　　　　(b) 厚い初期膜厚（t/h = 1.5）

図5　樹脂の変形結果の初期膜厚依存性
　　　同一のインプリント圧力時

35

ナノインプリントの開発とデバイス応用

このように，樹脂の初期膜厚により，必要とされるインプリント圧力と樹脂の変形過程が異なっていることがわかる。これらは，インプリント時の圧力不足や，初期膜厚の不均一性などによるプロセスエラーを分析する際に参考になるものと考える。

1.3 変形の過渡応答（時間依存性）

これまでは，時間項を無視して定常状態における変形形状を扱ってきたが，過渡現象を扱うには，図6に示すような力学モデルにより，時間項を扱う必要がある。樹脂鎖の複雑な時間応答を表現するためには，近似的な方法として樹脂の定常状態に関係のある貯蔵弾性率 G' と，過渡応答項のダッシュポット成分（緩和時間 τ）について，複数のバネならびにダッシュポットの並-直列結合とした一般化マクセルモデル化モデルを用いる[6]。

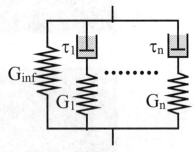

図6　樹脂の粘弾性モデル

このとき，パラメータは，樹脂の粘弾性特性より抽出する。本来は，樹脂の変形に対しての時間応答を，幅広い変形速度で測定してフィティッティングしてパラメータを抽出するが，実際には高周波領域の機械的応答を計測するのは困難である。このため，Williams らによって提唱された WLF 則[7]を用いて，いくつかの温度での動的な特性を測定し，式(7)を満足するように周波

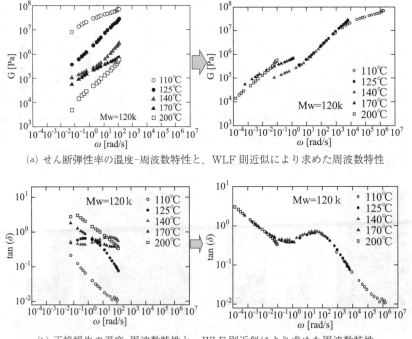

(a) せん断弾性率の温度-周波数特性と，WLF 則近似により求めた周波数特性

(b) 正接損失の温度-周波数特性と，WLF 則近似により求めた周波数特性

図7　樹脂の周波数応答特性と WLF 則による拡張例

36

第4章 ナノインプリントのシミュレーション技術

数領域でつなぎ合わせることによって幅広い周波数域での特性を得る。

$$\log a_t = \frac{-C_1(T-T_s)}{C_2+(T-T_s)} \tag{7}$$

図7に，PMMAの周波数特性を示す[8]。この例では，基準温度を $T_s = 140$ ℃ とした場合，$C_1 = 8.86$, $C_2 = 101.6$ となった。これらの測定ならびにパラメータの抽出は，市販のレオメータによっても行うことができる。

以上のようにして，粘弾性体の材料定数を抽出し，有限要素法などによる構造解析ソフトにより，樹脂の変形の時間変化をシミュレーションすることができる[9]。

図8に，PMMAを用いて行った実験と計算結果の一例を示す。両者はほぼ一致している。

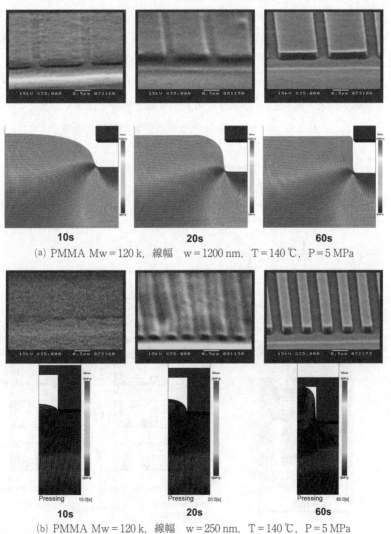

(a) PMMA Mw = 120 k，線幅　w = 1200 nm，T = 140 ℃，P = 5 MPa

(b) PMMA Mw = 120 k，線幅　w = 250 nm，T = 140 ℃，P = 5 MPa

図8　樹脂の変形の過渡応答

ナノインプリントの開発とデバイス応用

これらの結果によると，定常解析と同様にパターン依存性が生じるほか，樹脂の粘弾性特性の変化に応じて成型時間に差が生じる。

スループットに大きな影響を与えるプロセス時間の最適化についても，シミュレーションから得られる知見を材料特性やプロセス条件に反映できる[10]。

1.4 粘弾性モデルによる大面積解析[11]

前項までは，微細パターンの断面形状についての解析を示したが，パターンの平面的な配置やパターン密度によっては，樹脂の変形に不均一性が生じる。これを解析することにより，場合によっては最適なパターン配置などを行う必要がある。

マサチューセッツ工科大学のTayorは，樹脂変形のステップ応答を空間的に畳み込み積分する独自の方法により，平面内の樹脂充填の時間応答を解析的に導出する方法を提案している。

これは，図9(a)に示すように，樹脂を粘弾性体としてバネとダッシュポットでモデル化し，樹脂の一点にステップ荷重を加えたとき，立体的な変形の応答関数を解析的に求める。これをパターンの平面的な形状（荷重分布）で畳み込み積分することにより，大面積領域内での樹脂変形の時間応答を求めている。図9(b)-(c)に示すように，実験と解析とはよく一致し，平面内での成型過程が把握できる。これより，パターンレイアウトの影響が解析できる。

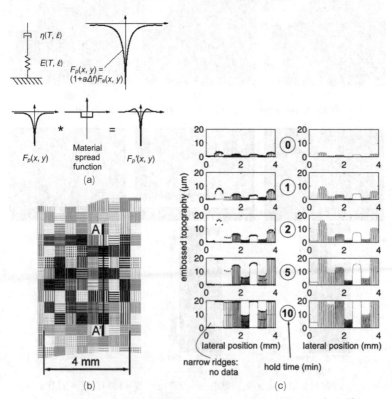

図9 畳み込み積分による平面内での樹脂変形の過渡応答の解析例[11]

第4章　ナノインプリントのシミュレーション技術

1.5　粘性流体モデルによる樹脂の流動解析[12]

ゴム弾性モデルや粘弾性モデルは，樹脂のガラス転移温度に近い状態でのモデルといわれている。さらに温度が高くなり，樹脂の溶融温度付近では，樹脂は粘性流体状態となる。

ジョージア工科大学のKingらのグループは，溶融温度近くの樹脂を粘性ニュートン流体として，モールド/基板に挟まれた部分のレジストを，圧搾流ならびにせん断流れとしてモデル化し，モールドへの樹脂充填時間について関係を調べている（図10）。

パターンのアスペクト比や樹脂レジストの初期膜厚により，変形の過渡状態で，パターン両端に二つのピーク形状が発生することを示している。この結果は，前項で述べたゴム弾性解析結果と同様の結論を得ている。

ゴム弾性モデルや粘弾性モデルと，粘性流体モデルとでは基本方程式が異なってくるにも係わらず，いずれも定性的には同一の結果が得られているところが興味深い。

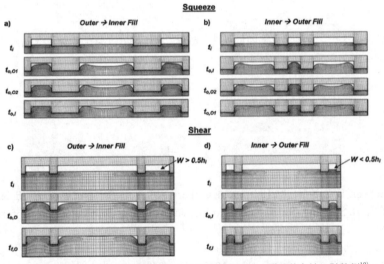

図10　ニュートン粘性流体解析によるパターン形状，膜厚依存性の計算例[12]

1.6　流体モデルによる大面積解析[13]

パターンレイアウトによる樹脂の変形，充填時間を解析するため，粘性流体方程式を解く取り組みが行われている。ロシアのマイクロエレクトロニクス技術研究機構のZaitsevらは，三次元のNavier-Stokes方程式の数値解法において，レジストの流れが殆ど基板と平行方向の圧搾流であることに注目し，近似的解法によって10-30ミクロン程度の粗いグリッドで大面積領域の解析を提案している。これにより，パターンレイアウトの影響が解析できる。

図11は，この方法（コースグレイン法）により，PMMAを190℃で熱ナノインプリントした場合の，レジスト残膜厚の分布を示す。1mm×2mmのチップ全体の残膜を128×128のグリッドを用いて解析し，実験による干渉縞より求めた結果と比較し，良い一致を得ている。なお，パターンのレイアウトデータは，半導体マスクCADで用いられるGDSフォーマットより読み込

39

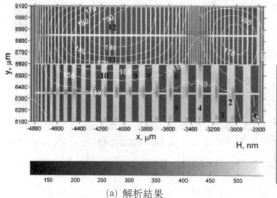
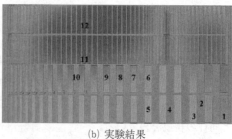

(a) 解析結果　　　　　　　　　　　(b) 実験結果

図11　コースグレイン法によるレジスト残膜厚の解析[13)]
PMMA Mw=75 k, T=190 ℃

んでいる．

このように，パターンレイアウトの依存性が解析できており，レイアウトパターンの最適設計に用いられている．

文　　献

1) H. C. Scheer, H. Schultz, T. Holffmann, C. Torres, *J. Vac. Sci. Technol. B*, **16**, 3917（1998）
2) 例えば L. H. Sperling, "Introduction to Physical Polymer Science", Wiley-Interscience, NJ（2001）
3) M. Mooney, *J. Appl. Phys.*, **11**, 582（1940）
4) R. S. Rivlin, *Phil. Trans. Roy. Soc.*, **A242**, 173（1949）
5) Y. Hirai, T. Konishi, T. Yoshikawa, S. Yoshida, *J. Vac. Sci.Technol. B*, **22**, 3288（2004）
6) 例えば T. A.Osswald, H. L. Menges, "Material Science of Polymers for Engineers", New York, Hanser Publisher（1996）
7) M. Williams, R. Landel and D. Ferry, *J. Am. Chem. Soc.*, **77**, 3701（1955）
8) Y. Hirai, T. Yoshikawa, N. Takagi, S. Yoshida, *J. Photopolym. Sci. Technol.*, **16**, 615（2003）
9) Y. Hirai, Y. Onishi, T. Tanabe, M. Nishihata, T. Iwasaki, H. Kawata and Y. Iriye, *J. Vac. Sci. Technol. B*, **25**, 2341（2007）
10) Y. Hirai, Y. Onishi, T. Tanabe, M. Shibata, T. Iwasaki, Y. Iriye, *Microelectronic Engineering*, **85**, 824（2008）
11) H. Taylor, B. Chen, C. Iliescu, D. Boning, *Microelectronic Engineering*, **85**, 1453（2008）
12) H. D. Rowland, W. P. King, Amy C. Sun and P. R. Schunk, *J. Vac. Sci. Technol. B*, **23**, 2958（2005）
13) V. Sirotkin, A. Svintsov, S. Zaitsev, H. Schift, *Microelectronic Engineering*, **83**, 880（2006）

第4章　ナノインプリントのシミュレーション技術

2　光ナノインプリントのシミュレーション

平井義彦*

2.1　はじめに

　光ナノインプリントリソグラフィ（UV-NIL）[1] は，熱ナノインプリントに比べてプロセス時間が短く，また従来の光リソグラフィと類似するプロセスであることから，ナノパターンの形成方法として産業的応用が行われつつある。一方で，そのプロセスを支配する物理化学は，熱ナノインプリントに比して複雑で多岐にわたっている。これらの個々の現象を定性，定量的に理解することは，さまざまな状況における欠陥発生のメカニズムとその対策や，材料・プロセスの設計指針を得るためには重要である。

　ここでは，光ナノインプリントにおける主な物理化学現象について述べ，これに対応する個々の計算機モデルと，プロセス全般を通したシミュレーションシステムについて述べる[2]。

2.2　システムの構成

　光ナノインプリントプロセスは，大きく分けて次のサブプロセスからなる。

　まず，UV レジストをモールドの微細なパターンに充填するプロセスからはじまる。このプロセスでは，UV レジストを基板に滴下あるいはスピンコートした後，微細パターンをもつモールドをレジストにプレスする。この時，レジストはパターン内部に入り込もうとするが，大気中で行うと空気をトラップしてパターン内に気泡が閉じ込められ，重大なパターン欠陥を引き起こす。このため，微細構造中へのレジストの充填プロセスの解析が重要となる。とりわけ，モールド表面は，離型処理などを施しているため，表面の濡れ性が，充填状態に与える影響が心配されるほか，スループットに配慮して大気中で行った場合には，バブルの発生が大きな問題となる。

　次に，モールドのパターン内に充填されたレジストに，紫外線を照射するプロセスがある。このプロセスは，次の二つの物理化学現象が同時進行する。一つは，照射光がモールドを通して基板上のレジストを照射する際に生じる光の回折や干渉などの伝播現象で，もう一つは，照射された光によって生じるレジストの化学反応現象である。

　さらに，この化学反応によって引き起こされる体積収縮により，レジストの形状が変化する力学的な現象が生じる。

　これらの関連したプロセスを，個々の物理化学モデルに基づき計算し，最終的にはレジストの形状と，その内部および周辺に生じる応力を求めることが，このプロセスシミュレータの目標となる。

　図1に，そのシステム構成を示す。ここでは，次の四つのモジュールにより，構成した。

　モールドへのレジスト充填プロセスでは，レジストの流れを Navier-Stokes の方程式を解くことによりシミュレーションする。次に，UV 照射プロセスでは，Maxwell の方程式を解くことに

　＊　Yoshihiko Hirai　大阪府立大学　大学院工学研究科　電子物理工学分野　教授

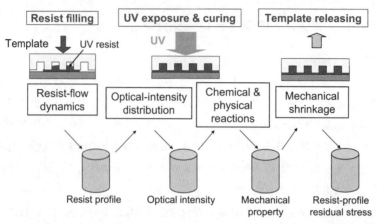

図1 光ナノインプリントプロセスシミュレーションのシステム構成

よりモールドならびにレジスト中での光強度を算出する。ここでは，光照射によるレジストの屈折率や光透過率の時間変化はないものと仮定し，瞬時に定常状態に達するものとして，光の相対強度の空間分布を計算し，結果ファイルに格納した。次に，レジストに照射された光の空間分布と，実験的に求めたレジストの収縮率に関するデータベースより，レジスト全体の体積変化ならびに弾性率の時間変化に関する空間分布を，レジストの機械的特性変化としてファイルに格納する。現状では，実験データより導出しているが，レジストの反応をモデル化することにより数値計算による導出にも取り組んでいる。

最後に，導出したレジストの収縮率と弾性率の時間変化と，照射強度の空間分布に基づき，弾性力学に基づく構造シミュレーションにより，レジストの収縮による形状変化と残留応力分布を求める。

次項では，これらの各モジュールの詳細な内容と，解析結果の一例を紹介する。

2.3 レジスト充填プロセス
2.3.1 計算モデリング

図2に示すように，光ナノインプリント法では，これまでに二通りのレジスト充填方式が提案されている。一つは，レジストの液滴を基板に滴下し，これらモールドを押さえつける方式（図2(A)）と，レジストを基板に回転塗布してモールドを押さえつける方式（図2(B)）がある。滴下されたレジストの充填挙動については，いくつかの興味深いシミュレーション結果が報告されている[3〜6]。これらの計算では，レジストを非圧縮性の流体として，Navier–Stokes の式と連続の式を，時間差分法などによって解いている。

$$\rho \frac{\partial \vec{v}}{\partial t} + \rho (\vec{v} \cdot grad) \vec{v} = - grad\, P + \rho \vec{g} + \eta (grad\, div\, \vec{v}) \tag{1}$$

第4章 ナノインプリントのシミュレーション技術

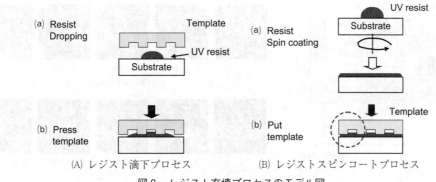

(A) レジスト滴下プロセス　　(B) レジストスピンコートプロセス
図2　レジスト充填プロセスのモデル図

$$div\ \vec{\nu} = 0 \tag{2}$$

ここで $\rho,\ \eta,\ g$ は，それぞれレジストの比重，粘性率，重力加速度である。

　ナノサイズの流路中での流動挙動を解析するにあたり，表面張力の影響が大きくなることが予測される。そのため，レジストと流路側壁（モールド面および基板表面）との境界条件の設定に注意を要する。しかし，スリップ流れや毛細管現象の厳密な境界条件の取り扱いについては，従来のマクロな流体系CADでは十分な計算モデルが構築されていないのが現状である。このため，レジストと側壁との静的な接触角を境界条件として取り込むなどして近似し，表面張力の影響を定性的な立場で考察を行うことになる。

2.3.2　レジストの充填解析例

　図3に，レジスト滴下タイプの場合の充填解析例を示す[7,8]。図3(A)に計算のモデル図を示す。モールドが垂直方向に移動することにより，圧搾された液体状のレジストが水平方向に流動するモデルを考える。レジストが水平方向に一定速度で押し出されてモールドパターンに充填するものとし，レジストとモールドとの接触角 θ_T とレジストと基板との接触角 θ_S を変化させ，充填状態について計算した。図3(B)に，代表的な充填過程を示す。ここでは，大気中での充填を想定した。モールド表面の濡れ性が小さくレジストとの接触角が大きい場合には，パターン内へのレジスト充填が阻害されるため，気泡を包み込む（(a)：Bubble traping）。モールド表面の濡れ性が大きく，レジストとの接触角が低い場合には，モールドパターンの側壁に沿って流れ易くなる。このため，気泡を押し出すようにレジストがパターン内に充填され，気泡の発生が回避される（(b)：No bubble）。一方，基板の濡れ性が良く，レジストとの接触角が小さい場合には，レジストは基板面に沿って流れ易くなるため，レジストはパターン内に入り込まない状態となる（(c)：Unfilled）。

　これらの状態は，レジストの粘性率や流動速度，レジストの表面張力にも依存するが，欠陥解析や材料・プロセスの設計の定性的な指針になるものと考える。

　次に，図4にスピンコートしたレジストへの充填プロセスを示す。この場合，モールドパター

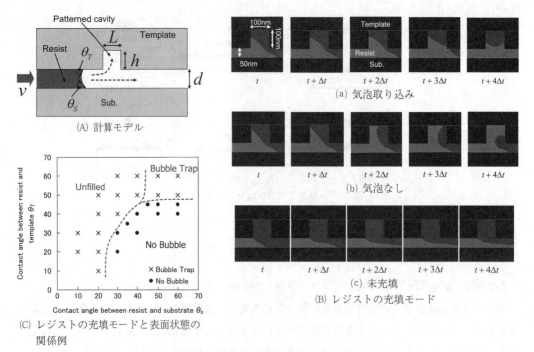

図3 レジスト滴下プロセスでのレジスト充填過程

ン内に雰囲気中の気体が閉じ込められ，致命的な欠陥を引き起こす。これを解消するため，凝縮性気体雰囲気中で行う Hiroshima 法[9]と呼ばれる方法が提案され，その効果が実証されている。ここでは，凝縮性気体と粘性流体の二相流れについて，気体の凝縮性を取り入れたシミュレーション解析を行い，その効果を検証した[10]。図4(A)に，大気中ならびに凝縮性気体（ペンタフルオロプロパン）雰囲気中でのレジストの充填過程と，モールドの垂直方向の動きを示す。大気中では，高密度に圧縮された空気がバネとなって振動を生じながら気泡が閉じ込められる。一方，凝縮性気体雰囲気中では，気体圧力が一定に保たれたまま縮小していく様子がシミュレーションできている（図4(A)(b)）。

図4(B)に，凝集性気体雰囲気中において，異なるパターンサイズに対する充填状態のシミュレーション結果を示す。パターンサイズが小さい場合（w＝100 nm）には，モールドとの表面張力により側壁に沿った流れが抑制されてパターン中央部分がやや盛り上がりながら充填が進み，気体はパターン端部に追い込まれて消滅する。パターン寸法がさらに小さくなると，レジスト自体の表面張力も大きくなり，狭窄パターンへの充填時間は増加する。しかし，定量的にはナノサイズのパターンにおいては，充填時間がマイクロ秒オーダーであり，実用上問題がない。一方，幅広のパターン（w＝800 nm）では，モールド側壁に沿ってレジストが流入し，気泡がパターン中央部に留置される。さらに，レジストがパターン中央部に向かって流入し，気体を凝縮させる。このため，幅広のパターンではレジストの充填に時間を要する結果となる。

このように，パターンサイズが混在する場合には，充填モードが異なることが定性的に把握で

第4章 ナノインプリントのシミュレーション技術

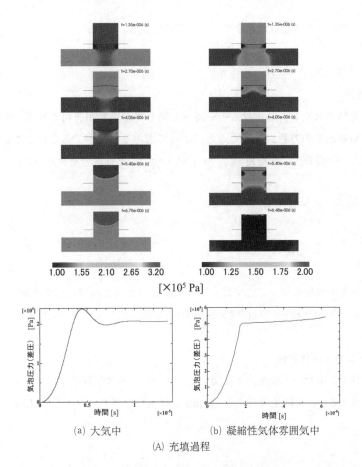

(a) 大気中　　　　　(b) 凝縮性気体雰囲気中
(A) 充填過程

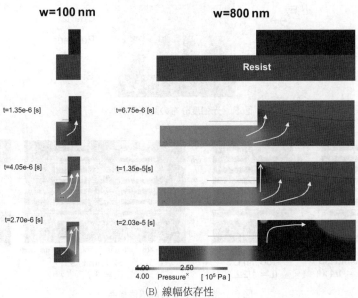

(B) 線幅依存性

図4　スピンコートプロセスでのレジスト充填過程

き，欠陥の解消やプロセス設計に役立つものと期待できる。

2.4 UV 照射プロセス
2.4.1 計算モデル
　モールドに充填されたレジストは，モールドを通して UV 光が照射される。ナノ構造中での光の伝搬は，Maxwell の方程式を解くことによって求めることができる。ここでは，良く知られた時間差分法（FDTD）[11~14] を用いて，レジスト中での光強度分布を求めた。

$$\varepsilon\frac{\partial \mathrm{E}(\mathrm{r},t)}{\partial t} = -\nabla \times \mathrm{H}(\mathrm{r},t) \tag{3}$$

$$\mu\frac{\partial \mathrm{H}(\mathrm{r},t)}{\partial t} = -\nabla \times \mathrm{E}(\mathrm{r},t) \tag{4}$$

　図5に，解析モデルを示す。ここでは，レジストはパターン内部に全て充填されているとし，光照射によるレジストの光学的特性（複素屈折率）の変化は生じず，また吸収も生じないものと仮定した。

2.4.2 パターンサイズ依存性
　図6に，レジスト中での光強度分布に関するパターンサイズ依存性を示す[11]。ここでは，レジストの屈折率を1.6とし，露光波長λを320 nm と仮定し，パターン幅 L を L/λ = 1 から L/λ =

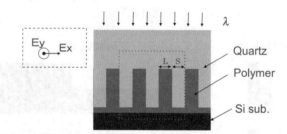

図5　光強度分布の計算モデル

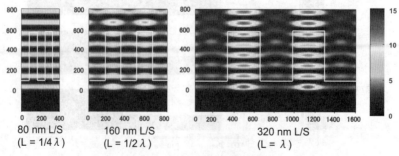

図6　光強度分布の線幅依存性

λ = 320 nm, the optical index of the quartz n_q = 1.49, the optical index of the photopolymer n_p = 1.60

第4章　ナノインプリントのシミュレーション技術

1/4まで変化させた時の結果を示す。

いずれの場合も，照射した光はレジスト底部に十分届いているが，波長と同程度のパターンサイズでは，屈折率の大きいレジスト側に光が引き寄せられている。一方で，パターンサイズが波長の1/4程度になると，光はレジストとモールドの屈折率差を無視する形で，均一に進行していることがわかる。また，シリコン基板からの反射による定在波が形成されている。

図7に，線幅25 nmと50 nmのパターンに波長365 nmの光を照射した場合の光強度分布を示す。波長より十分微細なナノスケールのパターンでは，ほぼ均一に近い状態で露光されることがわかる。しかし，波長と同程度あるいはそれより大きいマイクロパターンにおいては，光の回折や干渉が生じ，場合によっては致命的な欠陥となることが理論的にも実験的にも検証されている[11,15]。このため，これらの現象が生じる領域のパターンサイズにおいては，プロセスやパターンの設計に注意が必要となる。

2.5　UV硬化プロセス

UVの照射と並行して，レジストの硬化が生じる。UV硬化樹脂には，硬化のメカニズムとしてラジカル系，カチオン系などがある[16~19]。いずれも，UV照射により，分子量が増大して固形化するものである。UV硬化により，レジストは液体状態から固体状態に変化するとともに，粘弾性率の上昇と体積収縮が生じる。最終的には，弾性率が数GPa程度の弾性体に変化し，大きいものでは20％以上の体積収縮を生じる場合がある。このため，収縮によるレジスト形状の変形と，それにともなう残留応力が，UVナノインプリントプロセスにおける線幅誤差（CDエラー）と離型プロセスに影響を及ぼすことが危惧される。

したがって，UV照射によるレジストの分子量などの化学的変化過程のみならず，弾性率や収縮率にどの物理的変化過程を計算機モデル化し，最終的にはレジストの形状を予測することが必要となる。しかし，その物理化学に基づくシミュレーションモデルは未確立である。ここでは，計算に必要なレジストの弾性率と収縮率を求めるため，実験的に求めた結果をデータベース化し，これより計算に必要なパラメータを抽出することにした。

図8に，典型的なUVレジスト（PAK-02，東洋合成工業）について，UV照射強度を変化さ

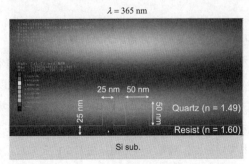

図7　ナノスケールパターンにおける光強度分布の計算例（λ＝365 nm）

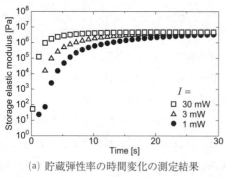 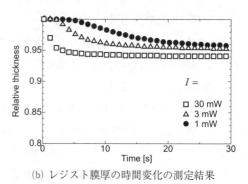

(a) 貯蔵弾性率の時間変化の測定結果　　(b) レジスト膜厚の時間変化の測定結果

図8　レジスト硬化による機械特性変化の測定

せた時の，弾性率と膜厚の時間変化を示す。いずれも，UVレオメータによって同時に測定したものである。膜厚を微分することにより，その時点での線収縮率が算出できる。

UV強度の変化に対しては，これらのデータを補間することにした。図9にその概念を示す。

このように，実験的に抽出した物理パラメータを用いて，有限要素法などによる構造解析CADを利用し，露光を終えた時点での

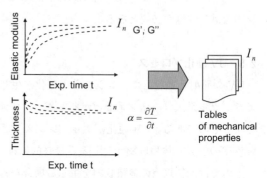

図9　実験データベースによるUVレジストの計算機モデル化

結果を算出する。このとき，先に求めたレジスト中でのUV強度をもとに，レジストの各部位での弾性率と収縮率を時間的に変化させることになる。計算機的な扱いとしては，熱応力問題で，温度を時間に置き換え，冷却（時間）が進行した時の任意温度（露光時間）における部材の形状と残留応力を計算することに相当する。このとき弾性率と収縮係数は温度（時間）依存性をもつことになる。

一方で，上記の実験的なデータベースに代わり，UV重合過程のモデル化と，収縮のモデル化についての検討がすでに進められている[20]。

2.6　硬化収縮によるレジストの形状変化と残留応力の計算例

ここでは，これまでに示した一連のプロセスを統合し，UV照射によるレジストパターンの成型シミュレーションについて紹介する。図10は，図7に基づくUV強度分布で照射されたレジストに対し，図8に示した硬化特性をもつUVレジストを硬化させた場合の，レジストの形状と残留応力の計算結果を示す[2]。ここでは，レジストと基板は固定されているとし，レジストはモールドに押さえつけられているが，境界での摩擦は生じないとした。また，モールドとレジスト間の密着力も想定した。

48

第4章　ナノインプリントのシミュレーション技術

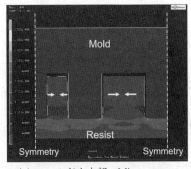
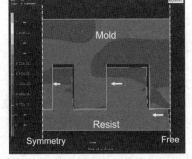

(a) モールド中央部　Mises stress　　　　　(b) モールド端部　σ_{xx}

図10　ナノスケールパターンにおけるレジストのUV硬化収縮と残留応力分布
パターンサイズ25 nmおよび50 nm レジスト/モールド間の密着力100 kPa

　図10(a)は，モールド中央部で，対象境界とした場合のレジスト形状とミーゼス応力分布を示し，図10(b)はモールドの右端を自由境界とした場合の横方向応力σ_{xx}分布を示す。いずれもレジストの深さ方向に対して，図7に示す光強度分布に対応して硬化が進む。パターンがモールド中央部にある場合は，レジスト残膜部分での収縮の影響は少なく，パターン内部が収縮し，CD誤差を生じる。一方で，モールド端部では，レジスト残膜部分で中心方向に収縮する応力のため，レジストがモールド側壁を押す力を発生する。このように，レジスト形状と応力分布が予測でき，欠陥解析やより精密な形状転写の予測に役立つものと期待できる。

2.7　まとめと今後の課題

　UVナノインプリントプロセスを支配する主な物理化学現象について述べ，その個々の現象についての計算機シミュレーションについて紹介した。さらに，これらのモジュールを結合したUVナノインプリントのプロセスシミュレーションシステムと，これを用いたレジスト形状のシミュレーション結果について紹介した。今後，プロセスや材料の設計と，欠陥の解析に有効であると期待している。

　しかし，ここで用いた物理化学モデルは，いずれも古典的な連続体モデルであり，ナノスケールで生じる諸現象については，必ずしも十分ではない部分が生じる恐れがある。例えば，流体における境界面の取り扱いや，ナノスケール状態での粘性挙動，UVレジストの硬化反応と状態変化のモデリングなど，実験と比較しながらより高精度のシミュレーションを行う必要がある。さらに，これらのより精度良いパラメータ抽出も課題となる。

　一方で，より大面積の領域に対応した簡便で高速な計算が可能なシステムも要求される。その場合には，さらに簡略化したマクロな計算モデル化が必要となるとともに，パターンのレイアウト設計CADとの連動に配慮するシステムの開発が望まれる。

ナノインプリントの開発とデバイス応用

文　　献

1) M. Colburn *et al.*, *Proc. of SPIE*, **3676**, 378 (1999)

2) M. Shibata *et al.*, *J. Vac. Sci. Technol. B*, **28**, C6M108 (2010)

3) M. Colburn *et al.*, *Microelectronic Eng.*, **75**, 321 (2004)

4) S. Reddy *et al.*, *Microelectronic Eng.*, **82**, 60 (2005)

5) S. Reddy *et al.*, *Phys. Fluids*, **17**, 122104 (2005)

6) S. Chauhan *et al.*, *J. Vac. Sci. Technol. B*, **27**, 1926 (2009)

7) D. Morihara *et al.*, *Microelectronic Eng.*, **86**, 684 (2009)

8) D. Morihara *et al.*, *J. Vac. Sci. Technol. B*, **27**, 2866 (2009)

9) H. Hiroshima *et al.*, *Jpn. J. Appl. Phys.*, **46**, 6391 (2007)

10) Y. Nagaoka *et al.*, Abstract of Microprocess and Nanotechnology Conference, Sapporo, p. 17c-2-3 (2009)

11) Y. Hirai *et al.*, *J. Vac. Sci. Technol. B*, **21**, 2777 (2003)

12) Y. Deng *et al.*, *J. Vac. Sci. Technol. B*, **21**, 130 (2003)

13) A. Taflove *et al.*, in Computational Electrodynamics, Artech House, Boston (2000)

14) H. Ichkawa *et al.*, *J. Opt. Soc. Am. A*, **18**, 1093 (2001)

15) M. Wissen *et al.*, *Microelectronic Eng.*, **78-79**, 659 (2005)

16) E. K. Kim *et al.*, *Microelectronic Eng.*, **83**, 213 (2006)

17) M. D. Dickey *et al.*, *American Institute of Chemical Engineers J.*, **52**, 777 (2006)

18) N. Sakai *et al.*, *J. Photopolymer Sci. and Technol.*, **18**, 531 (2005)

19) N. Sakai *et al.*, *Jpn. J. Polymer Sci. and Technol.*, **66**, 88 (2009)

20) R. Suzuki *et al.*, *J. Photopolymer Sci. and Technol.*, **23**, 51 (2010)

〔第2編 装置と関連部材〕

第5章 ナノインプリント装置

1 東芝機械

小久保光典*

1.1 はじめに

ナノインプリント技術[1~3]は，数十nm～数百µmの微細パターンをプレスすることによって各種樹脂表面にパターニングする方法である。

光露光装置や電子線描画装置といった高価なプロセス装置を用いることなくナノメートルオーダのパターン形成が低コストで実現できることから近年注目されている技術であり，期待される応用分野は「IT・エレクトロニクス」「バイオ・ライフサイエンス」「環境・エネルギー」と幅広く，デバイスとしても半導体デバイス，光デバイス，バイオデバイス等，多数挙げられる。

現在，国内外でナノインプリントの技術開発が急速に加速しており，材料，型(モールド)，装置等，ナノインプリントプロセスを構成する技術完成度も上がってきている。今後はさらに汎用ナノ加工技術として技術が普及し，応用展開が進むものと思われる。本節では，ナノインプリントプロセスの中でも重要なポイントとなる「ナノインプリント装置」について解説する。

1.2 ナノインプリント

1.2.1 ナノインプリント技術

ナノインプリントは成形の際に投入するエネルギーの違いによって，「熱インプリント」と「UVインプリント」[4]に区別される。最近は，それに加えて転写材料にスピン・オン・グラス(SOG)を用いた「室温インプリント」[5,6]が加わる。「室温インプリント」はシンプルなインプリントメカニズムと特徴的な材料の特性から，注目されている方式の一つである(図1)。我々はこの室温インプリントをCOLD IMPRINT®(コールドインプリント®)と呼んでいる。

次に，「押しかた」の違いによって「直押し方式」，「Roller転写方式(Roll to Sheet転写方式)」，「Roll to Roll方式」に分類される(図2)。例えば「直押し方式」だけをみても，各社『Step & Repeatが可能』，『減圧雰囲気での成形が可能』，『大きな面積が成形可能』『平面精度(平面度)の悪い面への追従(倣い)機能がある』といった独自の仕様，特徴を打ち出している。

以下，「直押し方式」(一括転写方式，Step & Repeat方式)および「Roll to Roll方式」のナノインプリント装置と，それを使用してのインプリント結果について説明する。

＊ Mitsunori Kokubo 東芝機械㈱ ナノ加工システム事業部 ナノ加工システム技術部 部長

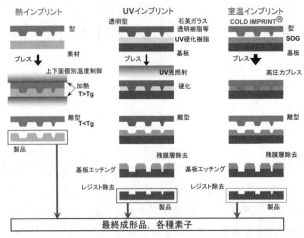

図1　熱・UV・室温インプリントのプロセス比較

1.2.2 ナノインプリント装置とインプリント結果
(1) 直押し方式

一括転写方式（図2）とは，型と基板とを平行に対向させ，両者を一括で加圧し保持することにより，型に設けたパターンを一度のプロセスで基板側に転写する最も一般的な方式である。基本的には，大きな面積の型を準備して基板に押し付ければ，一度に大面積のパターン転写ができる汎用性の高い方法である。ただし，この方式で大面積（例えばφ8インチウエハ）を一括転写する場合には，装置にさまざまな工夫を施す必要がある。例としては，数十〜数百kNクラスの大出力プレス機構の搭載，型と基板との平行調整機構，面内温度（熱インプリントの場合）および面内荷重の均一化，また離型機構（大面積化とともに離型力が増大する）の検討等が挙げられる。当社の装置以外にも，一括転写方式の装置は国内外の装置メーカから多数発表されており[7,8]，ユーザにとってナノインプリント装置を選定する際の選択肢は広い。

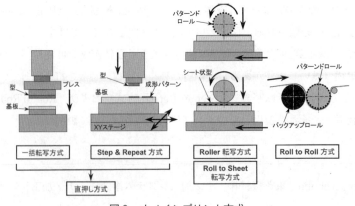

図2　ナノインプリント方式

第5章 ナノインプリント装置

　また，Step & Repeat方式（図2）は，前述の一括転写方式ナノインプリントプロセスを順次繰り返して基板全面にパターン転写を行うものである。一回のパターン転写は一括転写方式と同様なプロセスで行うが，その一回に転写するパターンの大きさは一括転写方式で示した難題が生じない数十 mm×数十 mm程度で，一回のパターン転写が終了した後に基板と型の相対位置を変化させて別の位置にパターン転写を行い，これを繰り返しながら所望の範囲までパターン転写を行う。この方式の装置には，基板と型との相対位置を順次変化させるための移動テーブル（XYステージ）が必要となる。この移動テーブルの稼動範囲を広げることで大きな基板へのパターン転写ができる。このXYステージには「テーブル上面の平面度」「真直度，位置決め精度等の運動精度」「プレス力に耐えられる強度（剛性）」等の数値が要求されるため，装置製作時の難易度は非常に高くなる。また，あらかじめ決められた位置にパターン形成する場合には，型と基板との相対位置関係を検出するカメラユニットと撮影した画像から型と基板のずれ量を算出する，アライメント(位置合わせ)機構を搭載して位置決めを行う。

　我々が開発したナノインプリント装置ST50[7〜10]は装置拡張性を考え，熱インプリント，UVインプリントに対応可能な最大プレス力50 kNの装置である（図3）。多種多様の型・被成形素材形状・加熱方式に対応するため，熱インプリントの場合は型・被成形素材取り付け部および加熱方式を，UVインプリントの場合も被成形素材取り付け方式をユーザ毎に設計，提供する。制御装置は自社開発製のものを使用し，Z軸のACサーボモータを希望のプレス力，プレス速度，プレスパターンで制御できる。また熱インプリントにおける加熱の温度，速度，パターン，UVインプリント時のUV光強度，照射パターンも複数設定可能である。

　ST50はオプションとして，主としてUVインプリント時に生じるパターン転写性の悪さや気泡の噛み込み低減を目的とした減圧用チャンバ，Step & Repeat対応のXYステージ，型表面が被成形素材表面としっかりあたるように，プレスすることによって従動し角度を修正するSTヘッド®，STステージ®（図4），型と基板との相対位置合わせを行うアライメントユニット等を装備できる。

　次にST50を使用してのUVインプリント結果を紹介する。図5は超微細構造の転写例として筆者らのUVナノインプリント法による50 nmレベル線幅のLine & Spaceパターン形成事例である。石英ガラスからEB描画とエッチングによって型を製作し，UVナノインプリントによりパターン形成した結果，50 nmレベルの超微細パターンを形成することができた。また，図6にはUVインプリント例を示す。型にはφ8インチの石英ウエハ上120 mm×120 mmの範囲に90 nmのL&Sパターン（180 nmピッチ）を有するものを用い，型と同様のφ8インチ石英ウエハにUV樹脂を塗布したものにUVインプリントを行った結果，パターン形

図3　直押し方式インプリント
　　　装置：ST50

ナノインプリントの開発とデバイス応用

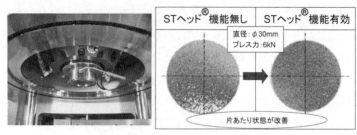

図4　角度調整機能例：STヘッド®

状に関しては良好な結果を得ることができた。120 mm×120 mmと比較的大きなサイズのインプリントであるため，パターニングの面内ばらつきに関しては，検証方法，評価方法を含めて試験継続中である。

(2) Roll to Roll 方式

直押し方式と Step & Repeat 方式はいずれも，数十～数百 mm サイズの基板上にパターン転写するナノインプリントプロセスで，プロセスは枚葉ごと（基板一枚ごと）に処理されていく。このような枚葉処理のプロセスではなく，連続した樹脂シートにパターンを連続転写する方法を Roll to Roll 方式（Reel to Reel 方式と呼ぶ場合もあり）（図2）という。本方式の

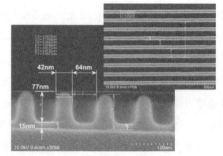
UVインプリント結果

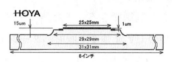
型形状とパターン領域

図5　UVインプリント例：50 nm サイズのL/S

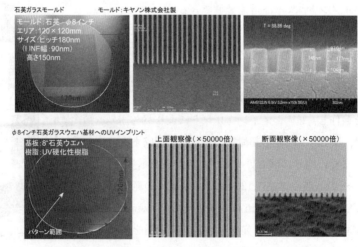

図6　UVインプリント例：φ8インチエリアへの一括転写

54

第5章　ナノインプリント装置

型は，あらかじめ微細なパターニングを施したローラを型として用いる場合と，金属製もしくは樹脂製の比較的薄い箔状のスタンパをローラに巻き付け，固定し，型として用いる場合とがある。前者の型を用いれば，ローラの繰り返し回転によって切れ目なく連続して樹脂シートにパターン転写することができるので，長さが数 m 以上の樹脂シートへのパターン転写に対して有効な方法となる。

　この Roll to Roll 方式では，型とフィルムの接触と離型が一括転写や Step & Repeat 方式の場合と異なるため，真空環境にしなくとも比較的気泡が入りにくく，離型もしやすいといった特徴がある。本方式は，高効率で，比較的大きな面積へのナノインプリントができる方法であり，今後さまざまなナノインプリントプロセスを応用した素子の実用化，量産化の際には主流になる方式の一つと考えられる。

　我々が開発した Roll to Roll 方式ナノインプリント装置 CMT-400U の主要構成を図7に，外観を図8に示す。

　本装置は押出成形法や印刷法のロール技術を応用しており，ベースフィルム上に塗工した UV 樹脂を，図7に示すグラビアロールにて成形するものである。これは，「大面積への対応」に加

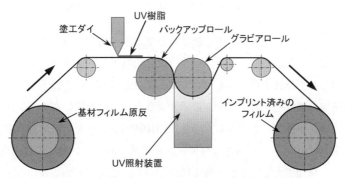

図7　Roll to Roll 方式 UV インプリント装置の主要構成

図8　Roll to Roll 方式 UV インプリント装置　CMT-400U

ナノインプリントの開発とデバイス応用

図9　Roll to Roll 方式 UV インプリント状況

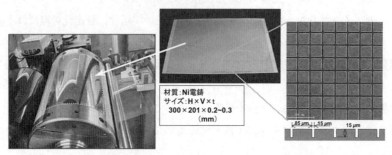

図10　Roll to Roll 方式 UV インプリント用の型

え，「生産性・スループットの向上」までを考慮しており，対象アプリケーションも FPD 用光学シート，バイオ応用，太陽電池，電子ペーパ，偏光用ワイヤーグリッド等，多岐にわたる。図9に機械加工を施したグラビアロールを用いて成形試験を行っている様子を示す。

　Roll to Roll 装置用の型に関しては，図9に示すような円筒の全周にパターン加工が施されており，シームレスのインプリントができるものと，図10に示すような比較的薄い平板型を円筒ロールに取り付けて使用するケースがある。パターンサイズ，パターン加工の自由度等の理由から，直接円筒にパターンを加工することが困難な場合が多く，結果として後者の方式を用いる場合が多い。このような円筒型を使用した場合，樹脂シート上に間欠的にパターンがインプリントされることになり，樹脂シート上に連続的に UV 樹脂を塗工した場合 UV 樹脂が無駄になる部分が生じる。また，平板型の外周部にはどうしても隙間や段差があるため，UV 樹脂が入り込み，インプリント精度の低下，不具合発生の原因となる場合がある。そこで我々は，平板型の外周より内側のパターンエリアだけに UV 樹脂を塗工し転写を行う「間欠塗工・間欠転写」技術の開発を行っている。図11に間欠塗工・間欠転写の原理を，図12に間欠塗工・間欠転写状況を示す。本間欠塗工・間欠転写を Roll to Roll 装置に用いることによって，平板型を円筒ロールに取り付けるタイプの円筒型を使用した場合においても，UV 樹脂の無駄や平板型取り付け部での UV 樹脂残りがなくなり，良好なインプリントができる。

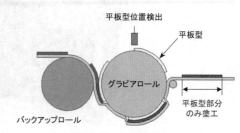

図11　間欠塗工・間欠転写原理図

第5章　ナノインプリント装置

図12　間欠塗工・間欠転写状況

Roll to Roll 装置に関しては，「高速かつ送りムラの少ないシート送り」，「厚さムラが少なく，薄膜形成が可能な高精度 UV 樹脂塗工」，「型取り付けの簡便さ」，「離型処理」，等をキーワードとして開発を続けている。

次に CMT-400U を使用してのインプリント結果を紹介する。図9に示す機械加工を施したグラビアロールを用いて作成した転写成形品を図13に示す。半径 $100\,\mu m$ の球（SR$100\,\mu m$）の一部で高さ $7.5\,\mu m$ の凸レンズ形状と底辺 $50\,\mu m$，高さ $25\,\mu m$ の四角錐形状が転写成形できている。また，厚さ $0.3\,mm$ の Ni 電鋳型をロールに巻き付けたグラビアロール（図10に示す型を使用）を用いた場合の例として，「セル形状（ピッチ $100\,\mu m$）」を転写成形したものを図14に示す。さらに図15に光反射率低減を

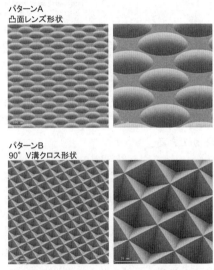

図13　Roll to Roll インプリント装置による転写成形品

目的としたモスアイ系のテクスチャ構造を有する光学フィルム例を示す。このようなパターンは，太陽電池の「光閉じ込め効果」用にも用いられている。

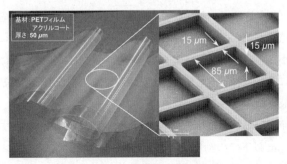

図14　Roll to Roll インプリント装置による転写成形品（セル形状）

ナノインプリントの開発とデバイス応用

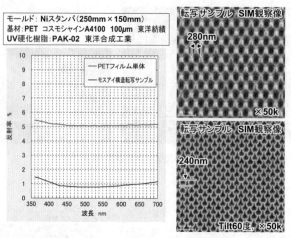

図15 Roll to Roll インプリント装置による転写成形品（モスアイ形状）

Roll to Roll 方式は，生産性や大面積への対応の可能性から非常に注目されているインプリント方式である．試作テストの件数も増加傾向にあり，本方式，装置に対する期待の大きさを伺うことができる．

1.3 おわりに

ナノインプリントプロセスは，シンプルな工程で超精密パターンの転写ができる魅力的なナノ加工技術であり，電子情報通信機器やバイオメディカル機器をはじめとして多くの分野での適用が見込まれている．さまざまな分野において小型化，高機能化，低コスト化に大きく貢献するプロセス技術として今後ますます期待が高まるものと思われる．その期待に応えるためには，素子製造のためのナノインプリント装置の完成度向上が不可欠であることは言うまでもないが，一連の製造工程に必要となる型，樹脂材料，プロセス設計，検査等の技術完成度も同様に向上させることが不可欠であり，これらの技術を単独ではなくトータルで提供していくことがナノインプリント技術の普及には重要である．

最後に，「大面積型」について述べる．

ナノインプリントプロセスに用いられる型は非常に高価で，作製する際の技術レベルも非常に高い．この傾向は面積が大きくなるに従い乗数的に大きくなる．このように大面積型の作製が困難であることから，小さい型（小面積パターン）を継ぎ目なしに，もしくは非常に小さな間隔でつなぎ合わせることにより，大面積型を容易・安価に製作することを目的とした，パターン接続による大面積型の作製を試みている．

本試みのために，筆者らが考案したダブル（マルチ）UV インプリントプロセスによるパターン作製技術および十 nm 以下での動作が可能，十 nm 以下でのアライメント性能を有する「パターン接続用高精度ナノインプリント装置の開発」に取り組んでいる[11]．

58

第5章　ナノインプリント装置

文　　献

1) 前田龍太郎，後藤博史，廣島　洋，粟津浩一，銘苅春隆，高橋正春，ナノインプリントの
   はなし，日刊工業新聞社（2005）
2) L. J. Guo, *J. Phys. D. Appl. Phys.*, **37**, R123-R141（2004）
3) S. Y.Chou *et al.*, *J. Vac. Sci. Technol. B*, **14**(6), 4129（1996）
4) 谷口　淳，はじめてのナノインプリント技術，工業調査会（2005）
5) S. Matsui, Y. Igaku, H. Ishigaki, J. Fujita, M. Ishida, Y. Ochiai, H. Nakamatsu, M. komuro and
   H. Hiroshima, *J. Vac. Sci. Technol. B*, **21**, 688（2003）
6) 竹内義行，月刊ディスプレイ，**15**(1)，テクノタイムズ社，pp 84-88（2009）
7) Electronic Journal 別冊，2007 ナノインプリント技術大全，pp 217-264，電子ジャーナル
   （2007）
8) Electronic Journal 別冊，2009 ナノインプリント技術大全，pp 199-248，電子ジャーナル
   （2009）
9) H. Goto *et al.*, *J. of Photopolymer Sci. and Technol.*, **20**(4), pp 559-562（2007）
10) 小久保光典，月刊ディスプレイ，**15**(1)，pp 62-70，テクノタイムズ社（2009）
11) 片座慎吾，石橋健太郎，小久保光典，庄子習一，後藤博史，水野　潤，2008年度春季 第55
   回応用物理学関連連合講演会 講演予稿集，29a-ZL-8（No. 2, p. 728），応用物理学会（2008）

2 日立グループのナノインプリント装置

宮内昭浩*

2.1 はじめに

ナノインプリントの工程は主として，プレス，硬化，剥離から成り，ナノインプリント装置は，これらの工程を自動的に処理することが望まれる。

プレス工程では，プレス機構によって機械的にモールドが基材に押し当てられる。加圧されている間に，基材表面の樹脂などの成型材料は，モールド表面の凹凸に沿って流動する。硬化工程では，冷却や紫外線硬化反応によって，成型材料の粘度が増加し，形状を保持できるようになる。剥離工程では，モールドに密着した成型物をモールドから剥離する。ナノインプリントでは，成型対象が μm から nm レベルとなるため，樹脂の流動や剥離現象を分子レベルで制御する必要が生じる。樹脂の流動は，樹脂材料に依存し，剥離も樹脂材料とモールドとの密着性に依存するため，装置本体に対する要求事項は少ない。装置に対する要求としては，スループットや高い転写精度であり，これらは装置単体ではなく，樹脂材料やモールド技術を複合化することで達成される。ここでは，日立製作所の代表的な装置を紹介する[1]。

2.2 熱ナノインプリント装置

当社では，熱ナノインプリント装置を加圧方式で分類している。平行な平板同士を加圧するタイプを平行平板方式，ロールで加圧するタイプをシートナノインプリント方式，と呼んでいる。以下，各方式に関して述べる。

2.2.1 平行平板方式

平行平板方式では，対向する平板（プレート）の間に基板とモールドを挟み込みこんでプレスする。均一な圧力分布を得るために，片方のプレートは，もう一方のプレートに対して平行になる必要がある。当社では，下側のプレートの昇圧軸にボールジョイントを設けることで，下部プレートが上部プレートに片当たりしないようになっている。

プレートの面内精度も均一な圧力分布を得るには重要である。当社では，技能五輪の優勝者らによって，150 mm 径で面精度 ± 1 μm 以下を得ている。

2003年度の装置販売の開始以来，大型装置から小型装置まで機種を拡張してきた。図1は小型装置の外観である。幅970 mm，奥行600 mm と小さな床面積でありながら，ワークサイズは直径150 mm，プレス推力は97 kN と10トンプレス並みである。また，プレートの最高温度も300℃と高く，たいていの熱可塑性樹脂に対応可能となっている。

2.2.2 シートナノインプリント方式

シートナノインプリント方式は，当社独自のナノインプリント方式であり，ベルト状ナノモールドと呼んでいる新構造のモールドを導入している。図2はシートナノインプリントの概略，

---

* Akihiro Miyauchi ㈱日立製作所　日立研究所　主管研究員

第5章 ナノインプリント装置

図1 小型の平行平板型熱ナノインプリント装置の外観

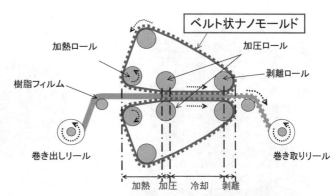

図2 シートナノインプリント装置の概略構成

図3は装置全体とロール部分の外観写真である。ベルト状ナノモールドが加熱ロールや加圧ロールと触れる際に昇温，加圧する。ベルト状ナノモールドとフィルムの移送とを同期させることで，熱ナノインプリント工程を連続処理できる。一本のロールが加熱，加圧，剥離するタイプのロール装置と異なり，本方式では，加熱は加熱ロール，剥離は剥離ロールと工程を分離でき，また，フィルムの冷却処理を独立して制御できることが特長である。フィルムを十分冷却した後にモールドから剥離できるため，アスペクト比の大きな構造や μm スケールの大きなパターンも高い精度で形成できる。また，図4は開発機をベースに製品化した，小型のシートナノインプリント装置の外観である。

2.3 光ナノインプリント装置

光ナノインプリントでは，紫外線で光硬化性樹脂を硬化させ，微細な構造を形成する。熱ナノインプリントでは，樹脂フィルムなど，基板自体が塑性変形する場合が多い。しかし，光ナノインプリントでは，ガラスやシリコン基板表面の光硬化性樹脂膜を成型することになる。光硬化性樹脂膜の厚さは $1\mu m$ 以下であることが多いため，モールドと基板の間に混入してしまう微小な

図3 シートナノインプリント装置の外観とロール近傍の様子

 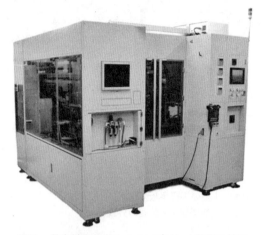

図4 小型シートナノインプリント装置の外観　　図5 量産対応の光ナノインプリント装置の外観

異物によって転写不良が生じやすい。そこで，光ナノインプリントでは，モールドをガラスのような硬質な物質ではなく樹脂製とすることでフレキシビリティを持たせ，異物による転写不良を抑制する方式が志向されている。図5の光ナノインプリント装置においても，モールドは樹脂製を使用し，独自のレジスト材料とモールド材料を組み合わせることで，モールドの連続使用が可能となっている。基板の搬送，レジスト膜の形成などの工程処理は自動となっており，連続した転写が可能である。

2.4 まとめ

ナノインプリント装置は，単なるプレス装置ではなく，モールドの精密な実装や剥離機構，スループットを上げるために流動性が高く速硬化の樹脂材料など，メカニカルな側面だけでは完成しない。ナノインプリントは，研究段階から量産段階へシフトしつつあり，ナノサイエンスに基づく，着実な技術向上が必須と思われる。なお，シートナノインプリントは，新エネルギー・産業技術総合開発機構（NEDO）のナノテク・先端部材実用化研究開発「大面積・高スループットナノインプリント装置・プロセス技術及び新デバイス応用に関する研究開発」の委託業務として開発した。

文　　献

1) http://www.hitachi.co.jp/products/nanoprint/index.html

第6章　モールド

1　各種材料によるモールド作製技術

栗原健二[*]

1.1　はじめに

　ナノインプリントモールドでは，ナノインプリント（NIL）の方式により様々な材料，形態[1]が使用されている。例えば，UVナノインプリントでは紫外線を透過する石英等の材料が使用されるが，熱ナノインプリントでは，Si系から金属系のモールドまで多様な材料が使用されている。パターン形状も三次元的な形状[2]も要求されており，NILの応用展開が期待されている。モールドの形態も装置により，ウェハ形状の円板形のものからフォトマスクのような四角形状，ロール状のモールドまで様々である。ここでは，微細加工性に優れた材料として，Si，SiC，SiO_2，石英，Ni，炭素系等の各種材料についてナノインプリントモールドの加工例を中心に紹介する。

1.2　モールド加工技術

　図1にナノインプリントモールド加工方法を示す。一般的には図1(a)に示すように，半導体リソグラフィの技術が利用される。特にナノパターン露光では，電子ビーム露光が重要な技術[3]となる。またパターンサイズや種類により，フォトリソグラフィや干渉露光も使用される。パターンのエッチング加工では，レジストパターンをマスクにドライエッチングで加工するのが一般的であり，被加工材料は，Si等の半導体から酸化膜，金属など用途により多様である。

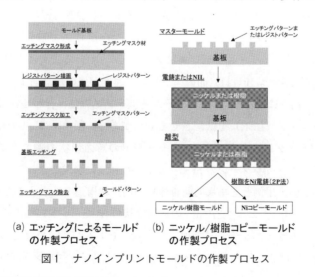

(a) エッチングによるモールドの作製プロセス　(b) ニッケル/樹脂コピーモールドの作製プロセス

図1　ナノインプリントモールドの作製プロセス

---

*　Kenji Kurihara　NTTアドバンステクノロジ㈱　営業本部　第四営業部門　担当部長

エッチングプロセスでは，反応性イオンエッチング等のドライエッチングが用いられる。特に高精度な加工では，高密度プラズマを利用したエッチング技術[4]も使われる。また材料や加工深さによっては，酸化膜や金属をエッチングのハードマスクとして使用する場合があり，特に高アスペクトのパターンで深いエッチングのときには必要となる。また別の加工方法としてシリコン基板では，異方性ウェットエッチング法が利用できる。異方性エッチングは結晶面のエッチング特性を利用するため，形状は限定されるが非常にエッジの滑らかな加工[5]が実現できる。シリコンのエッチング液には，KOH等のアルカリ溶液が用いられる。

　次に，上記の方法で作製したモールドをマスターとして，ニッケルや樹脂のコピーモールドを量産する方法を図1(b)に示す。一つは，ニッケルメッキによる電鋳により，ニッケルモールドを作製する方法であり，射出成型用金型でもよく使用される。また，最近開発が進んでいる別の方法として，NILを用いて樹脂にコピーして樹脂モールドを作製する方法[6]もあり，低コストが期待できる。樹脂には，フッ素系樹脂やシリコン系樹脂が使用されている。マスターを直接電鋳するのは，マスターが破壊される可能性があるので，UV硬化樹脂にマスターパターンのコピーをとり，このコピーをNi電鋳する2P法がよく利用される。マスターと同じ形状（反転しない）のモールドが得られる。

1.3　ナノインプリントモールド加工例

1.3.1　Siモールド

　ナノ領域の微細加工に適した材料であるSiは，ナノインプリント用モールドとして多く利用されている。様々なSiエッチング手法で作製した特長的なナノインプリントモールドの加工例を図2に示す。

　図2(a)は14nmのドットの加工例で，高さ20nmのドットが28nmピッチで形成されている。図2(b)は，18nmラインアンドスペース（L&S）で，20nm深さで形成されている。これらの極微細のSiモールドは，ドライエッチングにより加工[7]している。次に，前述のSi異方性エッチングを利用した例を示す。Si(111)面のエッチング速度が他の結晶面より極めて小さいため，(111)面がパターン側壁に現れるようにパターン方向を結晶方位に合わせれば，エッチング過程でラインエッジラフネス（LER）を低減させる効果がある。図2(c)は，200nm L&Sを深さ1.5μmで異方性エッチングにより加工したSiモールドの断面形状の例である。この結果から，LERの小さい高アスペクトパターンのSiモールドが高精度に形成できることがわかる。

　また，Siモールドの応用例として反射防止体用の円錐状構造を形成するためのSiモールド加工[8]の例を示す。図2(d)は，ピッチ270nmの逆円錐状のSiモールドの加工例で，深さは450nm程度である。これはドライエッチングで加工したものであるが，Siではこのようなテーパー形状制御も可能である。図2(e)は，このモールドを用いてナノインプリント転写した円錐状の樹脂パターン例である。

　別の加工法として，エッチングマスク形成に自己組織化を利用して作製したSiモールドの例

第6章 モールド

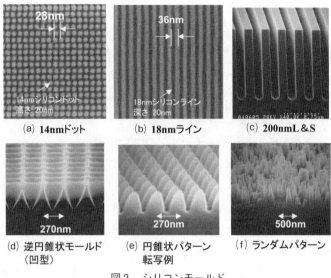

図2 シリコンモールド

を図2(f)に示す。ここではカーボンナノウォール[9]をエッチングマスク形成に適用し，ナノスケールのランダムテクスチャーパターンをSiに加工した。このような構造は，上述の反射防止構造等へ応用が期待される。

1.3.2 SiCモールド

ナノインプリント用のモールドとして，強度的な面でSiCモールド[10]が注目されている。また耐薬品性も高いので，ナノインプリントプロセスでモールドに汚れが付着した時の洗浄が容易で，モールドとしての実用性も高い。ガラス成型へも適用可能である。SiCモールドでは，単結晶SiC基板を用いる場合と，Si基板にLP-CVDにより形成したSiC膜を用いる場合がある。

図3に，加工例を示す。図3(a)は，250 nmピッチで140 nmのドット（高さ150 nm）の加工例である。図3(b)は，63 nmピッチの正三角形配列のドットアレイで，36 nmの極微細ドット（高さ20-30 nm）が良好に形成できている。これらの結果からもSiCは，Siと同様に微細加工性が良いことがわかる。SiCモールドは，強度が高いので，アルミ薄膜へ直接パターン転写することも可能であり，アルミの陽極酸化を用いたホール形成への応用も可能である。

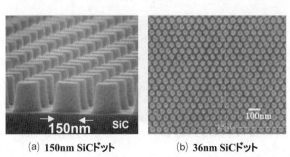

図3 SiCモールド

1.3.3 石英モールド・SiO₂モールド

石英モールドは，紫外線硬化樹脂を用いた光ナノインプリント用のモールドであり，光ナノインプリントに標準的に使用される重要なモールド材料である。一部のインプリント装置では，6インチレチクル用の6025石英基板をベースにした65 mm角基板が規格化されておりモールド基板として使用されるが，ウェハ形態の石英基板も一般的である。また，Si基板上のSiO₂にパターンを加工したSiO₂モールドは石英と同様の加工技術が使え，熱ナノインプリント用として使用できる。ここでは，石英モールドとSiO₂モールドの加工例を示す。

図4(a)は，石英基板に200 nm幅で深さ700 nmの溝を加工した高アスペクトの深溝の例であり，電子ビーム露光を使用している。なお石英基板上の電子ビーム露光では，チャージアップの対策が必須である。次に，SiO₂モールドの加工例を示す。基板構成はSiO₂/Si基板で，SiがSiO₂のエッチングストッパとなるのでSiO₂膜厚で深さを制御することも可能である。図4(b)は14 nmの極微細ホールを加工したSiO₂モールドの例である。SiO₂/Siの構成ではSiO₂が薄いためチャージアップの影響が少なく，基板上に直接高精度なレジストパターン形成が容易である。

石英やSiO₂モールドでは，上記例のような単純な形状だけでなく，三次元的な形状の加工が可能であり，様々な応用へ適用されている。図4(c)がピラミッド状に加工した石英モールドである。図4(d)はマイクロレンズアレイを加工した石英モールドであり，1 μmサイズの微細凹球面が高精度に加工されている。図4(e)は，ステップ状のSiO₂パターンを加工した例である。1 μm角のピクセルで，8ステップのホログラムパターンが形成されている。これらの三次元形状の石英やSiO₂モールドは，光学素子等の作製へ応用されている。

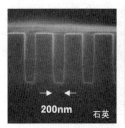
(a) 深溝石英モールド

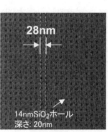
(b) 14nmホール SiO₂モールド

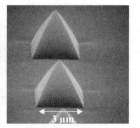
(c) ピラミッド状石英モールド

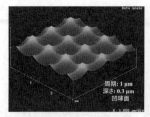
(d) マイクロレンズアレイ石英モールド

(e) 8ステップSiO₂モールド

図4　石英・SiO₂モールド

1.3.4 Ni電鋳モールド

ナノインプリント用のNi電鋳モールドの例を図5に示す。これらは，Si原版を用いてNi電鋳モールドを作製した例で，Ni電鋳の厚さは300μmで，通常よく使用される厚さである。

図5(a)は，80 nm L&SのNiモールドの加工例である。図5(b)は，1.3.1で説明した反射防止構造を作製するためのNi電鋳モールドの例である。Siの円錐状（凸型）のマスターを用いて，逆円錐（凹型）のNiモール

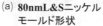

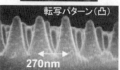

(a) 80nmL&Sニッケルモールド形状　(b) 反射防止構造の樹脂転写例

図5　ニッケルモールド

ドを作製した。これを用いて，ナノインプリントにより円錐状パターンを形成することができる。Ni電鋳モールドは基板を薄くすることで曲げることも可能なので，ロール・ツー・ロールインプリント用モールドとしてロール状にすることも可能である。

1.3.5 炭素系モールド

ガラス成型など高温での転写可能な材料として，炭素系が有効である。この材料は加工性，強度，耐薬品の観点からも注目される。材料としてはダイアモンド，ダイアモンドライクカーボン（DLC），グラッシーカーボン（GC）などがある。特にGCモールドは離型性もよく基板も比較的安価でありモールド材料として優れている。

ガラス成型で実績のあるGCモールドの加工例を図6に示す。GCは，ハードマスクを用いてドライエッチングで微細加工できる。図6(a)は200 nm L&SのGCモールドで，図6(b)はこのモールドを用いて直接石英基板へ転写した例である。このようにGCモールドを用いることにより，石英等のガラス基板に回折格子等の微細パターンを直接転写することが可能になる。

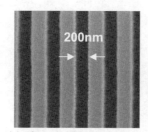

(a) グラッシーカーボンモールド　(b) 石英回折格子の直接転写例

図6　グラッシーカーボンモールド

1.4 おわりに

ナノインプリントモールドは，ナノインプリントの方式や装置により基板の仕様は様々であり，ここではSi，SiC，SiO_2，石英，炭素系等の多種材料を用いたモールドを中心に示した。

最近では，モールドパターンも大面積かつより微細なナノパターンが要求されている。このため，モールド加工用の高速電子ビーム描画装置の開発や曲面へのパターン形成に対応できる加工装置の開発も期待される。

文　献

1) 栗原，出口，糸村，佐藤，上田，入口，森脇，本吉，高橋，吉原，小澤，小田，玉村，NGL ワークショップ2004，160（2004）

2) 栗原，電子情報通信学会誌，**94**(6)，489（2011）

3) K. Kurihara, K. Iwadate, H. Namatsu, M. Nagase, H. Takenaka and K. Murase, *Jpn. J. Appl. Phys.*, **34**, 6940（1995）

4) T. Ono, M. Oda, C. Takahashi and S. Matsuo, *J. Vac. Sci. Technol. B*, **4**, 696（1986）

5) K. Kurihara, H. Namatsu, M. Nagase and T. Makino, *Jpn. J. Appl. Phys.*, **35**, 6668（1996）

6) 近藤，藤森，電子通信学会研究会，CPM76-125（1977）

7) K. Kurihara, K. Iwadate, H. Namatsu, M. Nagase and K. Murase, *J. Vac. Sci. Technol. B*, **13**, 2170（1995）

8) K. Kurihara and C. Takahashi, ASNIL2011, C2-1（2011）

9) M. Yamazaki , T. Kato, R. Ueda, T. Kaneko, R. Hatakeyama and C. Takahashi, GEC-63＆ICRP-7 Conference Proc., 745（2010）

10) S. W. Pang, T. Tamamura, M. Nakao, A. Ozawa and H. Masuda, *J. Vac. Sci. Technol. B*, **16**, 1145（1998）

第6章 モールド

2 磁気ディスク用石英モールド

2.1 はじめに

流川 治*

ハードディスク業界では，現行の垂直磁気メディアの次期製品としてデータ部の磁気分離をすることにより，1 Tb/in^2 以上の記録密度を目指したパターンドメディアの開発が進められている。図1にその開発ロードマップを示す。2011～12年には，DTM (Discrete Track Media) では15 nm のパターンが，また，2015年頃の2 Tb/in^2 の BPM (Bit Patterned Media) では，10 nm 以下のドットパターンが必要となってくる。このような微細なパターンを大面積 (2.5インチφ) で安価に大量複製できるのは，ナノインプリント法以外には考えられない。本稿では磁気ディスク用途目的での光ナノインプリント用石英モールドについて述べる。

2.2 光ナノインプリント用石英モールドの製法

石英ガラス基板にパターンを掘り込む方法は，半導体分野で位相シフトマスクとしてその製造技術は確立しており，同じ技術を用いることでナノインプリント用のモールドも作ることができる。但し，図1の値は半導体の開発ロードマップより4～5年程度早い微細化が求められている。図2には，この半導体用途としての，45 nm ノードゲート用エンハンサーマスクの一例を示す。実際の HDD (Hard Disk Drive) では，データを記憶する領域以外にサーボ部と呼ばれる領域が存在する。サーボ領域にはヘッドがどのトラックのどのセクタ上にあるかを検知し，さらにヘッドを任意のトラックセンターに誘導するのに必要な位置情報を得るための信号がパターン化

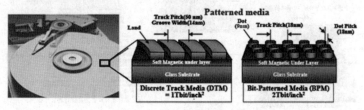

図1 パターンドメディア開発ロードマップ

＊ Osamu Nagarekawa　HOYA㈱　R&Dセンター　フェロー

され記録されている。そのイメージを図3に，実際の 1 Tb/in^2 用モールドの SEM 写真を図4に示す。このようなパターンは，回転ステージを持った電子ビーム描画装置で露光し，現像，ハードマスクを介してのドライエッチングで石英を掘り込むわけであるが，詳しくは以前の出版物を参照されたい[1]。このようにしてできるモールドはマスターモールドと呼ばれ，これを使ってナノインプリントで子，孫のモールドを順次複製して，この孫モールド（ワーキングモールド，6インチφ石英ガラス基板）で実際の磁気メディア（2.5インチφ）にパターン転写を行う。この概念を図5に示す。このワーキングモールドを使って10,000枚のメディアを転写するのが目標である。このナノインプリントプロセスを図6に，また，実際のナノインプリント装置を図7に示す。図8には，それぞれの複製プロセスでの SEM 写真を示す。図9には離型剤を工夫することによって欠陥なく100枚の連続複製ができた結果を示す[2]。

2.3 今後の課題

2010年までに 1 Tb/in^2 DTM 用2.5インチφ全面モールドの試作は，ほぼ終了している。次の

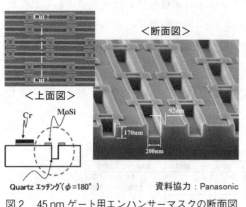

図2　45 nm ゲート用エンハンサーマスクの断面図

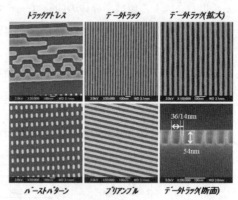

図4　DTR 媒体製造用モールド（TR 50 nm）
1 Tb/in^2

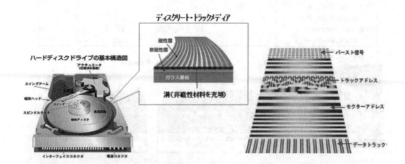

図3　ディスクリートトラックメディア

第6章 モールド

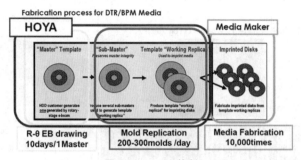

図5　モールド複製

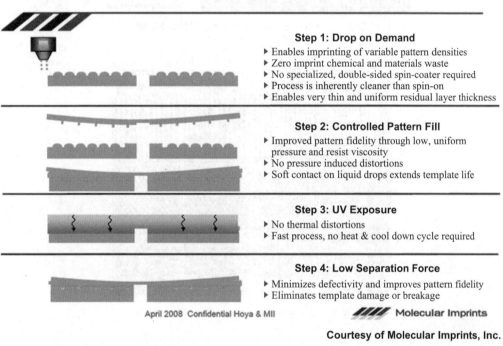

図6　ナノインプリント工程フロー

目標はBPM用であり，25 nmピッチ（12.5 nmのビットパターン）のモールドが必要である。図10には，試作中のビットパターンのSEM写真を示すが，まだ12.5 nmまでは到達していない。その主な理由は，高解像でLER（Line Edge Roughness）の小さなEBレジストが入手できていないことにある。図11には最近の化学増幅型レジストの評価結果を示す。磁気ディスクモールド用としては不十分である。図12には，より弱い現像液にすることにより解像度を上げた例を示す[3]。また，図13には当面の必要なEBレジストの開発目標を示す。さらなる電子ビーム露光装置の描画精度向上も必要でありステージ誤差の測定とその補正方法の概略を図14に示す。

ナノインプリントの開発とデバイス応用

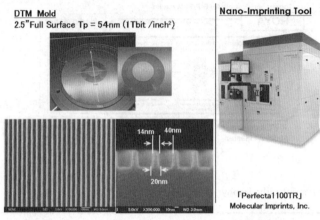

図7 マスターモールドとナノインプリント装置

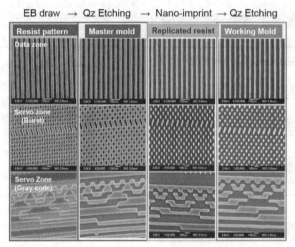

図8 ワーキングモールドの複製プロセス

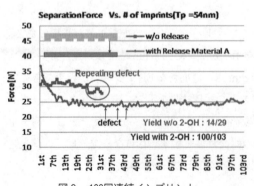

図9 100回連続インプリント

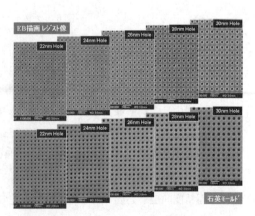

図10 パターンドメディア用ビットパターン

第6章 モールド

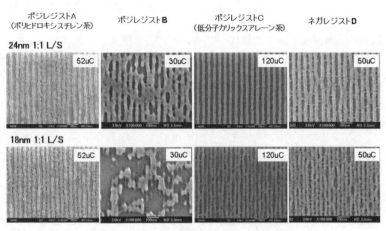

図11　最近の化学増幅レジストの性能比較

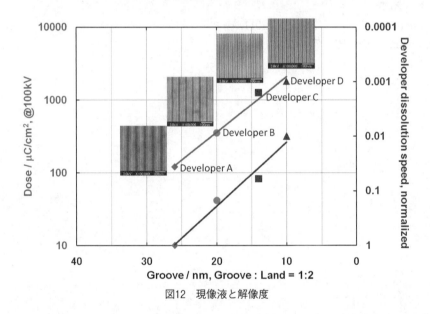

図12　現像液と解像度

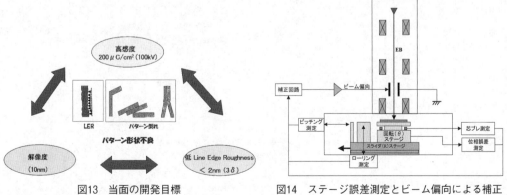

図13　当面の開発目標　　　　図14　ステージ誤差測定とビーム偏向による補正

2.4 まとめ

1 Tb/in^2 以上の記録密度を持つ次世代パターンメディア用ナノインプリントモールド試作に当たり，ナノインプリントそのものは，そこそこ上手く行くが，10 nm レベルの微細パターンを電子ビームで大面積に，実用的な時間で描画しようとすると，現像プロセスも含めたレジスト開発そのものが非常に大きな課題となっており，早急な問題解決が求められている。

文　献

1）松井真二，古室昌徳監修，流川　治，ナノインプリントの開発と応用，p 104，シーエムシー出版（2005）
2）K. Suzuki *et al.*, *SPIE*, 7970, 29（2011）
3）H. Iyama *et al.*, *SPIE*, 7748, 202（2010）

第6章　モールド

3　大日本印刷のモールド技術

法元盛久*

3.1　はじめに

インプリント技術は1990年代からセキュリティ用途等のホログラムなどで実用化している。そして，2003年にナノインプリントがITRSでNGLの候補になったことを受けて，そのマスクであるモールドの開発に着手している。このナノインプリントリソグラフィ（NIL）は，省エネルギー，省材料，省スペースのグリーン技術である。半導体NGLおよびHDD/パターンドメディアの量産では，図1に示すようにマスターからNILで複製されたレプリカモールドが使用される。

半導体NGLおよびHDD/パターンドメディア用途では，米国のモレキュラーインプリント（Molecular Imprints, Inc. 以下：MII）の独自技術であるJet and Flash Imprint Lithography（J-FIL™）が有力であると考えている。J-FIL™では，あらかじめ平坦化層を形成した基板にインプリントレジストをインクジェット方式で滴下し，モールドを降下することで基板とテンプレート間をレジストで満たす。その時の圧力も0.25psi以下と小さい。その状態でUV光照射を行い，レジスト硬化後にモールドを持ち上げる。レプリカモールド製造にもこのJ-FIL™を適用することを想定している。

NILの解像性はモールドによって決まると言われており，モールドはキー技術である。ただしモールド製造には，微細パターン形成，寸法・位置精度，そして欠陥制御，など課題も多い。以下，"半導体NGL用"および"HDD/パターンドメディア用"のモールド開発状況を報告する。

3.2　半導体NGL用モールド開発状況

マスターモールドの開発初期は，解像性能に優れる高加速スポットビーム型電子線描画装置（100 kV-SB）で試作を開始した。100 kV-SBではハーフピッチ（hp）で20 nm以下のパターン形成が可能である。しかしスループットの問題がある。最近は実用化に向けてフォトマスク用の加速電圧50 kVで可変成形ビーム（VSB）を用いた開発を主に進めている。図2に示すように，

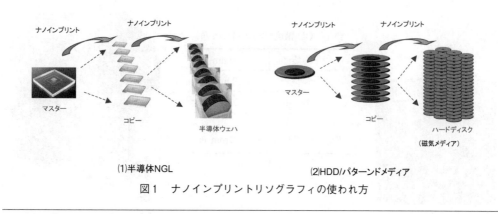

(1)半導体NGL　　(2)HDD/パターンドメディア

図1　ナノインプリントリソグラフィの使われ方

＊　Morihisa Hoga　大日本印刷㈱　研究開発センター　ナノパターニング研究所　主席研究員

50 kV-VSB で hp 22 nm のパターン形成が可能になっている。

 ITRS における NIL テンプレートの2013年での要求仕様（3σ値）は，CD 均一性は2.0 nm，位置精度は3.7 nm である。表1に hp 32 nm の30×24 mm 角の面内30点の CD 精度の結果を，表2には30×26 mm 角の面内121点の位置精度の結果を示す[1]。ほぼ要求仕様を満たしている。等倍で描画面積が小さいことも有利に働いていると考えられる。

 レプリカモールド製造用に，図3に示す MII 社の「PERFECTA™ MR5000」を導入済である[2]。原版となるマスターモールドから J-FIL™ で，6インチ角で厚さ0.25インチの石英ガラス基板（6025規格）にパターンを転写することが可能である。現在製造プロセスの最適化中である。

 マスターおよびレプリカモールド製造の最大の課題は欠陥密度制御である。対象欠陥サイズが小さいために，従来の光学式のマスク欠陥検査では検出感度不足である。そこで，電子線を用いた欠陥検査装置の評価を行っている。HMI 社（Hermes Microvision, Inc.）の装置の評価結果を表3に纏めた[1]。20 nm 程度の欠陥まで検出されており，10 nm 台の欠陥検出の可能性を示している。今後は，必要な欠陥検出感度をスループットおよび装置コストの観点から議論して行く必要があると考えている。

3.3 HDD/パターンドメディア用モールド開発状況

 パターンドメディア用途では，転写対象が2.5インチ径のガラス基板であることから，モールド形状は6インチ円形が想定されている。我々はこの6インチ円形石英レプリカモールド製造に6インチ円形シリコンマスターを使用するプロセスを開発中である。この複製にも J-FIL™ を適用する。シリコン基板は UV 光を透過しないが，図4に示すようにレプリカ基板裏面から UV 光を照射することで J-FIL™ が適用できる。マスターモールドにシリコン基板を使用する利点は，①化学増幅型レジストとの界面親和性が良い，②ドライエッチングの加工性が優れる，の二点である。

図2　50 kV-VSB で描画した hp 22 nm の SEM 写真

表1　CD 精度（30×24 mm 角）

平均値	29.9 nm
レンジ	1.3 nm
3σ	1.2 nm

表2　位置精度（30×26 mm 角）

	X	Y
3σ	2.9 nm	4.2 nm
Min.	−2.0 nm	−3.0 nm
Max.	2.0 nm	4.0 nm

図3　テンプレート複製装置「PERFECTA™ MR5000」

第 6 章　モールド

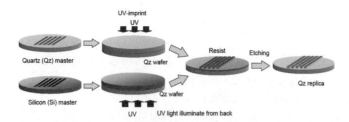

図 4　二種類のマスターモールド材料を用いた場合の石英レプリカモールド製造フロー

表 3　欠陥検出感度（単位：nm）

	Dense (1 : 1)		Semi-Dense (1 : 3)	
	Clear	Opaque	Clear	Opaque
26 nm L&S	33	22	15	30
28 nm L&S	22	30	20	30

図 5　EBR-402 で描画したシリコン基板上のピラーアレイレジストパターンの SEM 写真
X 方向ピッチ：27.2 nm，Y 方向ピッチ：23.6 nm

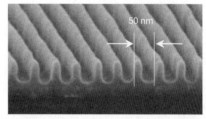

図 6　シリコンマスターから J-FIL™ で石英基板に転写した 50 nm ピッチの NIL レジストパターン

　当初はトラック間を分離するディスクリート・トラック・メディアが開発目標であったが，連続磁性膜を用いる従来技術の延命で，現在の開発目標は各ビットを分離するビット・パターンド・メディアになっている。図 5 にパイオニア㈱の回転ステージ電子線描画装置「EBR-402」で描画した，1 Tbit/in^2 相当のレジストパターンを示す。現在，高感度のネガ型レジストプロセスを開発中である[3]。

　ポジ型化学増幅レジストを用いて作成したシリコンマスターモールドから，J-FIL™ を用いて 50 nm ピッチのパターンを石英基板に転写した結果を図 6 に示す[4]。このパターンはディスクリート・トラック・メディアを想定したものであるが，現在はビット・パターンド・メディアのパターンを用いて開発を進行中である。

文　　献

1)　林　直也，法元盛久，次世代リソグラフィワークショップ予稿集，p 8（2010）
2)　http://www.dnp.co.jp/news/1227070_2482.html
3)　M. Hoga *et al.*, Abstract of EIPBN2011, p 2.5（2011）
4)　M. Hoga *et al.*, *Microelectronic Engineering*, **88**(8), p 1975（2011）

第6章　モールド

4　フィルムモールド

三澤毅秀＊

4.1　はじめに

「成形用の型」である「モールド」は，プラスチックの射出成型品を製造するために必要な部品であり，型の素材には金属やプラスチック，木材，石膏など様々な材質が使用されており，ナノインプリントの分野でも，シリコンや石英，ニッケルといった剛直な素材のモールドの利用が主流である。一方，これらの剛直なモールドでは，非平滑な基材へのナノインプリントが困難であり，活用できる分野が限られ，モールドの材質としてフレキシブルなフィルム材質への要求が高まっている。フィルムモールドはポリマーフィルム基材を使用しており，フレキシブル性があり，非平滑あるいは曲面など従来転写が困難であった様々な基材への形状付与ができる。また，Roll to Roll 装置のロールに簡便に巻き付ける（貼り付ける）こともでき，フィルム材料への微細形状の連続転写生産が可能となる。本稿では，シリコンや石英，ニッケル製モールドとは異なった特徴を多く持つこのフィルムモールドの紹介を綜研化学の商品を例にとって行う。

4.2　フィルムモールド「フレフィーモ™」

当社では，フィルム基材を用いたフィルムモールド，製品名「フレフィーモ™」の開発・製造販売を行っている（図1）。基本構成は，PET 基材と当社独自に開発した樹脂の二層構成（2011年6月現在，130 μm と190 μm の二種類の厚みに対応）となっており，樹脂表面に形状が付与してある。

フレフィーモ™は，材質起因であるフレキシブル性の他に，①剥離機能を持っており，購入後そのまま使用できる，②ナノインプリントで通常使用される UV 光の波長（365 nm，375 nm）を80％以上透過する，③熱インプリントにも使用できる耐熱性を有している，④安価なためディスポーザブルな使い方ができる，といった特長を持っている。

上記特長の中でも「剥離機能を持っている」ことは，シリコン，石英等，他材料のモールドに行われる剥離処理工程が不要であり，当然そのために必要な剥離剤，リンス溶剤，装置やプロセスも必要とせず，廃液も発生しない。また，ディスポーザブルな使い方をすることにより，モールド表面が破損，転写樹脂によって汚染されたとしても，瞬時に交換し，常に表面がフレッシュな状態のモールドを使用することができる。汚染されたモールドを再洗浄する際の溶剤や装置も必要なく，そこから排出される汚染物，廃棄物もない。こうした機能や使い方は，装置導入・廃棄に対するコストメリットはもちろん，

図1　フィルムモールド「フレフィーモ™」外観例

＊　Takahide Mizawa　綜研化学㈱　NIP 製品プロジェクト　プロジェクトリーダー

ナノインプリントの開発とデバイス応用

作業員への負担減や工程毎の時間ロスを削減することができ，生産を考慮した場合のトータルコストを見ても十分な優位点になり得ると考えている。

次項以降，フレフィーモ™の熱ナノインプリント法での性能評価例，光インプリント法での性能評価例，光式 Roll to Roll への応用例について紹介する。

4.3 熱ナノインプリントでの性能評価例

フレフィーモ™を熱ナノインプリントで使用した例を紹介する。装置は東芝機械製 ST-200を使用し，転写基材として PET，転写樹脂として綜研化学製 PMMA を用いた。また，形状周期約350 nm，高さ285 nm，パターンエリア40 mm×40 mm のモスアイ形状モールドを用いた。転写条件は，140℃，40 MPa，転写時間1 min でインプリントを行った。ミクロな形状破損の有無は SPM で，マクロな形状欠損や転写樹脂の付着状況は光学顕微鏡にて確認した。

使用前と50回転写後の SPM 写真を図2に示す。40 MPa と比較的高い加重下で連続して50回転写してもモールドの形状は破損されていないことを SPM にて確認した。また，50回転写後モールドの表面には転写樹脂由来の付着物やマクロな形状欠損は観測されず，50回以降も使用できることを確認している。さらに160℃の条件にてインプリントテストを行った結果，10回以上連続して使用できることも確認した。ただし，基材として PET を使用しているため，高温下では基材が反ったり曲がったりしてしまうため，モールドの固定方法に工夫が必要であり，推奨温度は2011年6月の時点で140℃としている。

以上の結果から，樹脂製のフィルムモールドでは熱ナノインプリントは困難ではないか，といった不安も条件次第では解消できることが示唆された。

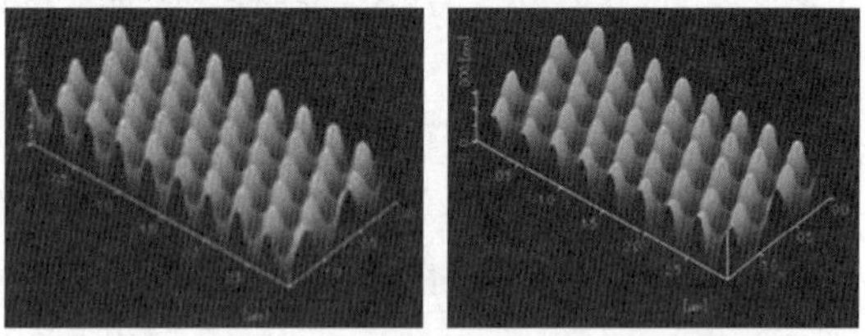

図2 熱ナノインプリント50回連続転写前後のフィルムモールド SPM イメージ画像

4.4 光ナノインプリントでの性能評価例

次にフレフィーモ™を光ナノインプリントで使用した例を紹介する。図3に2インチサファイア基材へ光ナノインプリントした結果の一例を示す。転写には東芝機械製 ST-50UV を用い，パターンエリア24 mm×24 mm，周期350 nm，直径230 nm，アスペクト比約1.5のホール形状を，東京応化工業製 TPIR-T-217及，丸善石油化学製 MUR-XR-01に積算光量1000 J/cm^2，荷重1.0 MPa，転写時間30 sec の条件でそれぞれ40回連続転写した。ナノ形状解析は電子顕微鏡（SEM），マクロな傷や欠陥は光学顕微鏡を用いて検査した。

図3のグラフの点線はモールドの寸法を，実線は転写品の寸法を示している。このグラフが示すようにモールドと転写品の周期，直径，高さ寸法はほぼ一致していた。また，サファイア基材上のパターンエリア（24 mm×24 mm）には形状が均一に転写されていた。さらに，40回転写後

第6章 モールド

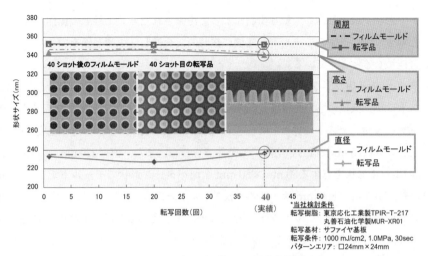

図3 光ナノインプリント性能評価例

もフィルムモールドの表面には転写樹脂由来の付着物や，形状欠損等の汚染・欠陥は観測されず，40回以降も使用できることを確認した。

一方，同形状パターンを有するシリコンやニッケル等の硬質系のモールドを用いてナノインプリントを行ったところ，モールド形状とサファイア基材が接触しない箇所がところどころ見られ，転写条件を変えても基材上に均一にパターン形状を転写することは困難であった。この結果から，当社のフレフィーモ™は，サファイア基材の微細なうねりに追従することができ，また，高い転写精度でUVナノインプリント転写が可能であることが示唆された。

4.5 光式 Roll to Roll への応用

これまで Roll to Roll 用のモールドとしては，ニッケルモールドを用いた検討が主流であった。しかし，ニッケルモールドを用いるとモールドの形状耐久性は良好であるが，インプリント条件の最適化や条件探索中にモールドの表面がレジストで汚染される，操作ミスによってモールドが破損する等，これらの課題や対応に苦労してきた。また，樹脂転着によるモールドの汚染時にはモールドのクリーニングが必要である。しかし，Roll 状のモールドを薬液あるいはプラズマ洗浄するための設備や条件検討，さらに洗浄後の検査工程をどうするか，クリーニング後のモールドを再度用いて転写精度の再現性がとれるか，といった課題もあった。さらに形状破損時に代わりのモールドを用意するのにコスト・時間も要していた。そのため，実用化される製品の形状は，ほとんどが上記の課題に対する負担が小さいミクロン以上の大きな形状であり，ナノ，サブミクロン形状製品の実用化は一部の用途のみに限られ，この技術を用いた産業への普及が遅れている。

当社では，これらの課題をふまえて，Roll to Roll 用フレフィーモ™には，高離型性，フレキシブル性，ディスポーザブル性に加えて，裏面（ロール側）に粘着層を追加し，ロールへの脱着を従来のモールドより簡便にする「高脱着性」を新たな特長として付与した。この仕様により転写

時にモールド形状が破損したり，転写樹脂によって汚染されたり，工程上の操作ミスで傷が付いてしまった場合でも，予備のモールドへ簡便に短時間で交換し，生産遅延をできるだけ起こさないことが可能になると考えている。

実際に Roll to Roll 用フレフィーモ™をロールに巻き付けて Roll to Roll へ応用した結果を紹介する。テストは東芝機械の協力を得て，図4に示すような構成の Roll to Roll 機 CMT-400U を用いてテストを行った。テスト条件として，積算光量2400 mJ/cm^2，シート送り速度1 m/min，塗工幅200 mm，基材125 μm の PET 使用，の条件で行った。また，直径220 nm，周期450 nm，深さ500 nm のホール形状を有する80 mm×80 mm 全面パターン形状のモールドを2～3 mm 間隔で繋ぎ合わせ，170 mm×800 mm サイズの一枚モールドを作製し，ロールに一周巻いて使用した。

図5に8時間連続ロールインプリントした後のモールド及び転写品の形状の代表的な SEM 画像を示す。まず，8時間転写後のモールドの形状及びマクロな欠陥や汚れを検査したところ，モールド表面の形状は破壊されることなく使用前と同型状であり，また，形状欠損や転写樹脂がモールド表面に転着していないことも確認できた。次に，転写されたフィルムシートを SEM にて観察したところ，フィルムモールドの測長結果，直径220 nm，周期450 nm，高さ500 nm に対して，転写シートの形状は直径221 nm，周期450 nm，高さ492 nm であり，それぞれの転写率は98％以上と高精度であった。アスペクト比が2を越える形状であっても円柱（ピラー構造）形状の円が歪むことなく転写されており，マクロな形状欠損もなかった。

図6にこれまで試作した形状例を示す。数百ナノレベルの形状転写はもちろんのことマイクロレベルの形状（円柱，ピラー，モスアイ，マイクロレンズ形状）の連続インプリントも可能であることを確認している。

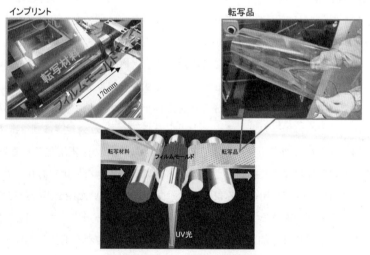

図4　フィルムモールドを使用した Roll to Roll インプリントイメージ

第6章　モールド

	直径（nm）	周期（nm）	高さ（nm）
使用前のフィルムモールド	220	450	500
8時間後　フィルムモールド	220	450	500
8時間後　転写品	221	450	492

直径および周期はSEM，高さ測定はSPM使用　数点の平均値で表示．
ラインスピード1 m/min　UV積算光量：2,445 mJ/cm²

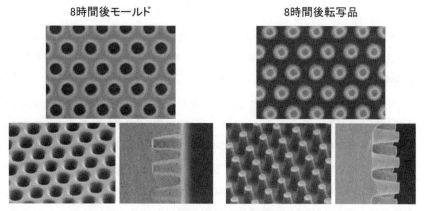

図5　8時間後 Roll to Roll 転写結果

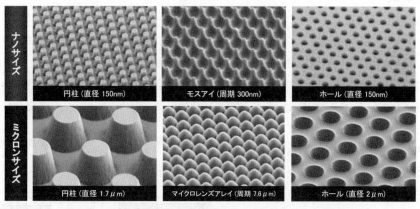

図6　これまでに Roll to Roll 法を用いて転写試作した形状例

4.6　まとめ

綜研化学製フレフィーモ™を例に挙げて，フィルムモールドの紹介を行った．モールドの材料設計次第では，連続転写耐久性に優れたモールドを開発・展開することは可能であり，Roll to Roll 技術と複合させることにより用途にも広がりができてくると考えている．また，今後はモールドの大面積化技術も重要となる．当社では，樹脂の特性を利用してモールドのつなぎ合わせの精度をさらに向上させていき，インプリント技術の発展に少しでも貢献していきたい．

第7章　樹脂

1　UVナノインプリント用光硬化性樹脂

大幸武司*

1.1　はじめに

ナノインプリントは，超微細加工の手段として種々の方式が検討されている。そのうち，Haismaらが被転写材料として光硬化性樹脂を用いるUVナノインプリント（UV-NIL）と呼ばれる方式を提案している[1]。

UV-NILでは，液状かつ低粘性の光硬化性樹脂を用いるため，モールドへの被転写材の充填にかかる時間が短くて済む。そのため，ナノインプリントのプロセス時間をより短くすることが可能なことから，量産技術としての利用が期待されている。

図1にUV-NILのプロセスを示す。まず，基板に光硬化性樹脂を塗布し，次に凹凸を有するモールドを光硬化性樹脂にプレスし，凹凸内部に光硬化性樹脂を充填する。その後，モールドまたは基板を通してUV光を照射し，光硬化性樹脂を硬化させる。最後にモールドと光硬化性樹脂を離型する。

近年，このUV-NILを利用して，半導体素子，ストレージメディア，光学部材等の開発が行われている。しかしながら，UV-NILには，モールドの作製コスト，モールドと被転写材の光硬化性樹脂との剥離性，光硬化性樹脂の物性，残膜均一性やアライメント精度，検査技術等様々な技術的な課題が残されている。このうち，UV-NILに使用されている光硬化性樹脂も種々の開発がなされている。UV-NILには，液状の光硬化性樹脂が用いられている。光硬化性樹脂は，反応基を有するモノマー，オリゴマーと光重合開始剤が主成分として配合されている。光照射により光重合開始剤から重合開始種が発生し，モノマー，オリゴマーを重合させて高分子化することで，液状の光硬化性樹脂が固体へと変化する。光硬化性樹脂は，硬化システム別にラジカル重合型とカチオン重合型等に分類される。ラジカル重合型は反応基にラジカル重合可能なビニル基や（メタ）アクロイル基を有するモノマー，オリゴマーを使用

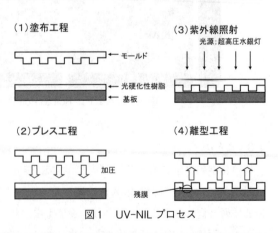

図1　UV-NILプロセス

---

*　Takeshi Ohsaki　東洋合成工業㈱　研究開発本部　感光材研究所　次世代技術研究グループ　主任

第7章　樹脂

する。一方カチオン重合型では，ビニルエーテル化合物やエポキシ化合物をモノマー，オリゴマーとして使用する。それぞれ材料の特徴が異なるので，用途によって種類を選択することが望ましい。本稿では，光硬化性樹脂の特性評価に関して述べる。

1.2　UV-NIL 用光硬化性樹脂の特性評価

UV-NIL に用いられる光硬化性樹脂の必要特性は，モールドと光硬化性樹脂との剥離性の様に，また用途に関わらず必要とされる基本プロセス特性と光学特性の様に，それぞれの用途によって求められるものが異なる用途別特性の二つに分けられる（図2）。

1.2.1　基本プロセス特性

基本プロセス特性には，塗布性（塗工性，安定性，膜厚均一性），粘度，離型性，機械的強度，解像性，感度（硬化速度）等がある。ここでは離型性，解像性，及び感度の評価として反応率測定について述べる。

(1) 離型性

UV-NIL では，離型の際に光硬化性樹脂がモールドに付着し，モールドのパターンが破損することや，繰り返し転写を行った際，樹脂が付着した箇所が欠陥となって現れる等の不具合が発生することがある。そこで，離型性を向上させるために，モールドに離型処理を施す。モールドの材質が石英やSiの場合，離型剤としてパーフルオロアルキル系のシランカップリング材が用いられることが多い。離型処理は，光硬化性樹脂との付着力を低減させることと，繰り返しUV-NIL を行っても離型処理の効果が低下しないことが非常に重要である[2,3]。離型処理の効果が低下することについては数多く報告されているが，離型処理の劣化のメカニズムは未だ解明されていない。また，表面エネルギーの低いポリジメチルシロキサン（PDMS）やフッ素系の樹脂で作製された樹脂製のモールドを使用し，光硬化性樹脂の付着力を低減させるプロセスも提案されている[4]。しかしながら，耐久性に乏しい等の技術的課題も多い。離型性についてはナノインプリント技術の実用化の重要な課題となっている。

(2) 解像性

UV-NIL の解像性は，モールドの形状に大きく依存する。解像し得る最小の形状を転写した例として，Hua らが，カーボンナノチューブの形状を転写している[5,6]。まず，カーボンナノ

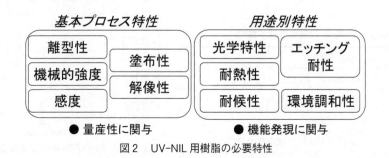

図2　UV-NIL 用樹脂の必要特性

チューブの形状を熱硬化型のPDMSに転写した。次に、得られたPDMSをモールドとして使用し、光硬化性樹脂へ転写した。この結果、光硬化性樹脂に2.4 nmのカーボンナノチューブの形状が転写されていた。また、転写の忠実性について検討した例として、HiroshimaらはモールドとS転写された光硬化性樹脂のパターンのラインエッジラフネス（LER）を比較した[7]。走査電子顕微鏡でLERを比較したところ、モールドと光硬化性樹脂のパターンとのLERの差は、およそ0.1〜0.2 nmであった。これらの結果は、UV-NILの解像性が非常に高いことを示している。

(3) 反応率

UV-NILでは、UV照射することで、光硬化性樹脂を硬化させる。生産性を向上させるためには、光硬化性樹脂は少しの光量で硬化することが望ましい。光硬化性樹脂の硬化性を評価する方法としては、UV照射中に光硬化性樹脂の機械的特性の変化を観察する方法や化学的な分析結果から評価する方法がある。化学的な分析から評価する方法として、光硬化性樹脂中に含まれる重合性官能基の消失をフーリエ変換赤外分光法（FT-IR）で観察し、光硬化性樹脂の反応率を測定する方法がある。ここでは、UV-NIL用の光硬化性樹脂として、東洋合成工業製PAK-01の反応率測定の結果について説明する。PAK-01はラジカル重合型のUV-NIL用光硬化性樹脂である（表1）。FT-IRによる反応率の求め方は次のとおりである。基板の上に光硬化性樹脂をのせ、5 mW/cm^{2}の照度でUV照射しながらFT-IRを測定し、樹脂中の重合性官能基の吸収強度変化（ビニル基では810または1630 cm^{-1}のピーク）をリアルタイムで追跡して、その変化量から反応率を算出した。PAK-01の反応率測定結果を図3に示す。PAK-01は初期反応速度ならびに反応率がともに高く、その到達反応率は露光量5 mJ/cm^{2}で約85%、10 mJ/cm^{2}では約90%であった。

1.2.2 用途別特性

必要とされるUV-NIL樹脂の用途別特性は、多様である。用途ごとにUV-NILの工程も異なり、例えばUV-NIL後の光硬化性樹脂のパターンに現れる残膜の除去が必要な場合と不要な場合がある。残膜除去が必要な場合は、ドライエッチングプロセス等のリソグラフィ応用である。この場合、UV-NIL後のプロセスが複雑になることが多く、そのプロセスに適した特性が求められる。特に残膜が極力薄いことと残膜厚が均一であることが求められる。一方、残膜除去が不要な場合は、樹脂表面のパターンを活用した光学部材等の永久部材として検討されている。光学

表1　PAK-01の主な性状・性能

外観	無色透明液体
粘度	約60 mPa・s（25℃）
推奨光源	超高圧水銀灯、メタルハライドランプなど
解像性	20 nm（実績値）
その他特性	スピンコート適性、離型性良好

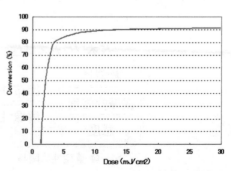

図3　PAK-01のFT-IRによる反応率測定結果

第7章　樹脂

部材では，残膜の厚みがデバイスの特性に影響を与えるものが少ない。一般的に残膜が厚い方がUV-NILが容易である。この場合，光硬化性樹脂の硬化物は，デバイス内に残存するため，耐久性や安全性が求められる。

(1) ドライエッチング用光硬化性樹脂

ドライエッチングは，エレクトロニクス分野で広く利用されており，UV-NILで作製した光硬化性樹脂のパターンをマスクとして，基板をドライエッチングで加工する検討が行われている。ドライエッチング用光硬化性樹脂に要求される特性としては，ドライエッチング耐性が高いということである。ドライエッチング耐性は，光硬化性樹脂の成分を適正化することで改善が可能である。PAK-01とドライエッチング耐性を改良した試作品のTR11のドライエッチング耐性を比較した結果を図4に示す。光硬化性樹脂の成分を適正化することにより，約2倍のドライエッチング耐性を得ることができた。また，有機溶剤で希釈することで，スピンコート後の膜厚を数十nmまで薄くできるように改良した。塗布膜厚を薄くすることで離型後の残膜を薄くすることが可能になった。

(2) 永久部材用光硬化性樹脂

求められる樹脂特性は用途ごとに異なるが，例としては耐候性，耐熱性，耐湿性，光学特性（透明性，屈折率等）が挙げられる。ここでは，光硬化性樹脂の透明性とフィルム基板上への加工例として，東洋合成工業製のUV-NIL用光硬化性樹脂PAK-02を使用した例について説明する。PAK-02は，ラジカル重合型のUV-NIL用光硬化性樹脂である。光学用途へと適用するには，光硬化性樹脂の透明性が必要である。硬化物の透明性は，光硬化性樹脂の成分と大きく関係があるため，硬化後着色しないモノマー，オリゴマー，光重合開始剤を選択する必要がある。図5にPAK-01とPAK-02の硬化膜のUVスペクトルを示す。PAK-02の透過率はPAK-01よりも優れており，透明性が高い。また，ラジカル重合型の光硬化性樹脂は，光酸発生剤を使用したカチオン重合型の樹脂とは異なり，酸が残存する恐れがなく，安全性が高い。次にロールトゥーロール（RTR：Roll-to-Roll）インプリントで，フィルム上にパターンを形成した例を示す。RTR方式は，高速かつ大面積の連続転写が可能で，量産化に向けた検討が行われている。金属のロールにニッケルモールドを巻き付けたロール状のモールドと基板として厚み100μmのPETフィルム

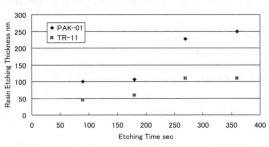

図4　UV-NIL樹脂のドライエッチング耐性改良

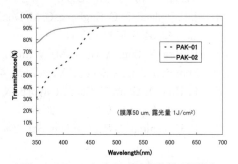

図5　PAK-01とPAK-02の硬化膜の透過率

図6　PAK-02の転写例
左：連続転写したフィルム，右：転写パターンのレーザー顕微鏡観察像

(東洋紡製コスモシャイン A4100)を使用し，フィルムの送り速度6m/sでPAK-02にパターンを転写した（図6）。

1.3　おわりに

本稿では，UV-NIL用光硬化性樹脂の特性評価について説明した。ナノインプリントという加工技術から創造されるアプリケーションは多種多様である。UV-NILで使用される光硬化性樹脂には本稿で説明した以外にも様々な特性が求められる。各種用途に対応できる樹脂開発が必要である。今後，更なる樹脂改良が進むことで，ナノインプリント技術の発展及び同技術で作製されたアプリケーション性能の向上につながると考えられる。

文　献

1) J. Haisma, M. Verheijen, K. van den Heuvel and J. van den Berg, *J. Vac. Sci. Technol. B*, **14**, 4124 (1996)
2) J. Taniguchi, T. Kawasaki, Y. Tokano, Y. Kogo, I. Miyamoto, M. Komuro, H. Hiroshima, N. Sakai and T. Tada, *Jpn. J. Appl. Phys.*, **41**, 4194 (2002)
3) N. Sakai, J. Taniguchi, K. Kawaguchi, M. Ohtaguchi and T. Hirasawa, *J. Photopolym. Sci. Technol.*, **18**(4), 531 (2005)
4) J. P. Rolland, E. C. Hagberg, G. M. Denison, K. R. Carter, J. M. De Simone, *Angew. Chem. Int. Ed.*, **43**, 5496-5799 (2004)
5) F. Hua, Y. Sun, A. Gaur, M. A. Meitl, L. Bilhaut, L. Rotkina, J. Wang, P. Geil, M. Shim, A. Shimm and J. A. Rogers, *Nano Lett.*, **4**(12), 2476 (2004)
6) F. Hua, A. Gaur, Y. Sun, M. Word, N. Jin, I. Adesida, M. Shim, A. Shim and J. A. Rogers, *Nanotechnology*, **5**(3), 301 (2006)
7) H. Hiroshima, *J. Photopolym. Sci. Technol.*, **18**(4), 537 (2005)

第7章　樹脂

2　ダイセルの UV ナノインプリント樹脂

三宅弘人[*]

2.1　はじめに

　ナノインプリント技術（Nano-imprint Technology/NIT）とは，光ディスクの製作に使われるエンボス技術を発展させ，数十 nm 幅のパターンを容易かつ安価に作成できることから注目されている[1~5]。特に ITRS ロードマップに登場して以来，半導体素子製造に使用されるフォトリソグラフィ代替技術として広く検討されている。ナノインプリントリソグラフィ（NIL）とフォトリソグラフィ（フォトリソ）を比較した場合，NIL は，①数 nm といった非常に優れた解像度，②優れた低 LWR・LER，③硬化系・三次元架橋に由来する高いエッチング耐性，④コスト競争力，等の特長を有しているが，モールドを直接押し付けて転写する形式に由来する不良率の低減が課題として残っている。一方，フォトリソは，なんといっても，①非接触露光のため，安定した低不良率，②高いスループット，が大きな魅力になっている。更に高精細化が進み，従来のArF（193 nm）タイプから EUV（13.5 nm）等への波長変更が進むにつれて新たな課題も出てきているが，上記特徴は維持できると考えている。

　今後の NIL を考える場合，いかに不良率を低減するかが大きな課題であり，その対策として，特殊なガス雰囲気下でインプリントする方法[6]，粗密パターンに関係なく残膜を均一にできるモールド開発[7]等常に新しい方法が見出されている。

　ナノインプリント技術を純粋に微細構造体形成法として考えると非常に汎用性の高い技術であり，超高精細リソグラフィのみならず，マイクロレンズアレイ[8]，無反射シート[9]等の光学材料，LED の高輝度化[10]，光学素子[11]用途等に幅広い展開が期待されている。

2.2　ダイセルの強み

　当社は，過酢酸を基幹原料として有害なダイオキシンの原因となる塩素，臭素等を含まない環境に優しい数多くのエポキシ製品の開発・製造・販売を行っている。特に，シクロオレフィン環をダイレクトにエポキシ化した"脂環式エポキシ"と呼ばれる製品群を数多く世界に先駆けて上市して来ている（図1）。脂環式エポキシは優れたカチオン硬化性を示し，その硬化物は高いガラス転移温度を有し，耐熱性，耐黄変性等に優れる事から LED 等の封止材としても広く使用されている。同時に，サイテック社とのジョイントベンチャーであるダイセルサイテックをグループ会社に有しており，アクリル系樹脂を用いた硬化型の材料開発も同時に行っている。我々は，特異な硬化材料及び硬化技術を活かした光硬化型ナノインプリント（UV-NIT）用の材料設計・開発を行っている。

---

　*　Hiroto Miyake　㈱ダイセル　研究統括部　コーポレート研究所　機能・要素グループ
　　　グループリーダー

ナノインプリントの開発とデバイス応用

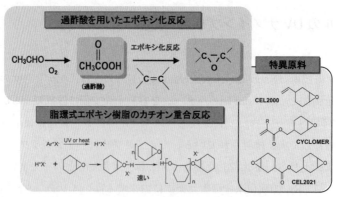

図1 ダイセルの有機機能製品群と基盤技術

2.3 光（UV）硬化性材料について

光（UV）硬化性材料は多種多様であり，要求特性に合わせた硬化系を選択することにより，材料系の絞込みが可能である。硬化系は，大きく分けて①ラジカル硬化系と，②カチオン硬化系の二種類の反応系に大別される。ラジカル硬化系とカチオン硬化系ではその特徴が大きく異なるため，用途に合わせた選択が重要である。

2.3.1 ラジカル硬化系

光ラジカル硬化性材料は，光重合開始剤とラジカル重合可能なビニル基である（メタ）アクリル基を有するモノマー・オリゴマーを主成分とした硬化性樹脂組成物である。光により重合開始剤が分解・ラジカルを発生し，これが活性種として重合・架橋を開始する。ラジカル硬化系の特徴は，①一般に反応速度が高い，②選択できる材料の種類が多い，③厚膜硬化に有効，等が挙げられる。一方，酸素等が共存した系においては酸素による反応阻害が大きく極端に速度低下が起こることが知られている[12]。このため，減圧条件下でインプリントを行う方法が理想的である。

この硬化系は，モノマーの種類が豊富である点を活かし，低粘度化にも対応しやすく，広く検討されている。しかし，低粘度化のために使用する単官能・多官能モノマーは，硬化収縮が通常10％以上ある。一般に多官能基化と硬化収縮がトレードオンの関係にあることが知られている。そこで，骨格内にリジッドな構造を有するモノマー類の開発が進められており，硬化収縮を低減できる系も報告されている。

2.3.2 カチオン硬化系

この系は，光により開始剤から強酸が発生し，重合を引き起こす反応である。一般にカチオン硬化系の特徴は，①硬化収縮が小さい，②酸素による阻害効果がない，等が挙げられる。一方，アルカリや水分による反応阻害効果があることが知られている。この系に有効な官能基を有するモノマーの代表例としては，グリシジル型エポキシ群，脂環式エポキシ群，ビニルエーテル群，オキセタン群が挙げられる。特に，開環を伴うカチオン重合形態をとるグリシジル型エポキシ群，脂環式エポキシ群，オキセタン群の最大の特長は硬化収縮が小さい点であり，通常数％程度，

第7章　樹脂

物によっては殆ど硬化収縮を示さない系も報告されている。一方，逐次硬化形態をとるビニルエーテル群は，ラジカル重合と同程度の硬化収縮を示す。

　反応性は，ビニルエーテル＞＞脂環式エポキシ＞オキセタン＞グリシジル型エポキシの序列で知られており，特にビニルエーテル系はラジカル系に匹敵する硬化速度を示すことが知られている。最近では，これらのカチオン硬化性化合物の併用により，反応速度が大幅に向上する例も報告されている。また，この反応系は，一度発生した酸が光照射終了後も暗反応を進行させるといった特徴も持っている。

2.4　ダイセルの UV ナノインプリント材料開発に向けた取り組み

　当社は，様々な硬化系を用いた UV ナノインプリント材料の開発を行っている。表1に，UV硬化型ナノインプリント材料を示した。UV ナノインプリントへの市場要求は，安定して精度の高いファインパターンを高スループットで転写し，構造体を得ることにある。特にパターン形状を精度良く転写するために，①硬化収縮を抑える，②硬化樹脂と基材との密着性及び硬化樹脂とモールドとの密着性（剥離性）差を大きくとること，に注力した材料開発を行った（図2）。これら二点を満足するためのコンセプトとして，下記二点を挙げた。

　⑴　密着性：硬化収縮を抑える。基材表面の官能基と反応させる。

　⑵　モールド剥離性：反応性の離型剤をモールドとの界面に偏析させる。

　上記⑴及び⑵を満足する樹脂系のデザインを行った。モールドとの離型性には，離型剤の偏析手法が有効であった。図3に，モールド剥離性と偏析法の例を示した。図3のグラフから，モールドへの離型剤塗布の有無に関わらず0.1 pts の離型剤を加えた樹脂系を用い，樹脂表面に偏析させることにより，密着性を低下（離型性向上）させることがわかる。

表1　ナノインプリント用樹脂

項　　目	単　　位	品　　番					
		NICT 83ND	NIAC 23	NICT 82	NIHB 35	NIAC 702	NICT 109
硬化タイプ		カチオン	ラジカル	カチオン	ハイブリッド	ラジカル	カチオン
粘　　度[*1]	mPas/25℃	1000	6000	400	60	30	550
固形分濃度[*2]	%	100	65	100	100	100	59
硬化収縮率[*3]	%	2.8	4.3	3.8	5.5	7.3	—
屈折率[*4]	—	1.54	1.5	1.54	1.56	1.53	—
特　　徴		高透明性 低硬化収縮	膜厚均一性	基板密着性 高速硬化	低粘度 高転写性	溶剤溶解性	膜厚均一性 後からインプリント
用　　途		光学デバイス	電子デバイス 記憶メディア 高輝度LED	電子デバイス 記憶メディア 高輝度LED	電子デバイス 記憶メディア 高輝度LED	MEMS	Roll to Roll

[*1] E 型粘度計により測定，[*2] 計算値，[*3] 硬化前後の密度差より算出，[*4] 測定値（ABBE法）

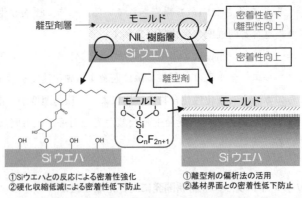

図2　インプリント開発におけるコンセプト

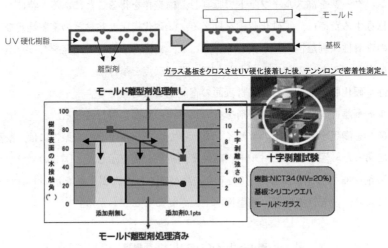

図3　特種添加剤によるモールド剥離性向上例

　我々は，ラジカル重合系とカチオン重合系二種類の硬化系を利用したUVナノインプリント用硬化性材料開発を行い，用途に合った組成物の提供を行っている。

2.4.1　ラジカル硬化性組成物（NIAC系）

　ラジカル反応性基を有する樹脂をUVナノインプリント組成物に最適化した系である。本系では，ラジカル重合性官能基を有する特殊ポリマーの使用により，ラジカル硬化系の欠点である硬化収縮を比較的抑えた組成物である。また，最近では樹脂によるモールド汚染を簡便に解消したいといった市場要求から生まれたNIAC702のような転写パターンを溶剤で簡単に取り除くことのできる系も開発している。NIAC702は，リフトオフプロセスに対応できることからも注目されている[13]。

2.4.2　カチオン硬化性組成物（NICT系）

　この系の最大の特徴は硬化収縮であり，ラジカル系に比べ硬化収縮が小さいことが特徴であ

第7章　樹脂

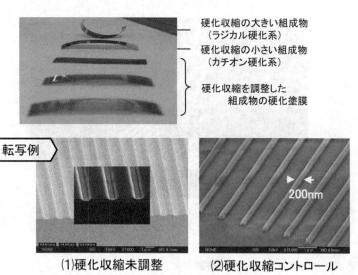

図4　カチオン硬化系による硬化収縮コントロール

る。硬化収縮の測定はポリイミド上に20μm厚の塗膜を作り，UVにより硬化させ，硬化後のフィルムのそり状態で観察した（図4）。図4から判るようにカチオン硬化では，硬化収縮が小さく，収縮率をコントロールすることも可能である。

　また，もう一つの大きな特徴は，酸素による硬化阻害がないことである。モールドと基材間の樹脂硬化はもちろんのこと，モールド周辺の樹脂も同時に硬化することができるため，プロセス上問題として取り上げられる未硬化樹脂による機器の汚染，製品への悪影響がないため，使い勝手の面で好評である。

　新しい我々の提案として，NICT109がある。このタイプは特殊なインプリント材料であり，モールドによるパターン転写過程とUVによる樹脂硬化過程を分離できる材料系である。モールドを剥離した後，大気下で硬化が容易にできるカチオン硬化の特長を活かしたUVナノインプリント材料である。

2.4.3　ハイブリッド系組成物（NIHB系）

　NIHB系は，ハイブリッド系と称したラジカル・カチオン硬化併用系であり，硬化速度及び硬化収縮のバランスの取れた硬化系である。硬化収縮をコントロールした組成物を用いたナノインプリント実施例を図5に示した。転写は，Siウエハ上に組成物をスピンコートし，95℃，30 secプレベイクした後，圧力0.9 Mpa，室温で行い，UVナノインプリントを実施した。この例からわかるように，硬化収縮を抑えることにより，解像度の高い矩形を有するパターン形状が得られることがわかる。

93

図5 UV-NIL パターン転写例（NIHB 系）

2.5 新規 UV ナノインプリント材料の提案
2.5.1 溶剤溶解型 UV ナノインプリント樹脂

　溶剤溶解型の樹脂（NIAC702）を展開している。この樹脂の特徴は，UV 硬化により転写したパターンを有機溶剤により簡便に除去できる点にある。このため，硬化樹脂がモールドを汚染した場合にも，有機溶剤により洗浄でき，容易にモールド再生が可能である。本樹脂は，ナノインプリントリソグラフィとしての使用に適していると考えている。樹脂をマスクとしてドライエッチングも可能であるが，当社 NICT 系に比べると耐ドライエッチング性は劣るため，エッチングによる深堀には不向きである。しかしながら，二層レジスト系或いはリフトオフ等によるメタルマスクを用いたエッチングが可能である（図6）。リフトオフ法とは，図6に示すように，通常の UV ナノインプリント法によりパターンを転写した後，O_2 プラズマエッチング等で残膜を除去する。ついで，メタル蒸着した後，樹脂を溶剤で除去することにより，所望のメタルパター

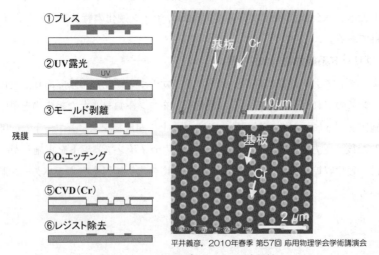

平井義彦，2010年春季 第57回 応用物理学会学術講演会

図6 リフトオフプロセスへの適用性

第7章 樹脂

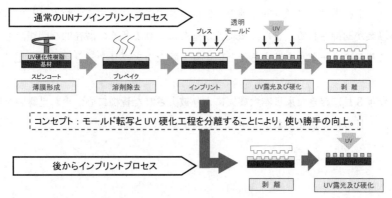

図7 後からインプリントのプロセス

ンを基材上に残す方法である。この方法で作成した部材は，基材が透明であればメタマテリアル等の光学デバイスへの展開が図れると考えている。また，このメタルをマスクに基材のエッチングを行なえば深堀も可能であり，LEDの高輝度化等の用途に使用可能である。

2.5.2 後からインプリント

NICT109は，非常にユニークなUVナノインプリント材料である。通常，UVナノインプリントは，モールドを基材上の樹脂に押し付け，同時にUVによる硬化を経てパターン転写を行っている。NICT109は，樹脂を基材上に塗布・プレベイク後，モールドの圧着によりパターンを容易に転写できるようにした。その後，UV硬化でパターンをフィックスできるため，転写とUV硬化の過程を分離できる（図7）。

UVナノインプリントを使用する場合，光を通す透明モールドの使用が一般的である。また，基材が透明の場合に限り，金属等，光を通さないモールドの使用が可能であった。本プロセスを使用すれば，不透明な物であっても適用可能である。本系は大型のロールtoロールプロセスへの適用性に優れると考えている。更に，NICT109を用いることにより，従来のコーティング装置にUV照射部位を設けるだけで容易にナノインプリントが可能となると考えている。また，パターン転写後，膜厚の均一性が失われ，干渉縞が発生する場合があるが，本系は転写後の膜厚を均一に保つ特徴も併せて有している。

以上から，本系の利用法は，従来のナノインプリントの制約を超え，幅広く使用可能と考えている。

2.6 おわりに

ナノインプリントは，"Innovative"な技術として登場し，既に生まれて15年が過ぎようとしている。最近，未だ水面下ではあるが幾つかの機器にテスト的に搭載されているとの話も聞くようになった。また，ナノインプリント関連メーカーである離型剤メーカー，インプリント材料メーカー及び装置メーカーがそれぞれの強みを発揮しながら協業体制も築き始めている。今後，

95

ナノインプリントの開発とデバイス応用

ナノインプリント技術は更に飛躍的な進歩が期待されており，ますます業界としての結束力と異業種間での協業が期待される。また，微細化が進むにつれて多くの潜在的な問題点も指摘されてはいるが，これらのハードルを越えることにより，新たなアプリケーションも増えてくると考えている。

　最後に，今年 3 月に起きた東日本大震災により被災された皆様に心からお見舞いを申し上げますとともに，一日も早い復興をお祈り申し上げます。

文　　献

1)　松井真二，光応用技術・材料事典，産業技術サービスセンター，p 498-503（2006）
2)　松井真二，表面技術，**55**, 805（2004）；谷口　淳, ナノインプリント応用事例集, 情報機構，p 3-16（2007）
3)　S. Y. Chou, P. R. Krauss and P. J. Renstrom, *Appl. Phys. Lett.*, **67**, 3114（1995）
4)　S. Y. Chou, P. R. Krauss and P. J. Renstrom, *Science*, **272**, 85（1996）
5)　S. Y. Chou, P. R. Krauss and P. J. Renstrom, *J. Vac. Sci. Technol. B*, **15**, 2897（1997）
6)　H. Hiroshima, *J. Vac. Sci. Tech.*, **27**, 2862（2009）
7)　H. Hiroshima, *Microelectron. Eng.*, **86**, 611（2009）
8)　JP2007-229996, JP2010-274417, 2011-2655
9)　JP2007-178724
10)　M. Fukuhara, H. Ono, T. Hirasawa, M. Otaguchi, N. Sakai, J. Mizuno and S. Shoji, *J. Photopolym. Sci. Technol.*, **20**, 549（2007）
11)　J. Wada, S. Ryo, Y. Asano, T. Ueno, T. Funatsu, T. Yukawa, J. Mizuno and T. Tanii, *Jpn. J. Appl. Phys.*, **50**, 06GK07（2011）
12)　佐内康之，第18回 UV/EB 表面加工入門講座，ラドテック研究会（2005）
13)　T. Nishino, N. Fujii, H. Miyake, T. Yukawa, J. Sakamoto, R. Suzuki, H. Kawata and Y. Hirai, *J. Photopolym. Sci. Technol.*, **23**, 87（2010）

第7章　樹脂

3　ナノインプリント量産プロセス用光硬化樹脂

川口泰秀[*]

3.1　はじめに

　近年，ナノインプリント技術はナノメートルスケールの微細パターンを容易に形成できる技術として様々な業界で注目されている。中でも低印加圧力プロセスが可能であり，昇温・冷却の熱サイクルがないことからスループットが高い光ナノインプリントが量産性の観点から期待されている。

　本稿では当社が開発している光ナノインプリント用の光硬化樹脂（NIF）について紹介する。

3.2　光ナノインプリント用光硬化樹脂（NIF）

3.2.1　NIF の特徴について

　光ナノインプリント用の光硬化樹脂には離型性が優れていることが求められる。当社ではナノインプリントに必要な特性（優れた貯蔵安定性，無溶剤，低粘度，高感度）に加え，フッ素系成分の導入により優れた離型性を実現した光硬化樹脂（NIF）を開発した[1]。

　NIF の特徴の一つである離型性に関しては，未処理の石英に対する剥離試験において NIF の離型に要する力が通常の炭化水素系光硬化樹脂と比べて 1/5 であるというデータが得られている。実際に炭化水素系光硬化樹脂は接着力が強いため離型剤なしではモールドに密着してしまうが，NIF の場合，離型剤処理していない石英製モールドで光ナノインプリントを行っても十分に離型することができ，25 nm のパターンを転写した実績を持っている。一方，離型剤処理されたモールドを用いた場合，一回の剥離試験のデータでは炭化水素系光硬化樹脂と NIF とでは離型に要する力は同程度である。しかし剥離試験を繰り返し行った場合，炭化水素系光硬化樹脂では徐々に離型剤の離型性能が劣化するのに対して，NIF を用いた場合は剥離試験を500回行っても離型剤の離型性能の劣化は全く認められなかったという報告がある[2]。

　このように NIF は離型性に優れているが，その反面基材との接着性は劣っていた。しかしながらプライマーを用いることによりその課題を解決している。実際にはシリコン，サファイア，石英，ガラス，金属などの無機基材に対しては信越化学工業社製の KBM503（3-メタクリロキシプロピルトリメトキシシラン）がプライマーとして適していることを確認している。しかしながらこのプライマーも基材の前処理方法やプライマー溶液の調製によって効果が左右されることが分かっており，当社では最適な条件を見出して技術提供している。また易接着性の PET フィルム（東洋紡社製のコスモシャイン® A4100や東レ社製のルミラー® U34）や旭硝子社のポリカーボネートフィルム（カーボグラス®）などを用いた場合にはプライマーがなくても強固に接着することを確認している。

　NIF の解像性については現在のところ12.5 nm のパターンも解像したとの学会報告がある[3]。

　＊　Yasuhide Kawaguchi　旭硝子㈱　中央研究所　主席研究員

一方，数百 μm のパターンにも適用できることが分かっており，ナノからミクロンまで幅広いパターンサイズに適用できるプロセス材料である。

この NIF の用途としてはレプリカモールド（量産用モールド）用途，レジスト用途，永久膜用途が考えられる（図1）。以下にレプリカモールド用途，レジスト用途，永久膜用途の順で詳細について述べる。

3.2.2 レプリカモールド用 NIF-M シリーズ

光ナノインプリント技術を用いる場合に課題となるのが離型不良に伴う欠陥の発生である。その対策としてモールドに離型処理することで離型性を向上させる検討が多くなされている。しかしながら量産時には離型膜の耐久性及び離型膜が何時劣化したのか把握しにくい，離型膜が劣化した際の離型膜の除去と再塗布に手間がかかるといった課題がある。また光ナノインプリントを行う環境がクリーンルームであるとは限らないためパーティクルによる欠陥転写などのリスクを伴う場合もある。更にマスターモールドは電子線描画などで作製する場合が多いため非常に高価な場合が多く，それを直接量産に用いるにはリスクが大きすぎる。またレプリカモールドは一回ないし数十回での使い捨てを想定している場合が多いので例え生産途中で欠陥が発生してもその影響が波及しにくいといった利点もある。そこで光ナノインプリント技術が量産技術として検討されつつある今日においてはレプリカモールドの要望が高まりつつある。当社では含フッ素光硬化樹脂 NIF シリーズが優れた離型性及び高透明性を有していることに着目し，NIF をレプリカモールド材料として用いることについて検討を行ってきた。具体的なプロセスを図2に示す。まず光ナノインプリントにより NIF のレプリカモールドを作製する。この NIF のレプリカモールドを量産用の光ナノインプリント用モールドとして用いて製品を製造する。この方法の利点としては簡便にレプリカモールドを作製でき，大きなサイズのモールドの作製も可能であり，基材もフレキシブルな樹脂フィルムから硬い石英までプロセスに合わせて自由に選択できることであ

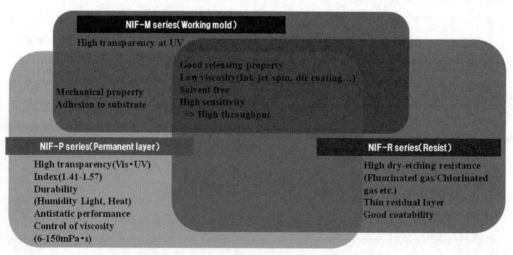

図1　NIF の分類

第7章　樹脂

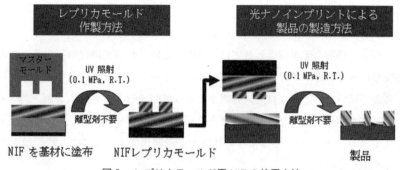

図2　レプリカモールド用NIFの使用方法

る。最近ではNIFの組成の改良やプロセス検討により離型性の優れたレプリカモールドを作製することができている。特にマスターモールドの表面エネルギーを変えることでNIF表層の表面エネルギーが変化すること（図3）を利用してマスターモールドにフッ素系の離型処理をすることで離型性の優れたレプリカモールドを作製することができる[4]。また最近ではACP（Anti-sticking Cure Process）法を用いることで更なる離型性の向上が確認できている[5,6]。このACP法とは，光ナノインプリント後にNIF表層に強い紫外光を照射することで離型性を

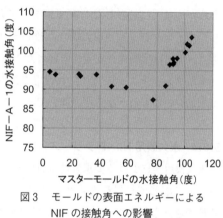

図3　モールドの表面エネルギーによるNIFの接触角への影響

向上させる手法である。本手法ではNIF表面の硬度も上昇することが認められており，レプリカモールドのためのプロセスのみならず指紋除去などの撥水撥油性や撥インク性を向上させる手法としても期待されている。

その他NIFレプリカモールドはSOGやPDMSなどのケイ素材料に対しても離型性が優れていることが確認されており，更にニッケル電鋳用のレプリカ材料としての検討，100 MPa以上の高い加圧のナノインプリント条件での検討や180度，15000 Nの熱ナノインプリント条件での検討も行われている。最近ではニッケル電鋳との離型性が優れていることからNIFレプリカモールドを作製し，それを貼り合せてからニッケル電鋳を行ったり，NIFレプリカモールド作製の際にStep & Repeatを行った後にニッケル電鋳を行ったりすることで大面積ニッケルモールド作製の検討が行われている。

3.2.3　レジスト用NIF-Rシリーズ

レジスト用途というからにはまずはエッチング耐性が重要である。エッチングの種類（ウェットエッチングやドライエッチング）や基材の種類によって，使用される薬液やガスの種類が異なることからそれぞれに応じた材料の開発が要求される。実際にレジスト用NIFでは塩素系エッチング用とフッ素系エッチング用などを開発している。更にレジスト用途の場合は半導体や

ナノインプリントの開発とデバイス応用

HDD，LEDなどの応用分野が考えられるが，何れもスループットが要求されるので高い感度が必要であり，レジスト用のNIFの感度は約100 mJ/cm² 以上である。

この他にレジスト特有の要求特性としては「残膜」と呼ばれる光硬化樹脂の薄い膜の均一性とその残膜の膜厚の薄いことが挙げられる。基材へのエッチングはまず残膜を除いてから行われるため，この残膜が厚いと余計なプロセス時間がかかってしまうとともにエッチングマスクの凸形状も細ったり，高さが低くなったりしてしまうためエッチングマスクとしての機能を十分に果たせなくなってしまう。現在NIFでは転写条件などを最適化することにより残膜は面内均一に数十nm以下を達成している。

レジストを基材に薄膜に塗布する方法としてはインクジェット法とスピンコート法が一般的であるが，各々に対応したNIFも開発しており，NIFの特徴である良好な離型性や解像性を保持しつつインクジェット用の場合は数pl以下の液滴で吐出できるNIFを既に開発しており，スピンコート用は塗膜保持安定性の優れたNIFを既に開発している。

またウェットエッチングにも適用できるNIFも開発している。更にエッチング後のレジスト剥離についても色々な方法で除去できることを確認しており，これらは技術情報として提供している。

3.2.4 永久膜用 NIF-P シリーズ

永久膜用途における要求特性は目的のデバイスの性能に直接かかわってくるためそれぞれのデバイスに応じて材料をカスタマイズしている。一例としては400 nm付近でもかなり高透明なNIFや色々な樹脂フィルムに対しての密着性や感度，撥インク性や撥水性などの観点でカスタマイズしたNIFを開発している。またマイクロレンズなどの非球面形状を精確に転写するプロセスの開発なども行っている。

3.3 おわりに

インプリントにおける応用用途の可能性が実証されつつある中で多くの応用分野で研究開発が行われていることから光ナノインプリント用光硬化樹脂のニーズが今後ますます増えていくものと期待している。こういった多種多様なニーズに応えるべくフッ素の離型性を活かした材料の開発を進めている。またナノインプリントは原理的には簡便に微細構造を作製できる技術ではあるが，ノウハウ的なことが重要かつ多くあるのも特徴である。当社では10年ほどの研究開発を通じて多くのノウハウを蓄積してきている。お客様に離型性の良い材料を提供するとともに技術的なノウハウも併せて提供させて頂くことで，ナノインプリント技術が微細加工技術として多くの産業界に定着できるよう少しでも貢献できれば幸いである。

第 7 章　樹脂

文　　献

1) Y. Kawaguchi *et al.*, *Microelectr. Eng.*, **84**, 973 (2007)
2) H. Schmitt *et al.*, *Microelectr. Eng.*, **85**, 897 (2008)
3) G. Kreindl *et al.*, 36th International Conference on Micro and Nano Engineering (2010)
4) K. Tsunozaki and Y. Kawaguchi, *Microelectron. Eng.*, **86**, 694 (2009)
5) L. Li ほか，第57回応用物理学関係連合講演会 (2010)
6) J. Mizuno *et al.*, *J. Photopolymer Sci. and Technol.*, **24**, 89 (2011)

4 丸善石油化学のナノインプリント用樹脂

池田明代*

4.1 はじめに

ナノインプリント（NIL）には様々な応用が期待されているが，その一つが発光ダイオード（LED）の高輝度化に関する加工である。半導体材料の屈折率は一般に空気より高いため，半導体と空気との界面では境目が鏡のようになり，光が反射してしまう。この現象が LED の発光効率の向上を妨げる要因の一つになっている[1]。この問題を改善する方法の一つが界面を荒らすことによる光の散乱である。単純に荒らすだけでなく，基板表面に数百 nm サイズのフォトニック結晶を形成し，屈折率の変化・光の回折によって界面での反射を防ぐ方法が考えられている[2]。

LED 素子に微細加工を施す技術はフォトリソグラフィ，電子線リソグラフィ，樹脂粒子の自己組織化[3]などがあるが，フォトリソグラフィでは装置が高価で工程が多いという問題があり，電子線リソグラフィでは描画時間が長く生産性が悪い。自己組織化は粒子の不規則性によるパターン精度・再現性に難がある。そこで，基板加工の方法として生産性・パターン精度のよい NIL が注目されている。実際の工程では NIL 樹脂で基板上にパターンを転写し，樹脂をそのままエッチングマスクとして使用し，エッチングを行う。

しかし，LED の基板として使われるサファイアはドライエッチングによる微細加工が難しい材料（難切削材料）である。そのため塩素系ガスによる過酷な条件下でのドライエッチングを行うことから高いエッチング耐性をもつ樹脂を用いる必要があり，その特性を有する NIL 樹脂が求められていた。当社ではこの高エッチング耐性に注目し，熱と UV 両方の NIL 用樹脂の開発を行った。

4.2 熱 NIL 用樹脂：MTR-01

熱 NIL はガラス転移温度（Tg）以上に加熱し樹脂を軟化してパターンを転写，Tg 以下まで冷却して離型する。当社が開発した熱 NIL 用樹脂 MTR-01は高成形性，薄膜形成性・残膜制御性，高耐熱劣化性，そして高ドライエッチング耐性という特徴を有している。

熱インプリントにおいて Tg 以上の温度域で流動性が悪い樹脂は微細パターンに樹脂が入り込みにくいためパターンのエラーが発生しやすくなる。この場合，さらに加熱して流動性を上げることやプレス圧力を上げることで改善できるが，温度と圧力の調整に時間が掛かるようになり生産性が悪くなってしまう。低温・低圧で加工できれば工程に掛かる時間を短くすることができる。開発した熱 NIL 用樹脂 MTR-01の粘弾性解析では MTR-01は Tg 以上の温度域で流動性がよい材料である（図1）。MTR-01（Tg 137℃）と Tg が近い一般的なシクロオレフィンポリマー（COP，Tg 140℃）の弾性率 G を比較すると，G＝1 MPa での温度は COP が171℃，MTR-01は147℃で MTR-01の方がより低い温度で G＝1 MPa に到達しており，流動性がよいことが分か

＊ Teruyo Ikeda　丸善石油化学㈱　研究所　新商品開発室　主任研究員

第7章　樹脂

る。実際の転写では，COPは170℃・2MPaでプレスしなければならないが，MTR-01は150℃・1MPaでプレスすれば転写することができ，より低温・低圧の条件で加工時間を短く転写できる。

また，MTR-01は塗布膜の面内均一性（±2％以内）に優れ，スピンコートによって薄膜形成（17 nm～3 μm）が可能である。細かい膜厚コントロールによりパターンに最適な膜厚でコートすることができ，インプリント後の残膜を少なくすることができる。これまでの実績では残膜平均5 nm程度を達成している。

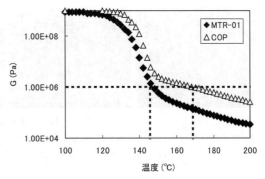

図1　MTR-01とCOPのレオロジーデータ

さらに，MTR-01は高耐熱劣化性の樹脂である。DSC測定では約210℃まで熱劣化ピークがなく，酸化防止剤を添加せずとも使用できるため，添加剤によるモールド汚染や樹脂ヤケなどを抑制可能である。この高耐熱劣化性により樹脂の熱劣化を考慮せずにインプリントプロセスを設計できるため，より広範囲な製造条件の適用，用途の拡大が期待される。

これまで熱NIL樹脂としての性能を述べてきたが，実際に基板加工のフォトマスクとして使用する際重要な物性はエッチング耐性である。選択比はパターン形状やガス種，条件によって変化するが，MTR-01の選択比はサファイアに対して0.8～1.0である。またSiでもフォトマスクとして使用できることを確認している。

このように，MTR-01はパターン転写しやすく高エッチング耐性であり，LED用サファイア基板の加工に有用な熱NIL材料である。

4.3　UV-NIL用樹脂：MUR-XRシリーズ

UV-NILは液状の樹脂に金型を接触させた後，光を照射し硬化させてから離型しパターンを転写する。当社で開発したUV-NIL用樹脂MUR-XRシリーズにはMUR-XR01とMUR-XR02の二つのグレードがある。二つのグレードで共通している特徴は薄膜形成性，膜保持性，良成形性，高耐熱性の四つである。

MUR-XRシリーズは配合を調整することによって，スピンコート法を用いて20 nm～20 μmの範囲で樹脂を塗布することができる。また，回転数によっても膜厚を調整することができ，回転数と配合調整を組み合わせることで細かい膜厚調整が可能である。パターンに最適な樹脂量を塗布しインプリントを行えば残膜を少なく，ミクロンサイズのピラーから数十ナノサイズのピラー，ホールまで様々なパターンを転写することができる（図2）。

また，塗布後の膜保持力が高く，Si基板上に150 nmで塗布し硬化せず放置しても4時間まではははじきや膜厚の変化はない。また加工時の酸素阻害や気泡によるパターン形状のエラーを減らすために，減圧下で転写を行っても膜減りが少なく，インプリント時の操作性がよい材料である。

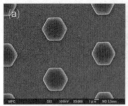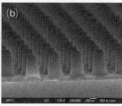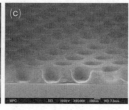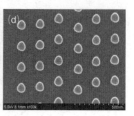

図2　様々な形状でのパターン転写

(a) マイクロピラー（高さ1μm，幅4.5μm），(b) ナノピラー（高さ350nm，直径210nm），(c) ナノホールパターン（深さ180nm，直径250nm），(d) ドットパターン（高さ50nm，直径80nm　＊パイオニア提供）

　さらに，MUR-XR01は低収縮率の材料である。一般的なアクリル材料で硬化収縮率は5～10%だが，MUR-XR01は0.5%であり，非常に小さい収縮率である。MUR-XR02でも2.5%で比較的小さい収縮率となっている。収縮率が小さいため高いパターン精度で転写することができる。

　次に，基板加工のフォトマスクとして必要な物性であるエッチング耐性については，Siとサファイアで確認を行っている。まず，Si基板を用いて一般的なUV-NIL樹脂（樹脂A）とパターン付きエッチングで比較した。図2(c)のナノホールパターンをSi基板上に転写し，同じ条件でフッ素系ガスを用いてエッチング処理を行うと，MUR-XR01とMUR-XR02は樹脂が残留していたものの樹脂Aはほとんど消失していた（図3）。選択比はMUR-XR01：2.15，MUR-XR02：2.77，樹脂A：1.38となり，MUR-XR01，MUR-XR02は樹脂Aと比較して高い選択比をもっていることが示された。特にMUR-XR02が高いエッチング耐性を有している。また，エッチング後のパターン形状を確認すると，樹脂Aはホールの開口部が広がっているがMUR-XRはホールの壁面が立っておりパターン形状の変化が少なく，転写パターンを保持しながらエッチングできる。MUR-XRシリーズはTgが182℃（DSC）であるため，この高耐熱性もエッチング処理時の形状保持に寄与していると考えられる。

　さらに，サファイアに対するドライエッチング選択比を確認した（図4）。サファイア基板上にMUR-XR01，MUR-XR02を用いてそれぞれ図2(b)のナノピラーパターンを転写し（図4(a)），アッシングによって残膜を除去したのち（図4(b)）塩素系ガスを用いてサファイアエッチングを行った（図4(c)）。その結果，それぞれの選択比はMUR-XR01：0.71，MUR-XR02：0.75となり，非常に高い選択比を示した。ただし，選択比はパターン形状やガス種，条件によって変化するた

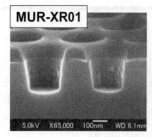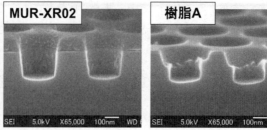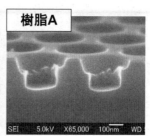

図3　ナノホールパターンでのシリコンエッチング

第7章　樹脂

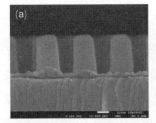  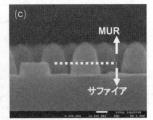

図4　ナノピラーパターンでのサファイアエッチング
(a) パターン転写，(b) 残膜除去後，(c) エッチング後

表1　NIL樹脂のエッチング選択比

	Si 選択比	サファイア選択比
MTR-01	~1.85	0.8~1.0
MUR-XR シリーズ	2.40~3.13	0.71~1.27

選択比はエッチング条件，パターン形状によって異なるため，表の値は参考値である。

め，その他の条件ではMUR-XRシリーズの選択比は0.7~1.2である。一般的なUV-NIL樹脂（樹脂B）で同様のエッチングを行った場合の選択比は0.35であり，MUR-XRシリーズは倍以上の選択比を有している。

このように，MUR-XRシリーズは良好な操作性・成形性をもつ高エッチング耐性の樹脂であり，LED用サファイア基板の加工に有用なUV-NIL材料である。

4.4　まとめ

当社では薄膜塗布性・良成形性・高ドライエッチング耐性をもつ熱NIL樹脂MTR-01とUV-NIL樹脂MUR-XRシリーズを開発した（表1）。MUR-XR01は低収縮率，MUR-XR02は高エッチング耐性のグレードである。現在，エッチング耐性を活かしたLED基板加工用途への展開を検討している。さらに，ハードディスクのパターンドメディア加工用途や，樹脂の性能を活かしたマイクロレンズや反射防止膜などの光学用途への展開も進めている。

文　　献

1) Electronic Journal 別冊 2009 ナノインプリント技術大全，P 181-184，電子ジャーナル（2009）
2) 東芝機械，丸文プレスリリース（2008年9月1日）
3) 東芝レビュー，60(10)，P 32-35（2005）

5 UVナノインプリント材料の屈折率制御

鈴木正睦[*]

5.1 はじめに

　液晶ディスプレイ用途におけるナノインプリントの実需化の一つの方向として，既存フィルムの高性能化，モスアイ構造をはじめとする低反射防止膜及びワイヤーグリッドを使った偏光制御などの新しいデバイスの開発が挙げられる。それと同時に大面積化且つ低コスト化，及び材料物性の高機能化を達成する必要がある。

　近年，液晶ディスプレイは，スマートフォンなどに代表されるモバイルディスプレイや屋内外に使用されるデジタルサイネージなどの用途が拡大している。低消費電力化，視認性といった特性は，益々，重要な役割を占めてきている。低消費電力化は，光取り出し効率の向上が必要であり，視認性は，反射防止機能を持たすことが重要である。既に形状付きフィルムとして粒子を用いて製造されるアンチグレアフィルム及びアンチニュートンフィルムの高性能化，モスアイ構造などの導入によって，その光学特性を改善することができる。

　大面積且つ低コストで製造するためには，既存のフィルム製造工程の延長という考え方で行う方法がある。プリズムシート，レンチキュラーレンズフィルムといったUVマイクロプリントフィルムがある。この場合，直接モールドに流し込みUVプリントで製造する方法と，モールドを使ってホットエンボスにより印刷する方法がある。これらを応用し，大面積モールドを作製し，熱ナノインプリントなどによって，樹脂レプリカモールドをつくり，ロールtoロールで高速UVナノインプリントを行う。このようなプロセスが，大面積且つ低コストで製造する一つの方法であると考えている。

　UVナノインプリント材料に要求される特性は，製造時の感度，離型性，形状作製時の鉛筆硬度，スチールウール耐性，フィルムとの密着性，耐光性，耐湿性及び光学部材としての透明性，屈折率制御などが挙げられる。

　ここでは，光学材料用途を目的としたUVナノインプリントのプロセス及び使用する材料の基本骨格と屈折率の関係，その透明性，k値（消衰係数）について検討した結果を紹介する。

5.2 フィルム用途に対応したUVナノインプリントプロセス

　UVナノインプリントを使ったロールtoロール工程について説明する（図1）。アクリル系二重結合を有する材料に，ラジカル開始剤を添加し，無溶剤（または溶剤を含有した形）で調製する。これを，TACフィルムやPETフィルムなどに塗布し，モールドロールに接触後，UV光を照射する。非常に簡

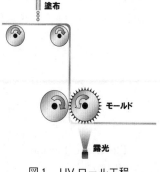

図1　UVロール工程

[*] Masayoshi Suzuki　日産化学工業㈱　電子材料研究所　新製品研究部　主任研究員

第7章　樹脂

便なプロセスで形状付きフィルムが得られる。尚，材料に溶剤を含有する場合は，塗布後，焼成
及び乾燥工程が必要である。

5.3　高屈折率UVナノインプリント材料

　高屈折率化（屈折率1.6＜，550 nm 測定時，以下，屈折率は550 nm の値を記載）するため，
フルオレン骨格，ビフェニル骨格などのフェニル基を導入した材料を用いた。

　無溶剤化のため，23℃で液体状態のフルオレン系アクリレート（図2a）及びビフェニルアク
リレート（図2b）を用いた。その材料に，10〜50％程度の多官能アクリレート，及びラジカル
開始剤を加え調製した。得られたワニスをシリコン基板（透過率測定時は石英基板を使用，以下
同様に使用）に塗布し，露光後，屈折率，透過率及びk値を測定した。フルオレン系アクリレー
トを使用した場合の屈折率は1.62，ビフェニルアクリレートを使用した場合の屈折率は1.61で
あった（図3）。

　フェニル基を導入したアクリレートは，多くの場合，フェノール骨格を有するため，長期耐光
性試験による透過率の低下が懸念される。特に，多価フェノール[1]は，酸化防止剤として良く知
られ，光照射により，生成した酸素ラジカルとフェノールが反応し，キノン構造をとることによ
り，酸化を防止する。逆に，フェノール骨格を主成分とした材料の場合，キノン系化合物の吸収
が大きいため，可視光領域の着色が懸念される。

　次に，別の方法，即ちフェノール骨格を用いない方法で高屈折率化をするため，金属酸化物で

	名　称	構　造
a	フルオレン系アクリレート	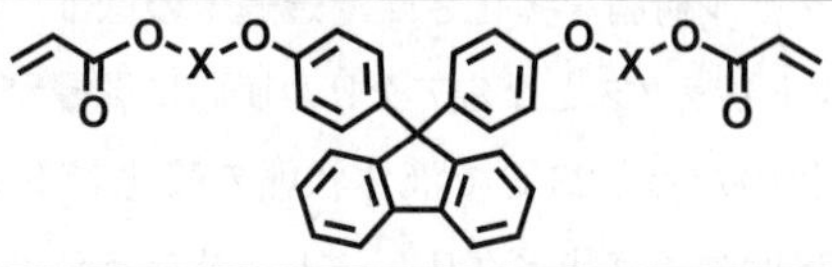
b	ビフェニルアクリレート	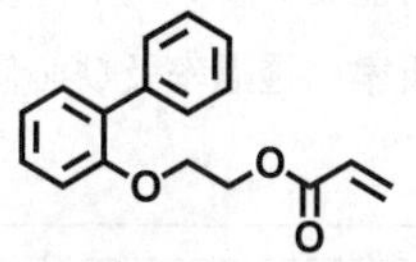
c	酸化ジルコニア粒子系アクリレート	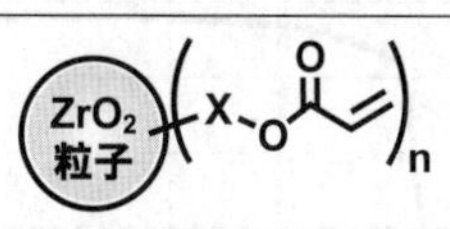
d	アルキルエーテル又は アルキルエステル系アクリレート	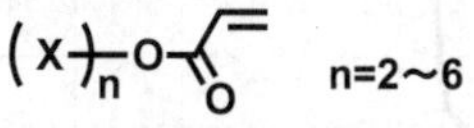 n=2〜6
e	シリコーン系アクリレート	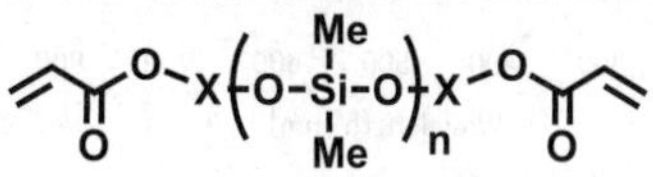

X＝有機基

図2　UVナノインプリント材料

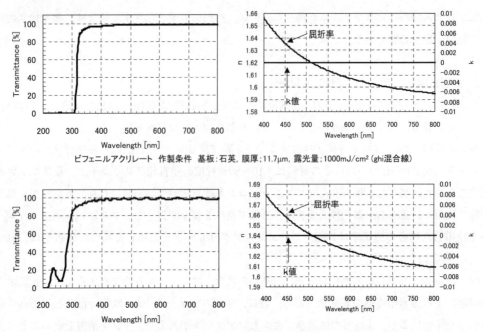

ビフェニルアクリレート　作製条件　基板：石英,膜厚；11.7μm,露光量；1000mJ/cm²(ghi混合線)

フルオレン系アクリレート　作製条件　基板：石英,膜厚；6μm,露光量；500mJ/cm²(ghi混合線)

図3　透過率と屈折率

ある酸化ジルコニア粒子系アクリレートを用いた。通常，酸化チタン粒子のルチル型は屈折率2.7，アナターゼ型は屈折率2.5である。それに対して，酸化ジルコニア粒子の屈折率は2.2程度である。酸化チタンは，光触媒作用[2]があるため，屋外での長期使用を想定した場合，マトリックスのアクリル樹脂を劣化させ，透過率の低下，屈折率変化，体積収縮の原因となり得る。したがって，マトリックスとなるアクリル樹脂に影響がないと考えられる酸化ジルコニア粒子を用いた。

無溶剤化のため，23℃で液体状態の酸化ジルコニア粒子系アクリレート（図2c）を用いた。10～50%程度の多官能アクリレート，及びラジカル開始剤を加え調製した。得られたワニスを上記同様製膜し，屈折率，透過率及びk値を測定した。屈折率は1.62であった（図4）。

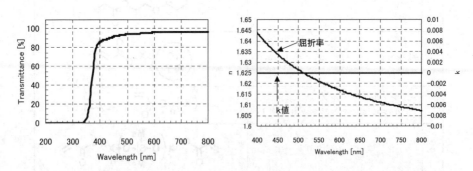

酸化ジルコニア粒子系アクリレート　作製条件　基板：石英,膜厚；100μm,露光量；500mJ/cm²(メタルハライドランプ)

図4　透過率と屈折率

第 7 章　樹脂

5.4　屈折率1.5付近の材料

　1.5付近の屈折率を得るためには，ペンタエリスリトール系アクリレート，エステル系アクリレート，エーテル系アクリレート及びウレタン系アクリレートなどの多官能アクリレートが使用される。無溶剤化のため23℃で液体状態の多官能アクリレート（図2d）を用いた。ラジカル開始剤を添加し，上記同様に製膜後，屈折率及び透過率を測定した。屈折率は1.53であった（図5）。
　使用したアクリレートの屈折率は1.50～1.51である。使用するラジカル開始剤の種類及び添加量とマトリックス樹脂の屈折率との関係によって，マトリックス樹脂の屈折率が，1.5付近の場合，ラジカル開始剤自身の屈折率により，屈折率は，0.03程度上昇すると考えられる。ラジカル開始剤で屈折率を微調整することは可能である。しかし，元来，退色性があるため十分に分解し得る露光量を把握し，添加する必要がある。

5.5　低屈折率UVナノインプリント材料

　次にシリコーン樹脂を使ったUVナノインプリント材料を紹介する。一般的に，フッ素系またはシリコーン，シロキサンを用いるか，シリカ粒子などを使って，作製した膜の系内に空隙を作ることによって低屈折率化することができる。しかし，シロキサン系では，シラノールの反応性から，無溶剤化は非常に難しい。また，粒子を使用する場合は，分散するための溶剤が必要な場合が殆どでありUVナノインプリント時に液体状態を保てない。

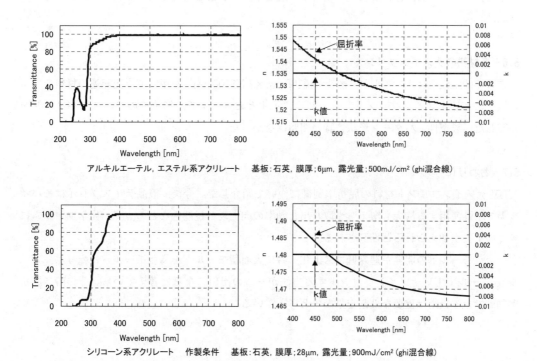

図5　透過率と屈折率

フルオレン系アクリレート　　ビフェニルアクリレート　　酸化ジルコニア粒子系アクリレート

アルキルエーテル,エステル系アクリレート　　シリコーン系アクリレート

ポッティング→加圧：29N/cm², 加圧した状態で露光：540～1080mJ/cm² (ghi混合線)

図6　UVナノインプリント

ここでは，シリコーン系アクリレートを使用した結果を紹介する。

無溶剤化のため23℃で液体状態のシリコーン系アクリレート（図2e）を用いた。ラジカル開始剤を添加し，上記同様に製膜後，屈折率，透過率及びk値を測定した。屈折率は1.47であった（図5）。

5.6　各材料のナノインプリント

ここでは，シリコンモールド（構造：幅100 nm×高さ100 nm）を用いて上記記述の材料をフィルム上にUVナノインプリントした。図6に示すとおり，全て，無溶剤のワニスでパターンを作製した。離型性，パターン形状に特に問題はなかった。

5.7　おわりに

UVナノインプリント材料の屈折率制御について紹介した。今後，液晶ディスプレイはモバイル型で屋外使用する機会も増え，光取り出し効率の向上及び視認性などの点で，光学フィルムに多くの工夫が加えられると推測される。

今後，モールドの開発が進み低コスト化，特に大面積モールドを樹脂モールドに転写し，ロール to ロールでUVナノインプリントする方法が一つの出口になると考えている。その時，屈折率制御できる技術は重要な役割を果たすと考えている。

第 7 章　樹脂

文　　献

1) Y. Taguchi, H. Mikami, NTN TECHNICAL REVIEW, No 78 (2010)
2) T. Nakamura, *TECHNO-COSMOS*, **14**(2) (2001)

6 ケイ素含有インプリント材料

嶋谷　聡*

6.1 はじめに

ナノインプリントリソグラフィ[1,2]（NIL）とは，簡易な工程ながら超微細加工や3次元加工が可能であり，様々な分野で研究・開発が行われているパターニング方法の一つである。その代表的なプロセスを挙げると（図1），熱可塑性樹脂などを用いる Thermal-NIL，光硬化性樹脂が適用される UV-NIL，そして Spin-On-Glass（SOG）材料などが用いられる RT（室温）-NIL[3,4] などである。

いずれのプロセスにおいても，材料に求められる特性は転写性能だけではなく，転写後の材料耐性についてもその要求は高まりつつある。これは，NIL プロセスの適応が想定されているアプリケーションを考慮すれば明らかであるが，Patterned-Media（高容量 HDD-Media）の場合には磁性体加工時の Ion Milling 耐性などが求められ，高輝度化 LED を想定した場合にはサファイアや窒化ガリウム基板加工に用いられるハロゲン系エッチングガスへの耐性が求められる。

転写材料へ上で述べたような耐性を付与するにあたり，当社が注目したのはケイ素原子である。一般的に，アクリルモノマーなどは柔軟性があり加工特性は良好なものの，エッチング耐性向上に有効とされる芳香環や複環は[5,6]，モノマーの柔軟特性を維持しながら導入することが困難である。逆に，フォトレジストなどに用いられるようなノボラック樹脂やポリヒドロキシスチレンなどは，高耐性ではあるもののその剛性から NIL 材料には適していない。

ケイ素含有材料の代表例であるシロキサンポリマーには高い耐性があることが知られている。そのポリマーには強い剛性を持つような骨格もあるが，プロセスや構造を最適化することによって低圧力で転写できることが実証されつつある。ここでは，そのシロキサンポリマー系材料によ

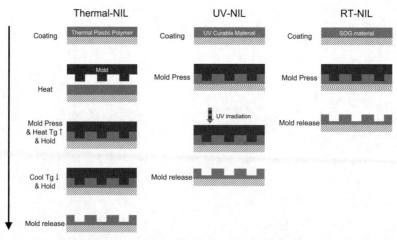

図1　ナノインプリントプロセスの代表例

---

*　Satoshi Shimatani　東京応化工業㈱　開発本部　先端材料開発3部　技師

第7章 樹脂

る転写事例（RT-NIL/UV-NIL）を中心に材料やプロセスについての検討結果を記述する。

6.2 RT-NIL 材料

当社では以前より層間絶縁膜などに用いられるSOG材料の開発を行っており，高耐性を持った同材料をNILプロセスへ適応することからNIL材料の最適化を開始した。

検討当初は，硬質テンプレート（Ni電鋳やSiなど）を用いて非常に高い圧力によって転写を行っていた。低圧力な転写条件では，パターン寸法やピッチの差によって残渣量やパターン高さの均一性が著しく低下し，なにより微細構造の転写を行う際にはその転写性能が大幅に劣化したからであった。これは，SOG材料が無機質材料な故に持ち合わせる流動性の低さに起因していた。実例を挙げると，2.5 inch 基板への転写において30〜40 t程度の転写圧力が必要であった。

このような高圧力が必要となると，原理検証として評価する面積（数センチ角程度）では転写ができ得るものの，量産適用を考慮した際にはその面積は数倍から数百倍となり，転写装置やテンプレートなどへの負荷を想定すれば実現性に乏しいことが明らかとなった。

この高圧力NILを解決する一つの解が"PDMS（Poly Dimethyl Siloxane）を用いた Soft Molding Process"（図2）である[7,8]。これは従来のRT-NILとは一線を画し，溶剤を非常に多く含んだ塗布膜へTemplate形状が付与されたPDMSを押し当て，保持後に離型するという簡易なプロセスである。

PDMSは，その分子骨格から非常にPorousな膜になることが知られており，PDMSテンプレートを塗布膜へ圧着させている間に溶剤成分がその空孔へ移行する。その結果，テンプレートのスペース部分に残存するSOG材料の濃度が急激に上昇し，その流動性が失われることによってパターニングが可能となる。このプロセスに必要な圧力は1 MPa以下であり，大面積での転写が可能な圧力領域であると想定している。

本プロセスに対応した材料としては，材料骨格と溶剤が重要となる。前者に関してはHydrogen Silsesquioxane（HSQ）を主として検討している。これは，HSQが永久膜としての必要特性として挙げられる「硬度」や「耐熱性」の面で優れていることや，Sol-Gel反応速度が速く，図2中の4．プロセスにおいて形状保持特性が高いことなどが理由である。また，後者に関しては，図2の1．プロセスにおいて塗膜中の残存溶剤量が多く，さらに3．においてはPDMSへの吸収スピードが速い溶剤において特性は良好となる。それらを最適化したパターン事例を（図3）に示す。

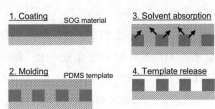

図2　Soft Molding Process

6.3 UV-NIL 材料

前述の通り，SOG材料には永久膜・犠牲膜として大きなアドバンテージがある一方，高い剛性を併せ持ち，UV-NILプロセスなどと比較すると転写の難易度は非常に高い。一方で，シリ

図3　Soft Molding Process での転写事例

コン含有材料はHSQのような硬度を持った材料からシリコーンゴムに代表される柔軟性に富んだ材料までを設計できるのが特徴である。

そこで，柔軟性を持った材料へ光硬化性を付与することによってUV-NIL適用材料を開発した。その開発時に注力した点は大きく以下の5点である。

① Si-containing ratio

SOG材料へ近づけるため高含有率化を目指した。その結果，高いエッチング耐性を実現。

② Low viscosity

UV-NIL材料は低圧・短時間転写が求められるため。

③ Non or less solvent system

テンプレート圧着時に溶剤が塗膜中に取り込まれ，転写時にボイドなどの欠点要因となる。また，取り込まれた溶剤は耐性の劣化要因ともなる。

④ Out gas

主に露光時のOut gasは転写時のボイド欠点要因となる。

⑤ Surface tension

様々な塗布方法へ対応するため，可変領域を幅広く設定した。

これらの要素を付与した材料系について，酸素エッチング耐性とパターニング結果を図4に示す。エッチング耐性に関しては，一般的有機材料であるPMMAに対して大幅に耐性があることが確認できる。また，微細加工に関しては，非常に低圧な条件ながら残渣量の少ないパターニングを実現している。

先述したが，NIL材料特性について最大のボトルネックは"加工耐性"である。当社ではSi含有系UV-NIL材料を完成させ，酸素エッチング耐性を有する材料を開発したことで，Bi-Layerプロセスへの適用[9]によって更なる加工耐性を実現することを試みた。

Bi-Layerプロセスの利点は，最終的なエッチングマスクにリソグラフィ特性やインプリント特性を付与する必要がなく，ドライエッチング耐性を最大限に付与することが可能な点である。

本プロセスを適用する一つの候補として，LED高輝度化を目的とした基板加工が挙げられる。これは，基板として使用されるサファイアや窒化ガリウムへ形状付与する必要があり，これらの物質は塩素系RIEにて加工されるのが一般的である。しかし，塩素系ガスへの耐性を材料に付与することは容易でなく，さらに，様々な形状を実現するためには非常に耐性のある材料が必要

第7章　樹脂

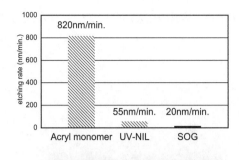

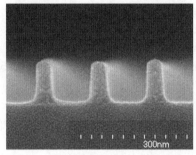

図4　UV-NIL材料の酸素エッチングレートと転写事例

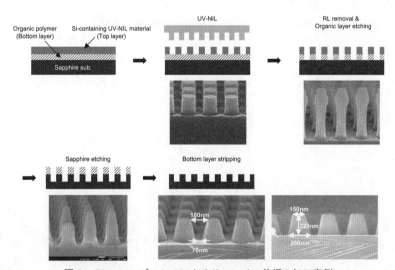

図5　Bi-Layerプロセスによるサファイア基板の加工事例

となり，これらを解決する一つの手段としてBi-Layerプロセスは非常に有効であると考えている。実際の加工事例を図5に示す。

6.4　おわりに

当社では，Si含有系材料に加工耐性などの優位性を見出し，室温インプリント・UVインプリントの両プロセスに対応した材料の検討・開発を継続して行っている。これらの材料が種々の材

115

料課題を解決し，ナノインプリントプロセスの適用・検討の拡大に少しでも役立つことができれば幸いである。

文　　献

1)　S. Y. Chou, P. R. Krauss and P. J. Renstrom, *Appl. Phys. Lett.*, **67**, 3114 (1995)
2)　S. Y. Chou, P. R. Krauss and P. J. Renstrom, *Science*, **272**, 85 (1996)
3)　K. Nakamatsu and S. Matsui, *Jpn. J. Appl. Phys.*, **45**, 546 (2006)
4)　K. Nakamtsu, K. Ishikawa, N. Taneichi and S. Matsui, *Jpn. J. Appl. Phys.*, **46**, 5388 (2007)
5)　R. R. Kunz *et al.*, *Proc. SPIE.*, **2724**, 365 (1996)
6)　T. Ohfuji *et al.*, *Proc. SPIE.*, **3333**, 595 (1998)
7)　Y. Kang, M. Okada, C. Minari, K. Kanda, Y. Haruyama and S. Matsui, *Jpn. J. Appl. Phys.*, **49**, 06GL13 (2010)
8)　Y. Kang, M. Okada, K. Nakamatsu, Y. Haruyama, K. Kanda and S. Matusi, *J. Photopolymer, Sci. Technol.*, **22**, 193 (2009)
9)　T. Hosono *et al.*, *J. Photopolymer, Sci. Technol.*, **18**, 365 (2005)

第8章　離型剤（評価）

1　ナノインプリント用耐熱離型剤—400℃に耐えるフッ素系シランカップリング剤—

好野則夫[*]

1.1　はじめに

　シランカップリング剤はY_nSiX_{4-n}（$n=1,2,3$）で表されるケイ素化合物である。Yはアルキル基などの比較的不活性な基であるか，または，ビニル基，アミノ基，あるいはエポキシ基などの反応性基を含むもので，Si-C結合で結合しており比較的安定で加水分解は受けない部分である。Xは加水分解性基ともいわれ，ハロゲン，メトキシ基，エトキシ基，またはアセトキシ基など基質表面の水酸基あるいは吸着水との縮合により結合可能な基からなる。シランカップリング剤は，GFRP（ガラス繊維強化プラスチックス）など有機質と無機質からなる複合材料を製造する際に，これら二者の結合を仲介するものとして幅広く用いられており，Yがアルキル基など不活性な基の場合は，改質表面上に付着や摩滅の防止，つや保持，撥水，潤滑，離型などの性質を付与する。また，反応性基を含むものは，主として結合力の向上に用いられる。Yの本数，すなわち$n=1$のものはカップリング剤として，$n=2$はシロキサンポリマーの原料，$n=3$はシリル化剤あるいはポリマーのブロック剤（ポリマーの両端を止めるエンドキャッピング剤）として用いられている[1]。

　多くの材料表面は大気中では吸着水をもち水酸基が存在する。シランカップリング剤はこれら水酸基などと反応してシロキサンネットワークを構築し，材料表面に強く結合した改質表面を形成する。シランカップリング剤分子に，ある機能を有する有機基を導入すれば，有機基がもつ機能を材料表面に固定化することが可能となる。たとえば，フルオロアルキル基を導入すれば撥水・撥油性，離型性などを高める低エネルギー表面が得られ[2~11]，抗菌効果をもつ第四級アンモニウム基を導入すれば抗菌剤の固定化が可能になる[12,13]。

　フッ素化合物は撥水性，撥油性の両性質を有するほか，高潤滑性，離型，不燃性および化学的不活性など多くの優れた性質を有する特異な化合物である。近年，これらの特性を生かしたフッ素系材料は，広く高機能，高性能材料として使用されている。

　著者らはこれまでに$Rf-CH_2CH_2-SiX_3$［Rf：フルオロアルキル基，$X=Cl,OCH_3,NCO$］で示されるフッ素系シランカップリング剤を数多く合成し，これらにより改質されたガラス表面が，高い撥水・撥油性，耐酸性，耐酸化性などを示すことを明らかにしてきた[2~9,11,14~16]。

　しかし，これらのフッ素系シランカップリング剤で改質された表面は高温時にエチレン部位

　＊　Norio Yoshino　東京理科大学　工学部第一部　工業化学科　教授

(-CH₂CH₂-）が徐々にではあるが酸化により切断され[4,7,8]，改質表面からフルオロアルキル鎖が離脱し，付与した効果が低下する。従来のフッ素系シランカップリング剤による改質ガラス表面では，その耐熱性はポリ（テトラフルオロエチレン）（PTFE，常用耐熱温度260℃）に近く，著者らの測定では280℃付近である[14]。

著者らはフッ素系シランカップリング剤による改質表面の耐熱性，耐酸化性の向上を目的とした最近の研究で，従来のフッ素系シランカップリング剤のエチレン部位をベンゼン環で置換した構造を有するフッ素系芳香族シランカップリング剤 C_nF_{2n+1}-C_6H_4-SiX_3（$n = 4, 6$ and 8；X = Cl, OCH_3, NCO）を合成し，これらにより改質されたガラス表面が，300℃付近まで耐えることを明らかにした[11,15]。

改質表面の耐熱性のさらなる向上を目的として，従来のフッ素系シランカップリング剤の分子内にビフェニル環構造を導入した新規シランカップリング剤，Rf-$(C_6H_4)_2$-CH_2CH_2-$Si(OCH_3)_3$，を合成し，その表面改質能について検討し，350℃の耐熱性向上に成功した。また最近，ビフェニル型フッ素系シランカップリング剤を改良し，400℃で10時間以上の耐久性のみならず，高い離型性を示す耐熱離型剤を開発した。

1.2　シランカップリング剤の表面改質メカニズム

シランカップリング剤の基質表面への反応機構は図1に示される[17]。すなわち，シランカップリング剤に水を加えて加水分解したのち縮合させ，シランカップリング剤モノマーが数分子結合したオリゴマーを形成させる（オリゴマー化）。生じたオリゴマーは基質表面のOH基または吸着水と水素結合する。この状態では結合が弱いので加熱処理を行う。一般に100～150℃で数十分の加熱を行う。この熱処理により，脱水が起こり，水素結合が共有結合に変わり強い結合が形成される。しかし，シランカップリング剤改質面は乾燥状態では比較的耐久性のある状態を維持できるが，水分あるいは湿気があると形成されたSi-O-基質の結合は加水分解を受け，Si-OHとHO-基質に戻る。すなわち，基質表面からシランカップリング剤層が離脱することになり，改質表面の特性は失われる。

従来，ナノインプリントに用いられているシランカップリング剤にはフッ素系シランカップリング剤（たとえば，$C_8F_{17}CH_2CH_2Si(OCH_3)_3$）が用いられているが，分子末端に結合したフルオロアルキル鎖あるいはポリ（フルオロアルキルエーテル）鎖が撥水撥油性であるため，改質表面は水を寄せ付けず耐水性が向上し，加水分解を受けにくくなるばかりでなく，低自由エネルギー表面を形成するために，離型性も向上する。

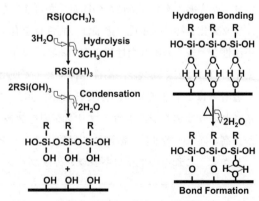

図1　シランカップリング剤の表面改質メカニズム

第8章　離型剤（評価）

　しかしながら，$C_8F_{17}CH_2CH_2Si(OCH_3)_3$ を用いて改質した基質表面の耐熱性はポリ（テトラフルオロエチレン）の常用耐熱温度260℃と同程度である。離型回数を考慮すると耐久温度上限で使用することはなく，百数十℃でしか使用できない。高性能離型剤として市販され多用されているポリ（フルオロアルキルエーテル）鎖をもつ離型剤も同様で耐熱耐久性はない。

　本稿では，改質表面のさらなる耐熱性の向上を目的として，従来のフッ素系シランカップリング剤の分子内にビフェニル環構造を導入した新規シランカップリング剤，$Rf-(C_6H_4)_2-C_2H_4Si(OCH_3)_3$，$Rf-(C_6H_4)_2-CH_2CH_2CH_2Si(OCH_3)_3$，を合成し，その表面改質能ならびにナノインプリントへの応用について検討したので紹介する。

1.3　耐熱離型剤の合成

　ビフェニル構造を有するフッ素系シランカップリング剤，$F(CF_2)_8-C_6H_4-C_6H_4-C_2H_4Si(OCH_3)_3$，は Scheme 1 に従い合成した[18~20]。

　$F(CF_2)_8-C_6H_4-C_6H_4-C_2H_4Si(OCH_3)_3$ 合成の最終段階の反応は滴下漏斗を装備した50 ml ナス型フラスコを使用し，窒素雰囲気下，ベンゼン溶媒中で nF2PV と触媒の0.1 M-塩化白金（Ⅳ）酸六水和物/THF 溶液に，トリメトキシシランをゆっくり滴下し，50℃で50時間撹拌する。それを蒸留精製して得ることができる。

　この化合物による改質ガラス表面の初期水接触角は110度である。改質ガラスを空気中350℃の電気炉中で2時間熱曝露した後でも水接触角は100度を越えており，耐熱性をもつ低自由エネルギー表面を維持している。しかし，この化合物は以下に示す二種類の構造，α付加体とβ付加体，の混合体として得られ，蒸留で分離することはできない（Scheme 2）。α付加体とβ付加体の混合比はおよそ2:5である。また，収率の向上を目的に，反応温度をより高くするとα付加体の混合比が高くなり，低温で合成するとβ付加体がより多い混合体が得られるものの収率が極めて低下する。高温で合成したα付加体の多い混合物を用いて改質したガラス表面の耐熱耐久性は，従来の離型剤 $F(CF_2)_8CH_2CH_2Si(OCH_3)_3$ と大差はない。

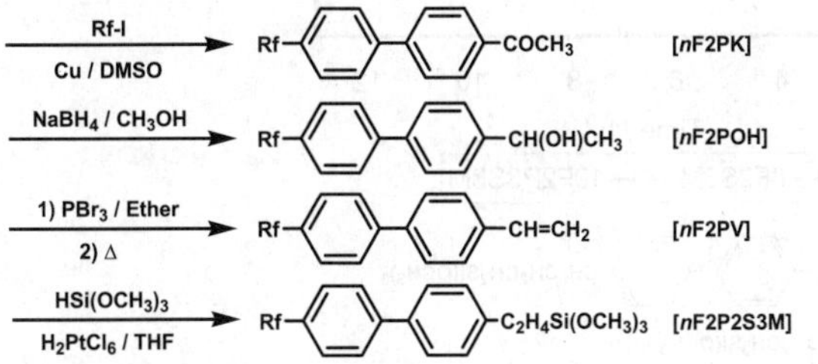

Scheme 1

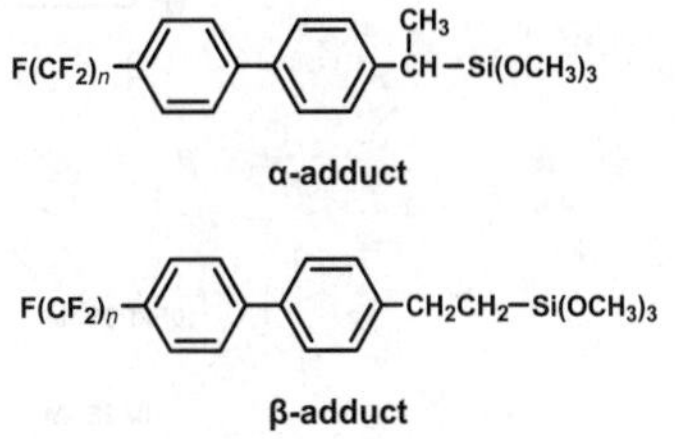

Scheme 2

1.4 400℃に耐えるフッ素系シランカップリング剤

最近，Rf-C₆H₄-C₆H₄-CH₂CH₂CH₂Si(OCH₃)₃ (nF2P3S3M) なる構造式をもつ新規化合物の合成に成功した。なお，合成方法については紙面の都合上割愛させていただくが，フッ化炭素鎖（Rf）の長さによりその耐熱耐久性は異なり，鎖長の長い Rf＝C₁₀F₂₁- で改質したガラスは400℃の熱曝露に耐える極めて耐熱耐久性に優れたものである。

図2はフッ化炭素鎖長6，8，10をもつシランカップリング剤で改質されたガラスを用いて各温度で2時間の熱曝露から耐熱性を比較したものである。

図3は従来離型剤として用いられている F(CF₂)₈CH₂CH₂Si(OCH₃)₃ と F(CF₂)₁₀-C₆H₄-C₆H₄-CH₂CH₂CH₂Si(OCH₃)₃ の耐熱耐久性の比較である。F(CF₂)₈CH₂CH₂Si(OCH₃)₃ は350℃ではまったく耐熱耐久性は認められず，350℃，30分で表面の水接触角は急激に低下するが，F(CF₂)₁₀-

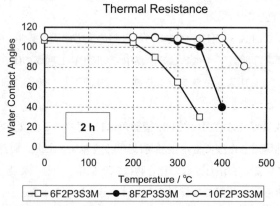

図2　nF2P2S3M（n＝6,8,10）で改質したガラス表面の耐熱性
2時間各温度雰囲気に曝露した後の水接触角。10F2P2S3Mでは400℃の熱曝露後も110度以上の水接触角を維持できる驚異的な耐熱耐久性を示す。

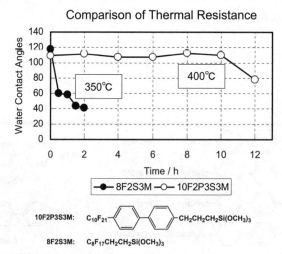

図3　F(CF₂)₈CH₂CH₂Si(OCH₃)₃ と F(CF₂)₁₀-C₆H₄-C₆H₄-CH₂CH₂CH₂Si(OCH₃)₃ の耐熱耐久性の比較

第8章　離型剤（評価）

C_6H_4-C_6H_4-$CH_2CH_2CH_2Si(OCH_3)_3$で改質したガラス表面は空気中400℃での熱曝露で10時間までは水接触角が低下せず高い耐久性を示している。

　この新規なシランカップリング剤，$F(CF_2)_{10}$-C_6H_4-C_6H_4-$CH_2CH_2CH_2Si(OCH_3)_3$，が形成する改質表面は，従来のシランカップリング剤による改質表面と同様に，基質表面近傍にシロキサンネットワークが形成され，互いのシランカップリング剤分子を結合させる（図4(A)）。さらに，シランカップリング剤1分子中に二つ存在する芳香環がその相互作用（図4(B)）により，互いのシランカップリング剤を密にかつ強固に結合させた処理層を形成，さらに，基質表面に微細な凹凸があっても二つのベンゼン環が凹凸に沿って上下してずれるため，ベンゼン環の相互作用が途切れることなく互いの分子を引き付ける。また，基質最表面にある分子末端のフッ化炭素鎖がその疎水性相互作用（図4(C)）により，基質表面を密に覆うことになり，耐熱性ならびに離型性が向上したものと考えている。フッ化炭素鎖長8以上の会合性も影響しているものと思われる。なお，シランカップリング剤層の膜厚は分子鎖長からおよそ2.5 nmである。

　$F(CF_2)_{10}$-C_6H_4-C_6H_4-$CH_2CH_2CH_2Si(OCH_3)_3$で改質されたモールドは，離型性も優れており，アスペクト比がおよそ10程度のモスアイ構造の母型からの転写をも可能にした。これを用いたナノインプリントの実際を図5に示す。

1.5　まとめ

　本稿では，シランカップリング剤とは何かを，また，その表面改質メカニズムについて記した。さらに，著者らが現在検討している新しい離型剤について示した。すなわち，分子内にビフェニル構造を導入した新規シランカップリング剤を合成し，これら

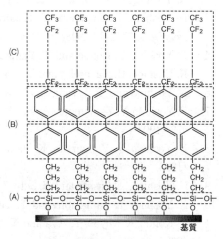

図4　基質との結合イメージ

図5　モスアイ構造のナノインプリントの実際

を用いて改質されたガラス表面を用いて耐熱耐久性を評価した。耐熱性の向上に成功したばかりでなく，高い離型性をも発現した。とくに，$F(CF_2)_{10}-(C_6H_4)_2-CH_2CH_2CH_2Si(OCH_3)_3$ により改質されたガラス表面は，空気中400℃の雰囲気に10時間熱曝露しても表面接触角は低下せず，有機化合物による表面改質剤として驚異的な耐熱耐久性を有することが明らかになり，UVナノインプリントの離型耐久性向上ばかりでなく，熱ナノインプリントに使用可能な現存する唯一の離型剤として，今後広範囲に利用可能な逸材であることを紹介した。

文　献

1) M. J. Owen and D. E. Williams, *J. Adhes. Sci. Technol.*, **5**, 307 (1991)

2) N. Yoshino, *Chem. Lett.*, 735 (1994)

3) N. Yoshino, T. Yamauchi, Y. Kondo, T. Kawase and T. Teranaka, *Reactive & Functional Polymers*, **37**, 271 (1998)

4) N. Yoshino, Y. Kondo and T. Yamauchi, *J. Fluorine Chem.*, **79**(1), 87 (1996)

5) N. Yoshino, H. Nakaseko and Y. Yamamoto, *React. Polym.*, **23**, 157 (1994)

6) N. Yoshino and T. Teranaka, *J. Biomatar. Sci. Polymer Edn*, **8**(8), 623 (1997)

7) N. Yoshino, Y. Yamamoto, T. Seto, S. Tominaga and T. Kawase, *Bull. Chem. Soc. Jpn.*, **66**(2), 472 (1993)

8) N. Yoshino, Y. Yamamoto, K. Hamano and T. Kawase, *Bull. Chem. Soc. Jpn.*, **66**(5), 1754 (1993)

9) N. Yoshino, A. Sasaki and T. Seto, *J. Fluorine Chem.*, **71**(1), 21 (1995)

10) N. Yoshino, Y. Yamamoto and T. Teranaka, *Chem. Lett.*, 821 (1993)

11) Y. Kondo, K. Miyao, Y. Aya and N. Yoshino, *J. Jpn Oil Chem. Soc. (J. Oleo Sci.)*, **53**(3), 143 (2004)

12) A. J. Isqith, E. A. Abbott and P. A. Walters, *Applied Microbiology*, **24**(6), 859 (1972)

13) N. Yoshino, S. Sugaya, T. Nakamura, Y. Yamaguchi, Y. Kondo, K. Kawada and T. Teranaka, *J. Oleo Sci.*, **60**(8), 429 (2011)

14) T. Nihei, S. Kurata, Y. Kondo, K. Umemoto, N. Yoshino and T. Teranaka, *J. Dent. Res.*, **81**(7), 482 (2002)

15) N. Yoshino and Y. Kondo, *J. Jpn Oil Chem. Soc. (J. Oleo Sci.)*, **49**(10), 1081 (2000)

16) Y. Kondo, K. Yamaki, T. Yamauchi, R. Azumi, M. Tanaka, M. Matsumoto and N. Yoshino, *J. Jpn Oil Chem. Soc. (J. Oleo Sci.)*, **51**(5), 305 (2002)

17) B. Arkles, *CHEMTECK*, **7**, 766 (1977)

18) N. Yoshino, T. Sato, K. Miyao, M. Furukawa and Y. Kondo, *J. Fluorine Chem.*, **127**, 1058 (2006)

19) 好野則夫：特開 2004-107274

20) 好野則夫，オレオサイエンス，**7**(12), 513 (2007)

第8章　離型剤（評価）

2　光ナノインプリント用離型剤

小林　敬[*1]，中川　勝[*2]

2.1　はじめに

　光ナノインプリントとは，モールド表面に刻まれたナノパターンを基板上の光硬化性樹脂の層に接触させて，紫外線照射により光硬化性樹脂を硬化させて成型し，モールドを離型する接触式のナノ構造転写法である。数 nm の解像性を有し，硬化樹脂パターンを量産的に複製するナノ加工法として注目を集めている。光ナノインプリントは接触方式であるが故に，硬化樹脂からモールドを離型する際に，モールド-硬化樹脂界面において応力が生じ，場合によっては，モールドのナノパターンの力学的な破壊や，樹脂パターンの一部損壊などが起こり得る。離型を促進させる目的で，光ナノインプリントで用いられるシリカモールドなどの表面に離型剤と呼ばれる化学物質で表面処理が施される。シリカモールドを用いる場合では，クロロシリル基やメトキシシリル基などの反応性基を有するシランカップリング剤が離型剤として用いられることが多い。基礎研究の進展により，様々な離型剤が使用され，その効果が示されているが，表面処理の方法や，評価方法により同じ物質でも性能が異なっているように見受けられる。本稿では，学術誌や学術会議報告に基づき，離型剤の種類，処理方法，評価方法，離型性能についてまとめた。また，筆者らが検討を進めている離型剤フルオロアルキルトリメトキシシランの性能を紹介し，離型剤の今後の展望について述べる。

2.2　離型剤の種類

　表1に，主な離型剤の種類，処理方法，転写材料，評価方法，評価結果に関して，各文献から抽出してまとめたものを示す。記載順序は，出版年が古いものから順に示されている。モールド表面に離型剤を修飾した時に低い表面（自由）エネルギーを示す表面が形成される離型剤が好ましいとされている。また，光ナノインプリントでの成型対象物質の多くは炭化水素系の光硬化性樹脂であるから，撥油性を示す炭素（C）-フッ素（F）結合があるフルオロアルキレン部位 $[-(CF_2)_n-]$ やフルオロアルキレンオキシ部位 $[-(CF_2)_nO-]$ を含有するシランカップリング剤が離型剤として主に用いられている。シリカモールドに対する代表的な離型剤として，ダイキン工業社製 OPTOOL DSX，Gelest 社製 Aquaphobe CF，tridecafluoro-1,1,2,2-tetrahydrooctyltrichlorosilane（略称 FOTS，F13-TCS），tridecafluoro-1,1,2,2-tetrahydrooctyltrimethoxysilane（略称 FAS13，F13-TMS），heptadecafluoro-1,1,2,2-tetrahydrodecyltrichlorosilane（略称 FDTS）などが挙げられる。C-F 結合を含まないタイプとしてポリ（ジメチルシロキサン）（PDMS）構造を有する monoglycidyl ether-terminated PDMS なども使用されている[1]。

---

*1　Kei Kobayashi　東北大学　多元物質科学研究所
*2　Masaru Nakagawa　東北大学　多元物質科学研究所　教授

ナノインプリントの開発とデバイス応用

表1　光ナノインプリントにおける離型剤の性能に関する報告例

発表年	モールド用基材	離型剤	処理方法	転写材料	評価方法	評価結果	文献
2007	陽極酸化アルミナ pentaerythritol propoxylate triacrylate	monoglycidyl ether-terminated PDMS	液相	pentaerythritol propoxylate triacrylate	接触角, SEM	離型層の水の静的接触角が150.4°であることを確認。SEM像から孔径57 nm, 深さ100 nmのパターンが正確に転写されていることを確認。	1)
2007	石英	OPTOOL DSX	液相	アクリレート樹脂	接触角, XPS, Adhesion-energy-measurement	150回繰り返し離型において, 離型層の表面エネルギーが増加することを確認。75回離型後に, 離型層表面のC-F結合がほとんど消滅していることを確認。	10)
2007	Si	OPTOOL DSX	液相	アクリレート樹脂	XRR, XPS	150回繰り返し離型において, 離型層の膜厚が減少することを確認。離型層の分解を示唆。	16)
2007	石英	Fluorosyl FSD 4500 (Cytonix)	液相	Resist OA, Resist CA, Resist SiA (acrylate mixture)	Double cantilever beam test, XPS	離型層を用いることで破壊エネルギーが小さくなることを確認。	11)
2009	石英	OPTOOL DSX, FLUOROLINK® S10 (Solvay Solexis)	液相	Laromer 8765 (BASF)	接触角, XPS, ESR	40回繰り返しUVナノインプリントにおいて, 離型回数に伴い離型層の表面エネルギーが増加することを確認。離型層の分解を示唆。	15)
2009	石英	FDTS	気相	PAK-01 (東洋合成工業)	離型力, 接触角	1000回繰り返しUVナノインプリントにおいて, 一定の離型力を示すことを確認。離型層表面の水の静的接触角が離型回数に伴い減少することを確認。	14)
2009	石英	OPTOOL DSX, F13-TMS	液相	Laromer 8765 (BASF)	ESR	離型層が樹脂のフリーラジカルと反応することを確認。離型層の分解を示唆。	17)
2009	石英	Dichlorodimethyl silane, FOTS	気相	Supernova (Doori Technology)	Four-point bending test	DDMSよりFOTSの界面破壊エネルギーが小さいことを確認。	12)
2011	石英	OPTOOL DSX, OPTOOL AES, FAS13	液相 気相	C-TGC-02F (東洋合成工業)	接触角, 蛍光顕微鏡, AFM, 高感度分光光度計	192回の繰り返し離型において, 離型層表面に数nmの樹脂が付着していることを確認。樹脂の付着がパターン欠陥を誘発することを確認。	23)

第 8 章　離型剤（評価）

2.3　離型剤の処理方法

　モールド表面への離型剤の処理方法は二つに大別され，液相法と気相法がある。液相法は溶液法とも呼ばれる。離型剤の物質を溶媒（溶剤）で希釈した溶液を予め用意し，洗浄したシリカモールドを所定時間浸漬してから取り出し，加熱（または加熱加湿）条件下で離型剤とモールド表面の化学反応を促進させた後，溶媒で洗浄することにより未反応の余剰の離型剤を除去する方法である。OPTOOL DSX や PDMS 構造を含む分子量の大きな離型剤分子は，蒸気圧がほとんどないため液相法で行われる。予め溶媒で希釈された OPTOOL DSX が含まれる離型処理用の溶液も市販されている。操作が簡便なこと，特殊な装置が不要なことから，汎用的に用いられている。

　一方，気相法では，モールドを密閉系内に配置し，離型剤の蒸気にモールドを暴露することにより，化学的にモールドの表面処理が行われる。溶媒を使用しないこと，溶媒による余剰の離型剤の洗浄工程を削減できることなどの利点がある。反応性シランカップリング剤を用いた気相法によるシリカ表面での単分子膜の形成に関しては，Tada らの報告[2]があり，chemical vapor surface modification（CVSM）法と名づけられている。反応性シランカップリング剤は吸湿によって自己縮合し，高分子状の縮合体を形成しやすい。表面修飾の際に離型剤を気化させているので，縮合物は揮発せず表面修飾に関らない。そのため，分子一層の修飾表面が得られやすい特徴がある。Sugimura らは，トリメトキシシリル基を有する FAS13 の自己組織化単分子膜（SAM 膜）のシリコン基板表面での形成を CVSM 法で検討している[3,4]。トリメトキシシリル基の場合，基板表面で吸着分子が分子間相互作用で自己組織的に吸着単分子膜を形成した後にトリメトキシシリル基の加水分解反応が進行し，それ故，緻密な単分子膜が形成されると考えられている。一方，反応性基がトリクロロシリル基の場合，基板表面にある OH 基との反応が早いために SAM 膜を形成させるためには，形成条件の厳密な管理が必要と思われる。

　Kohno らは，FAS13 を用いた CVSM 法でシリカ表面を二回の表面修飾を行うと FAS13 の被覆率が高くなることを水の接触角測定から示している[5]。一度目の FAS13 の SAM 膜の形成では，アモルファスシリカ表面のシラノール基の方向が無秩序であり，表面シラノール基に密度斑があることが FAS13 の被覆率を低くする原因ではないかと推察している。SAM 膜形成後の172 nm での真空紫外線照射により有機成分が酸化的に除去されるとシランカップリング剤由来のシロキサンネットワーク構造が単層状に残るため，二度目の CVSM でエピタキシャル的に緻密な FAS13 の SAM 膜が形成されやすいのではないかと考察している。Jung や Beck らは，離型剤 FOTS を液相法と気相法で処理したシリコンモールドを用いてガラス基板上の光硬化性樹脂に対して光ナノインプリントを行い，表面処理法の違いによる離型性を比較している[6,7]。FOTS を気相で処理した離型層が，液相法で処理した場合より，硬化した樹脂パターンの基板からの剥がれを抑制できることを示している。フルオロアルキル基を含有するシランカップリング剤ではないが，Takahara らは octadecyltrichlorosilane を気相法と液相法で成長させた分子層の構造を grazing incidence X-ray diffraction（GI-SAX）と FT-IR 測定により比較している。液相法に

比べて気相法で成長させた分子層内での面内分子配列は，ランダム配置が主であり，アモルファス構造になりやすいことが示されている[8,9]。剛直性のフルオロアルキル基に対して屈曲性に富むアルキル基であること，反応性の高いトリクロロシリル基を用いていることから分子層のアモルファス性が高くなったと考えられる。気相法で得られるフルオロアルキル基を含有するFAS13やFOTSの配列構造の確認などの基礎研究の充実が望まれる。

2.4　離型剤の評価

　離型剤の評価は，主に三種類に分類され，力学的な評価，表面解析による評価，転写されたパターン観察による評価が採用されている。表1に示すように，adhesion-energy measurement[10]，double cantilever beam test[11]，four-point bending test[12]が力学的な評価方法として採用されている。これらの方法は「硬化後の樹脂と離型層界面で起こるはく離に伴う応力を測定する」という点で共通性があるものの，各研究機関で，はく離方法，はく離速度，基板の厚みや剛性が異なっているため，同一方法での相対的な性能比較のみ可能である。表面解析による評価では，離型剤が形成する離型層の接触角測定に基づく表面自由エネルギーの測定，X線光電子分光法（XPS）による離型前後での構成元素の解析が主に行われている。転写されたパターン観察による評価では，走査型電子顕微鏡（SEM）や原子間力顕微鏡（AFM）により硬化樹脂パターンの形状観察が主に行われている。pull-out defect（引き剥がれ欠陥）の存在の有無などで離型性の良し悪しを判断することがあるが，紫外線露光量や樹脂硬化物の弾性率，樹脂硬化に伴う体積収縮など，樹脂の特性の影響を受けやすいため，離型剤自体の評価を直接的に行うことは難しい。離型剤が形成する離型層の評価方法をいかに行うべきか，統一的な評価技術の確立が必要であろう。

2.5　離型性劣化の因子

　光ナノインプリントにより光硬化性樹脂の成型を繰り返し行うと，離型剤で修飾したモールドの離型性が劣化するという報告がある。その根拠は，光ナノインプリント時に計測している離型力の増加[13]や表面処理が施されたモールドの表面エネルギーの増加[10,13~15]に基づいている。学術論文では，離型性劣化の原因は「離型層の分解」[10,15-17]によるという説が多い。Truffier-Boutryらは，離型剤OPTOOL DSXまたはFAS13（F13-TMS）から液相法で形成させた離型層の存在によりラジカル重合タイプの光硬化性樹脂（BASF社製Laromer 8765）が重合する際に生じるフリーラジカルが減少することをelectron spin resonance（ESR）測定で示し，離型層とラジカル種が反応を起こしていると述べている[17]。Zelsmannらは，XPS測定により，離型剤OPTOOL DSXから液相法で形成させた離型層に対して観察されるC-F結合が，光ラジカル重合タイプの光硬化性樹脂（LTM-CNR社製NILTM105）の150回の離型後に減少することを示し，離型層の分解を述べている[10]。また，Tadaらは，X-ray reflectometer（XRR：X線反射率測定）により，離型剤OPTOOL DSXから液相法で形成させた離型層の膜厚が離型後に減少することを示し，離型層の分解を示唆している[16]。Taniguchiらは，シリカ平板に離型剤FDTSを気相法

第8章 離型剤（評価）

で形成させた離型層を用いて，ラジカル重合タイプの光硬化性樹脂（東洋合成工業社製 PAK-01）を光ナノインプリントと同様のプロセスで圧着・はく離を繰り返し，離型力の繰り返し特性を調べている[14]。離型回数の増加に伴い，離型層表面の表面エネルギーの増加が起こるが，1000回の離型が可能であり，各回の離型力の値はほぼ一定であったことを述べている。

離型剤の種類，離型剤の処理方法，光硬化性樹脂の種類が異なっているため，各々の論文はそれぞれの事象に対して参考になるが，実用に供する量産離型を実現するには，離型層でなにが起こっているか学術的に理解するための系統的な基礎研究の充実が必要であろう。

2.6 離型剤トリデカフルオロ1,1,2,2-テトラヒドロオクチルトリメトキシシラン（FAS13）

上述の研究開発状況を鑑み，筆者らが進めている離型剤に関する研究についてここで紹介する。まず，半導体分野でのシリコン基板の光ナノインプリントリソグラフィによるナノ加工を念頭におき，下部基板シリコンウエハ，上部基板シリカレンズ（シリカモールドに対応）からなる光硬化性樹脂のはく離に伴う付着力を検出する装置[18]を製作した。側鎖長の異なる fluoroalkyl-1,1,2,2-trimethoxysilane（FAS3, FAS9, FAS13, FAS17）を離型剤に選定し，CVSM法によりそれぞれの吸着単分子膜を形成させ，市販のラジカル重合タイプの光硬化性樹脂（東洋合成工業社製 PAK-01）に対する付着力を比較した。その結果，FAS3では樹脂はく離回数の増加により付着力が増加して30回で離型できなくなった。FAS9では50回の樹脂はく離を行うことができたが，付着力が徐々に増大した。FAS13はOPTOOL DSXと同様の付着力と繰り返し安定性を示した（図1(a)）。FAS17では樹脂はく離初期で大きな付着力が測定されたが測定回数が増えると付着力が小さくなり安定化する傾向を示した（図1(b)）。原子間力顕微鏡による位相像と形状像の観察から，FAS3の被覆率が低いため樹脂付着が起こっていること，FAS17の分子間相互作用が大きいため塊状の分子集合体がシリカ表面に形成され，塊状物の除去が樹脂はく離の際に起こり，その際付着力が大きくなることがわかった[18]。また，FAS13と同じ側鎖長

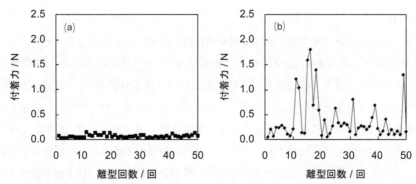

図1 離型剤FAS13とFAS17を修飾したシリカ表面から紫外線照射により硬化させた樹脂（東洋合成工業社製 PAK-01）を繰返しはく離する際に検出された付着力
　　(a) tridecafluoro-1,1,2,2-tetrahydrooctyl trimethoxysilane（FAS13）
　　(b) (heptadecafluoro-1,1,2,2-tetrahydrodecyltrimethoxysilane（FAS17）

で炭化水素基からなる octyltrimethoxysilane（OS）と比較した結果，ラジカル重合タイプの光硬化性樹脂（東洋合成工業社製 C-TGC-02z）に対して離型剤 OS は大きな付着力を示し，樹脂付着しやすいことが明らかとなった[19]。さらに，CVSM 法の処理時間を変えて FAS13 の被覆率を調節した結果，FAS13 の被覆率が低下することにより，付着力が大きくなることが明らかとなった[20]。

　レジスト−離型層界面で起こっている現象を理解するために，蛍光を呈する光硬化性樹脂「蛍光レジスト」を考案した[21~23]。大気下での光ナノインプリントで起こるバブル欠陥（non-fill defect）部に酸素阻害による光硬化性樹脂の未硬化物が存在し，未硬化物が離型剤 OPTOOL DSX からなる離型層に付着することが明らかとなった。また，大気下とバブル欠陥の形成を回避できる凝縮性ガスペンタフルオロプロパン（PFP）下で光ナノインプリントを繰り返し行った結果，離型剤 OPTOOL DSX に付着する樹脂成分が大気下で明らかに多く，未硬化の樹脂成分が離型層に吸着していることが考えられた。蛍光レジストを用いて，モールド表面への樹脂付着に関して定量的に調べられるだけでなく，モールド表面での場所斑を可視化できることがわかった。同じ光硬化性樹脂（東洋合成工業社製 C-TGC-02z）でも用いる離型剤の種類により樹脂の吸着挙動が異なることを見出した。離型剤 OPTOOL DSX，OPTOOL AES-4E，FAS13 の水に対する接触角は約109°と同じで，表面粗さも顕著に異ならない。しかし，OPTOOL AES-4E は，光ナノインプリントの繰り返し離型が困難になる。このことは，これまで考えられてきた低い表面自由エネルギーの離型層が好ましいという考え方では説明がつかず，離型剤分子自体のラジカル種に対する化学的な反応性の違いや，配列状態や密度などの集合構造の違いなどが離型性劣化を招く樹脂付着の主要因子であることを示唆している。FAS13 を用いた CVSM 法により表面修飾したシリカモールドを用いて，シリコン基板上のラジカル重合タイプの光硬化性樹脂（東洋合成工業社製 C-TGC-02）のスピン塗布膜に対し，PFP 雰囲気下での step&repeat 方式光ナノインプリントを少なくとも192回までできることを筆者らは確認している。

2.7　おわりに

　本稿では，光ナノインプリントにおける離型剤に関する研究例を紹介した。熱ナノインプリント用離型剤に関する研究例は紙面の都合上割愛させていただいた。筆者らが参画している JST-CREST プロジェクト（研究代表者　松井真二教授　兵庫県立大学）「超高速ナノインプリント技術のプロセス科学と制御技術の開発」において，一つのモールドで十万回離型を達成するという量産離型に関する目標設定を行っている。離型に伴うモールドに対して生じる応力をいかに低下させるかが一つの研究戦略であると思う。また，離型が困難となる樹脂付着がどのような機構で起こるかを明らかにすることが必要である。離型層の離型効果の低下が問題であれば，離型層自体が必要のない離型剤フリーな樹脂も登場し始めている。離型の学理の追究が光ナノインプリントの実学応用につながることを信じている。

第8章　離型剤（評価）

文　　献

1)　M. Kim *et al.*, *Chem. Commun.*, **2237**（2007）
2)　H. Tada and H. Nagayama, *Langmuir*, **10**, 1472（1994）
3)　A. Hozumi *et al.*, *Langmuir*, **15**, 7600（1999）
4)　H. Sugimura *et al.*, *J. Photopolym. Sci. Technol.*, **10**, 661（1997）
5)　A. Kohno *et al.*, *Jpn. J. Appl. Phys.*, **49**, 06GL12（2010）
6)　GY. Jung *et al.*, *Langmuir*, **21**, 1158（2005）
7)　M. Beck *et al.*, *Microelectronic Engineering*, **61-62**, 441（2002）
8)　K. Kojio *et al.*, *Langmuir*, **16**, 3932（2000）
9)　T. Koga *et al.*, *Langmuir*, **21**, 905（2005）
10)　S. Garidel *et al.*, *J. Vac. Sci. Technol. B.*, **25**, 2430（2007）
11)　F. A. Houle *et al.*, *J. Vac. Sci. Technol. B.*, **25**, 1179（2007）
12)　E.-J. Jang *et al.*, *International Journal of Adhesion & Adhesives*, **29**, 662（2009）
13)　J. Perumal *et al.*, *Nanotechnology*, **20**, 055704（2009）
14)　J. Taniguchi *et al.*, *J. Photopolym. Sci. Technol.*, **22**, 175（2009）
15)　M. Zelsmann *et al.*, *J. Vac. Sci. Technol. B.*, **27**, 2873（2009）
16)　Y. Tada *et al.*, *J. Photopolym. Sci. Technol.*, **20**, 545（2007）
17)　D. Truffier-Boutry *et al.*, *Appl. Phys. Lett.*, **94**, 044110-1（2009）
18)　M. Nakagawa *et al.*,　第59回高分子年次大会予稿集，3Pd104（2010）
19)　A. Endo *et al.*,　第58回応用物理学関係連合講演会予稿集，24p-KE-10（2011）
20)　A Endo *et al.*, *J. Vac. Sci. Technol. B.*, **29**,（2011）, submitted
21)　K. Kobayashi *et al.*, *Jpn. J. Appl. Phys.*, **49**, 06GL07（2010）
22)　K. Kobayashi *et al.*, *J. Vac. Sci. Technol. B.*, **28**, C6M50（2010）
23)　K. Kobayashi *et al.*, *Jpn. J. Appl. Phys.*, **50**, 06GK02（2011）

3 走査型プローブ顕微鏡を用いた離型膜評価

岡田　真[*1], 松井真二[*2]

3.1 はじめに

ナノインプリントリソグラフィ (NIL) 技術とはナノサイズパターンを有する金型 (モールド) をレジストに押し付け, パターンを転写する技術である[1~6]。高精度パターンを簡便に, 且つ低コストで作製可能であるため, 幅広い分野で研究が行われている[7~12]。ナノインプリント技術ではモールドを直接レジストに押し付けるため, 一般的にはモールド表面に離型膜を成膜してナノインプリントを行う。この離型膜はレジストのモールドへの付着を防ぐ, モールドをレジストから容易に引き離せるようにする, という効果がある。離型膜として主にフッ素含有自己組織化膜 (F-SAM) が用いられている。ナノインプリント技術を産業展開するうえで, 離型膜の評価は大変重要である。なぜならば, 離型膜の耐久性が向上するのに伴い, 生産性が向上するからである。例えば, 一度の離型処理で十万回以上のナノインプリントが実施可能になれば, デバイス作製のスループットは劇的に向上する。離型膜の評価法として一般的に接触角測定が知られている。しかしながら, 接触角測定はマクロ領域における評価であり, ナノインプリントのようなナノサイズパターン転写を行うための離型膜の評価法としては不十分であると考えられる。走査型トンネル顕微鏡 (STM) や原子間力顕微鏡 (AFM) に代表されるような, ナノサイズのプローブを走査して観察を行う走査型プローブ顕微鏡 (SPM) は局所領域における評価に適した技術である。本稿では SPM を用いた F-SAM 評価について述べる。

3.2 SPM による付着力と摩擦力測定方法

ナノインプリントプロセスにおいて, モールドを引き離す際, モールドとレジストの間には付着と摩擦が発生すると考えられる。図1にモールド離型時の模式図を示す。一般的にモールド表面は離型膜で覆われているため, 実際には離型膜とレジスト間で付着と摩擦が発生している。モールド引き離しに必要な力は付着力と摩擦力の合計が主だった要因だと考えられる。そのため, 付着力および摩擦力が低下するとモールド引き離し時の力が低下し, 離型膜の劣化を防ぐことができると考えられる。このように, 付着力および摩擦力を評価することは大変需要な要素である。SPMを用いると, フォースカーブ測定から付着力を[13,14], フリクショナルカーブ測定から摩擦力を得ることができ

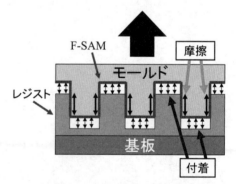

図1　ナノインプリントにおけるモールド離型時の模式図

---

*1　Makoto Okada　兵庫県立大学　大学院理学部
*2　Shinji Matsui　兵庫県立大学　高度産業科学技術研究所　教授

第8章 離型剤（評価）

る[15~17]。図2にフォースカーブ測定原理図とフォースカーブ例を示す。フォースカーブはカンチレバーのたわみ量から得られる。フォースカーブ内の数字は測定原理図内の数字に対応している。まず，カンチレバーを基板に接触させる。そして，設定した力までカンチレバーを押し付けたのち，カンチレバーを引き離していく。基板からカンチレバーが離れる際，カンチレバーのたわみ量は最大になり基板から離れる。この時の差を付着力として評価する。図3にフリクショナルカーブ測定原理図とフリクショナルカーブ例を示す。フリクショナルカーブはカンチレバーのねじれ量から得られる。カンチレバーを基板上で図のように走査させると，摩擦が小さな基板ではねじれ量が小さくなる。一方，摩擦が大きな基板ではねじれ量は大きくなる。カンチレバーを往復走査させることでフリクショナルカーブが得られる。フリクショナルカーブの上辺は往路，下辺は復路で得られたカンチレバーのねじれ量であり，摩擦はこの上辺と下辺の差で評価する。摩擦力が小さな場合は差が小さくなり，大きな場合は差が大きくなる。本実験では上記のようなフォースカーブ測定およびフリクショナルカーブ測定からF-SAM上の付着力，摩擦力を評価した。

3.3 実験結果および考察

実験結果をより深く議論するためには化学構造式が既知である材料を使用することが望ましい。そこで本実験では化学構造式が既知であるフルオロアルキルシランカップリング剤を用いてF-SAMを成膜し，フォースカーブ測定およびフリクショナルカーブ測定を行った。シランカップ

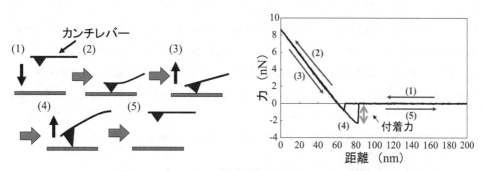

図2　フォースカーブ測定原理図とフォースカーブ例

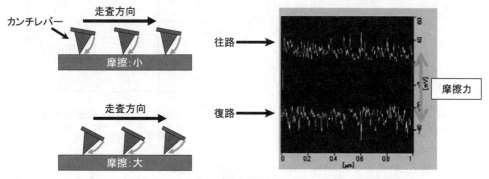

図3　フリクショナルカーブ測定原理図とフリクショナルカーブ例

リング剤には含有フッ素数と分子鎖長がそれぞれ異なる (3,3,3-trifluropropyl)trimethoxysilane (FAS-3), nonafluorohexyltrimethoxysilane (FAS-9), (tridecafluoro-1,1,2,2-tetrahydrooctyl) trimethoxysilane (FAS-13) and (heptadecafluoro-1,1,2,2-tetrahydrodecyl) trimethoxysilane (FAS-17) を用いた。F-SAMはディップコーティング法[18]を用いてSi基板上に成膜した。ディップコーティング法について以下に記す。まず，オゾンクリーナーを用いて基板を洗浄する。次にFAS溶液に基板を2分間浸す。そして，湿気雰囲気下で1時間基板を放置したのち，HD-TH（ダイキン工業㈱）に基板を浸し，20分間超音波洗浄を行うことで膜上の余分なシランカップリング剤を除去する。図4(a)にFAS-3，FAS-9，FAS-13，FAS-17の化学構造式，図4(b)に各膜のX線光電子分光法（XPS）により得られたワイドスキャンスペクトルを示す。XPSは基板の極表面の化学結合状態を分析する分光法である。図4(b)に示すように各F-SAMのスペクトルにフッ素に由来するピークが観察された。このことからSi基板表面にFAS-3，FAS-9，FAS-13，FAS-17のF-SAMが成膜されたことを確認した。

本実験ではSPM装置としてE-sweep/NanoNavi Station（SIIナノテクノロジー㈱）を使用した。また，カンチレバー先端に直径1μmのSiO₂マイクロビーズが付いたカンチレバーを用いてFAS-3，FAS-9，FAS-13，FAS-17のF-SAM表面の付着力，摩擦力を測定した。また，参照試料としてSi基板上でも測定を行った。バネ定数は0.95 N/m，押し付け力は約10 nNである。図5にSi基板と各FAS膜の付着力を示す。全てのFAS膜はSi基板に比べて小さな値を示している。また，フッ素の数が増えるにつれ付着力は減少していることが分かる。しかし，FAS-3はFAS-9，FAS-13，FAS-17に比べて大きな付着力を示している。一方で，FAS-17の付着力はSi基板に比べて約半分の値を示している。次に，図6にSi基板と各FAS膜の摩擦力を示す。摩擦力の場合，付着力とは異なる傾向が観察された。フッ素を含んでいるにもかかわらずFAS-3はSi基板より高い値になった一方でFAS-9，FAS-13，FAS-17はSi基板に比べ約半分の値が得られた。また，FAS-13の摩擦力はFAS-9とFAS-17に比べ，わずかに高いことが分かる。このように，摩擦力は付着力測定の際に見られたフッ素数による影響だけでは説明できない。

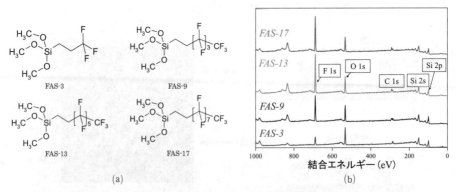

図4　(a) FAS-3, FAS-9, FAS-13, FAS-17の化学構造式
　　　(b) FAS-3, FAS-9, FAS-13, FAS-17のXPSワイドスキャンスペクトル

第 8 章　離型剤（評価）

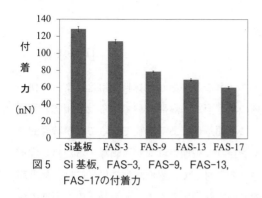

図5　Si基板，FAS-3，FAS-9，FAS-13，FAS-17の付着力

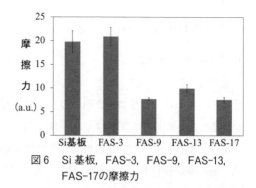

図6　Si基板，FAS-3，FAS-9，FAS-13，FAS-17の摩擦力

　以上の結果から，SPMを用いて付着力，摩擦力評価を行うことで局所領域における物理的な評価を行うことが可能であることを示した。接触角測定に加え，このようなSPM測定を行うことにより，詳細な離型膜の離型性評価が期待できる。

文　　　献

1) S. Y. Chou *et al.*, *Appl. Phys. Lett.*, **67**, 3114（1995）
2) S. Y. Chou *et al.*, *Science*, **272**, 85（1996）
3) S. Y. Chou *et al.*, *J. Vac. Sci. Technol. B*, **15**, 2897（1997）
4) J. Haisma *et al.*, *J. Vac. Sci. Technol. B*, **14**, 4124（1996）
5) T. Bailey *et al.*, *J. Vac. Sci. Technol. B*, **18**, 3572（2000）
6) M. Komuro *et al.*, *Jpn. J. Appl. Phys.*, **39**, 7075（2000）
7) G. M. Schmid *et al.*, *J. Vac. Sci. Technol. B*, **24**, 1283（2006）
8) S. W. Ahn *et al.*, *Nanotechnology*, **16**, 1874（2005）
9) J. J. Wang *et al.*, *Opt. Lett.*, **31**, 1893（2006）
10) M. Beck *et al.*, *Microelectron. Eng.*, **73-74**, 837（2004）
11) S. Nomura *et al.*, *Jpn. J. Appl. Phys.*, **2**(44), L1184（2005）
12) M. S. Kim *et al.*, *Appl. Phys. Lett.*, **90**, 123113（2007）
13) H. A. Mizes *et al.*, *Appl. Phys. Lett.*, **59**, 2901（1991）
14) G. M. Pharr *et al.*, *Mater. Res.*, **7**, 613（1992）
15) C. M. Mate *et al.*, *Phys. Rev. Lett.*, **59**, 1942（1987）
16) R. Erlandsson *et al.*, *J. Chem. Phys.*, **89**, 5190（1988）
17) S. I. Bulychev *et al.*, *Strength Mater.*, **8**, 1084（1976）
18) Y. Hirai *et al.*, *J. Photopolym. Sci. Technol.*, **14**, 457（2001）

4 ナノインプリント用フッ素系離型剤

伊丹康雄*

4.1 フッ素系離型剤

離型剤としては，フッ素系，シリコーン系，ワックス系などがあり，材料・用途によって使い分けられている。シリコーン系やワックス系離型剤の離型形式が層間離型であるため相応の膜厚が必要であるのに対して，フッ素系離型剤では，主に界面離型であり薄膜であることが特徴的である。図1に示すように，層間離型では分厚い離型層自身が破壊されながら剥離するため，成形品に離型剤が移行するという大きな欠点を持っているのに対して，界面離型の場合には，離型剤が金型表面の表面張力を低下させ，金型と成形品の界面で離型するため，成形品への離型剤の移行も少なくなる。そのため，フッ素系離型剤は，寸法精度を要求される精密部品の成形加工に多用されてきた[1]。

しかしながら，薄膜とは言え，従来のフッ素系離型剤では膜厚が0.1μm以上であるため，ナノインプリント用途では使用できなかった。

図1 各種離型剤の離型機構

4.2 表面処理剤オプツールDSX

一方，ナノオーダーの超薄膜の防汚・指紋付着防止用途の表面処理剤として知られていたものとして，「オプツールDSX」（ダイキン工業製）があった。この製品は，パーフルオロポリエーテル鎖の末端にアルコキシシリル基を有する，いわゆるシランカップリング剤であり，反射防止フィルムやメガネレンズ，最近ではスマートフォンのカバーガラスなどに用いられている。本製品を，Hiraiらが2001年にシリコンモールドの離型に用いたことを報告[2]してから，ナノインプリント用離型剤として用いられてきた[3,4]。

オプツールDSXと同じフッ素系シランカップリング剤である$C_8F_{17}CH_2CH_2Si(OCH_3)_3$との表面特性を比較したものが，表1である。両者の化学構造の違いは，主鎖が前者はパーフルオロポリエーテル構造であるのに対して，後者は，パーフルオロアルキル構造である。対水接触角に大差はないものの，ヘキサデカンの転落角や剥離強度に大きな違いがある。これは，パーフルオロポリエーテル鎖は，構造中に酸素原子を含む柔軟な構造であるのに対して，パーフルオロアルキルは，フッ化炭素のみの剛直な構造であることに起因している。すなわち，この化学構造の違いによる処理表面の平滑性，極性基の露出の少なさ・滑り性などが機能発現の違いになっていると推定される。

---

*　Yasuo Itami　ダイキン工業㈱　化学研究開発センター　主任研究員

第 8 章　離型剤（評価）

表 1　フッ素系シランカップリング剤の表面特性比較

	単位	オプツール DSX	$C_8F_{17}CH_2CH_2Si(OCH_3)_3$
対水接触角	度	112	110
ヘキサデカンの転落角	度	3	24
粘着テープの剥離強度	N	0.93	2.35
指紋付着防止性		○	△
指紋拭き取り性		◎	△
摩擦係数		0.13	0.34

4.3　ナノインプリント用離型剤（石英/シリコンモールド用・ニッケル電鋳用）

　その後，ダイキン工業ではオプツール DSX を基に，石英ガラスモールドやシリコンモールド用離型剤として，オプツール HD-1100 シリーズを上市した。HD-1100 シリーズは，有効成分が 0.1 mass％の希釈溶液であって，そのまま使用できる商品形態となっている。その一方で，コスト面で有利なニッケル電鋳によるレプリカ法の検討が進むにつれ，ニッケル電鋳に使用できる離型剤の要望が強くなってきた。HD-1100 は活性基が DSX と同じアルコキシシリル基であるため，ニッケル電鋳のような金属との結合力があまり強くはないからである。パーフルオロポリエーテルに活性基を有する化合物の吸着特性については，種々の活性基について検討されてきた。たとえば，近藤らは活性基として，カルボン酸エステル，カルボン酸アミド，アミノ基などを有する一連のパーフルオロポリエーテル化合物を合成し，それらのシリカゲルやダイヤモンドに対する吸着特性を報告した。また，これらの化合物で表面処理をしたアルミニウム基板表面の摩擦係数を測定した[5]。

　その他，ハードディスクドライブのディスク媒体用潤滑剤として，活性基として水酸基を有するパーフルオロポリエーテル化合物が実用化されているが[6]，これらの活性基ではニッケル電鋳との結合力は弱く実用には耐えなかった。

　新たな活性基の検討の結果，アルコキシシリル基に代わる活性基を持ったオプツール HD-2100 シリーズが開発・上市された。ニッケル電鋳以外にも，クロメートやニッケルリンなどにも適用可能である[7]。HD-2100 の金属との結合力を HD-1100 と比較したものが，図 2 である。HD-1100 が 120 ℃・160 ℃において表面状態が忽ち変化するのに対して，HD-2100 では初期の状態を維持していると推測される。

　また，図 3 は HD-1100 と HD-2100 の構造とモールドへの反応形式を模式図で示したものである。

4.4　離型剤によるモールドの処理方法

　モールドの処理方法としては，一般的に浸漬法，スピンコート法，蒸着法が適用できる。最も簡便な方法として，浸漬法が挙げられる。浸漬法の場合には，モールド表面の前処理として洗浄が重要である。均一な処理を行うために表面の汚れを除去し，濡れ性を向上させる。そののち，

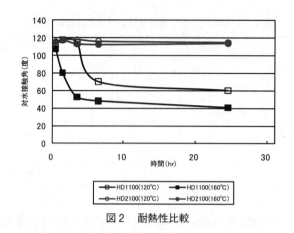

図2　耐熱性比較

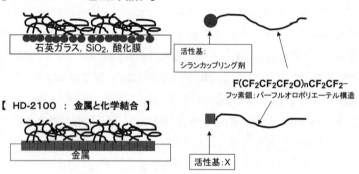

図3　オプツールHDの構造・反応形式

離型剤の希釈液に浸漬させるが，通常，0.1 mass％を基準として濃度調整を行っている例が多い。パーフルオロポリエーテル化合物は汎用溶剤には不溶であるため，希釈溶剤としてはフッ素系溶剤が用いられる。近年の環境懸念により，HFE（ハイドロフロロエーテル）系溶剤が多用されるようになってきた。また，希釈溶剤を選定する際の観点として，溶剤の蒸気圧が挙げられる。モールドの種類・形状により表面での離型層形成が異なるため，適宜選定いただきたい。溶剤が蒸散し，モールド表面に離型層が形成されたのち，表面と離型剤分子の活性基の反応を完結させるための定着時間が必要である。この定着時間も使用するモールドにより異なるが，目安は30分～1時間程度である。定着後，希釈溶剤でリンスし，モールド表面との反応に介在していない余剰分子の除去を行う。その後，乾燥工程を経て完結する。この一連の工程を自動化した装置も開発されているので，今後の普及が期待される。

4.5　離型剤層の厚み分析

実際にモールドに処理された離型剤層は，どの程度の厚みであるかという疑問が生じるのではなかろうか。パーフルオロエーテル離型剤の離型剤層の分析は，エリプソメトリー・XPS・

第8章　離型剤（評価）

XRR などにより可能である。例えば，Tada らは，シリコンモールドを先に挙げたオプツール DSX をパーフルオロヘキサンで0.1 mass％に希釈した溶液に浸漬処理・リンスの後，XPS を用いて離型剤層の厚みを測定し，2.2 nm という値を得ている[8]。この値は，パーフルオロポリエーテル鎖がモールド表面に単分子膜を形成したと仮定した場合の単分子膜の厚みとほぼ同等であり，分子レベルでの表面機能の発現であることがわかる。

4.6　最後に

　ナノインプリント用離型剤は，まだまだ確立されたものではなく，特に，繰り返し離型性での課題が大きい。今後のナノインプリント手法による量産化のためには，離型剤そのものの更なる開発という観点以外に，モールド材料・樹脂材料での改良・複合化など，プロセス全体で解決していかなければならないと捉えるべきであろう。

文　　献

1)　㈶日本学術振興会，フッ素化学第155委員会編，フッ素化学入門2010，p. 362，三共出版（2010）
2)　Y. Hirai *et al.*, *J. Photopolymer Sci. Techn.*, **14**(3), 457 (2001)
3)　松井真二，月刊トライボロジー，**222**，p. 20 (2006)
4)　平井義彦，月刊トライボロジー，**234**，p. 29 (2007)
5)　近藤行成ほか，色材，**73**(11), p. 529 (2000)
6)　千葉　洋ほか，*FUJITSU*, **58**(1), p. 48 (2007)
7)　泉二敏郎，月刊トライボロジー，**249**，p. 54 (2008)
8)　Y. Tada *et al.*, *J. Photopolymer Sci. Techn.*, **20**(4), 545 (2007)

137

第9章　離型不良・課題

1　高アスペクト比モールドを用いた離型性評価

谷口　淳*

1.1　はじめに

　ナノインプリントにおいて離型時の挙動を調べることは，転写率の向上や充填率の向上などに役立つ。著者らはすでに，離型剤と光硬化性樹脂との界面の剥離エネルギーを測定する方法[1]を開発し，その後，IBM[2]でも剥離エネルギーの評価が行われ，離型剤と光硬化性樹脂との間である程度相性があることがわかっている。さらに相性が良い系での耐久性試験[3]や，離型剤による反発力により，微細なホール径への充填には押し込み圧力が必要なこと[4]なども分かってきている。

　ここで実用化においては，モールド上に塗布された離型剤がどれくらい持つかの寿命測定が有効である。この測定は，実際にナノインプリントで繰り返し転写し，転写後のモールド表面の水の接触角を測定し，撥水性が落ちてきているかを調べることで行える。このような耐久試験による寿命測定は有効な方法ではあるが，非常に時間がかかるという問題がある。そこで，本研究室では，高アスペクト比のモールドを作製し，モールド表面積を大きくすることで樹脂との密着力がアンカー効果により強まり，離型剤の劣化を速くすることができないかどうか調べ，加速試験への適用を試みた。

1.2　高アスペクト比モールドの作製方法

　高アスペクト比のモールドは，グラッシーカーボン（GC）に酸素イオンビームを照射して作製した[5]。この手法は，簡便に広い面積均一に反射防止構造（モス・アイ構造）を作製することが可能である。ここでは，1 cm角のGC基板をアセトン，エタノールの順に各15分超音波洗浄したあと，ECR型イオンシャワー装置で加工を行った。イオン種は酸素で，加速電圧は500 Vで，下記，表1のような実験条件で加工を行った。加工後，走査型電子顕微鏡（SEM）で正面および斜め75°で観察した。

1.3　UVナノインプリントによる転写および離型力の測定

　加工されたGCモールドは，そのままでは離型剤が塗布できず，転写できなかった。そこで，クロムを30 nm堆積させ，その後，酸化させることで離型剤が塗布できるようになった。酸化は大気中に置いておくだけで形成される自然酸化により作製した。その後，離型剤（オプツールDSX 1 %，ダイキン工業社製）を用いて離型処理を施した。塗布条件は，24時間浸漬させ取り

---

　*　Jun Taniguchi　東京理科大学　基礎工学部　電子応用工学科　准教授

第9章　離型不良・課題

表1　モールドの加工条件

加速電圧 [V]	加工時間 [min]	ガス種	ガス流量 [SCCM]	マイクロ波 [W]	電流密度 [mA/cm^2]	イオンエミッション [mA]
500	25	O$_2$	3.00	100	1.65	12.1
500	30	O$_2$	3.00	100	1.65	12.2
500	45	O$_2$	3.00	100	1.65	12.2
500	50	O$_2$	3.00	100	1.65	12.3
500	60	O$_2$	3.00	100	1.65	12.3

出した後，100℃で3 min加熱した。次に，離型処理を施したモールドに，UV硬化樹脂であるPAK-01およびPAK-02（東洋合成工業社製）と2.5 cm角のPETフィルムをのせ，UVを照射させ硬化させた。なお，UVの照度は25 mW/cm^{2}で，照射時間は4 sで行った。このサンプルは，転写後くっついたままで，高アスペクト比のパターンのため，通常の剥がし方では上手くいかない。つまり，モールドを垂直にあげて離型したいところであるが，離型時の亀裂進展時の応力集中が大きく，モールド破損，もしくは，モールド上の樹脂付着がおきやすい。これを防ぐためには，PETフィルムを持ち剥がすことにより可能であるが，手で行うとばらつきがでてしまう。そこで，図1のような離型力測定装置を作製し，剥がす方法を一定にして，離型力を測定した。

この装置は，金型ステージ（下側），試料ステージ（上側），ロードセルそしてプッシュジグから構成されている。この装置は，一方向からの剥離を行い，剥離の際の最大荷重を離型力として測定するように設計されている。従来のインプリント装置のような垂直な剥離は，モールドからの剥離の発生が不安定であり，剥離面積が大きいことから，高密度かつ高アスペクト比なモールドを離型するのは難しい。しかし，この装置のように，一方向から剥離を行うことによって滑らかに剥離が発生するため，高アスペクト比のモールドでも，離型を行うことができる。モールドにUV硬化樹脂とPETフィルムを，樹脂を硬化させた状態でのせ，モールドを金型ステージへ，PETフィルムを試料ステージにそれぞれ固定する。その後，ジグが試料ステージを押し上げることで離型を行い，そのときの離型力をロードセルにて測定する。試料ステージの最大角度は12°，離型時間（ジグがあがりきるまでの時間）は3.5 sである。また，ジグの離型速度は0.086

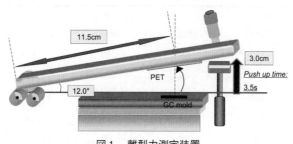

図1　離型力測定装置

m/s であり，一方向からの剥離速度は計算により，0.41 m/s となる．

1.4 作製された GC の観察結果

加速電圧500 V，加工時間25 min，30 min，45 min，50 min，60 min で作製したモールドの SEM 観察画像を図2，3，4，5，6にそれぞれ示す．

また，各加工結果に関して，ピッチ（針と針の間隔），針の直径，針の高さ，アスペクト比，表面積に関して，表2に示す．ここで，アスペクト比は針の高さ/針の直径で計算し，表面積は(1)式を用いて，SEM の観察画像から計算によって求めた．なお，(1)式の r は針の半径，h は針の高さである．

$$\pi r \left(\sqrt{r^2 + h^2} \right) \tag{1}$$

図2～6および表2より，加工時間が長くなると，ピッチはある程度の値で飽和するが，針の直径，針の高さは加工時間に応じて大きくなることがわかった．また，それに応じて，アスペク

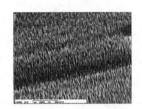 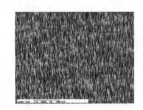 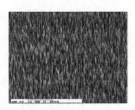

図2　500[V]25[min]での加工結果　図3　500[V]30[min]での加工結果　図4　500[V]45[min]での加工結果

 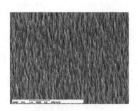

図5　500[V]50[min]での加工結果　図6　500[V]60[min]での加工結果

表2　各加工条件における各種測定結果

加工時間 [min]	ピッチ [nm]	針の直径 [nm]	針の高さ [nm]	アスペクト比	表面積 [×10^{-4} m^2]
25	55	48	345	7.11	4.27
30	104	45	469	10.51	5.76
45	101	55	791	14.48	8.89
50	103	60	1019	17.05	10.13
60	85	72	1403	19.41	13.7

第9章　離型不良・課題

ト比，モールドの表面積も増加することがわかった。

1.5　転写樹脂の観察および離型力の測定結果

作製したGCモールドにクロムと離型剤で離型処理を施し，PAK-01で転写したPETフィルムのSEM観察結果を図7，8，9，10，11にそれぞれ示す。

また，各転写結果に関して，ピッチ，高さ，充填率，離型力に関して，表3に示す。

図7～11および表3より，加工時間が45 min，50 min，60 minの場合では，モールドの反射防止構造がほぼ正確に転写できていることがわかった。加工時間25 minと30 minに関しては，充填率が低いが，これは，もともとモールドの針の高さがあまり高くないのに，他の条件と同用量のクロムを蒸着したためであると考えられる。離型力に着目すると，加工時間が長くなるにつれて，離型の際の離型力が大きくなることがわかった。

次に，作製したGCモールドにクロムと離型剤で離型処理を施し，PAK-02を用いて転写したPETフィルムのSEM観察結果を図12，13，14，15，16にそれぞれ示す。

図7　500[V]25[min]PAK-01での転写結果

図8　500[V]30[min]PAK-01での転写結果

図9　500[V]45[min]PAK-01での転写結果

図10　500[V]50[min]PAK-01での転写結果

図11　500[V]60[min]PAK-01での転写結果

表3　PAK-01を用いて転写した場合の各測定結果

加工時間 [min]	ピッチ [nm]	針の高さ [nm]	充填率 [%]	離型力 [N]
25	140	195	57	44
30	187	264	56	41
45	198	592	75	138
50	158	949	93	154
60	99	1354	97	265

また，各転写結果に関して，ピッチ，高さ，充填率，離型力を表4に示す。

図12～16および表4より，すべての加工時間で，モールドの反射防止構造がほぼ正確に転写できていることがわかった。表3および表4から，PAK-01とPAK-02を用いて転写した場合を比較すると，PAK-01を用いて転写した場合よりも，PAK-02を用いて転写した場合の方が充填率が良いことがわかった。これは，樹脂の粘度がPAK-01よりもPAK-02の方が低いため（PAK-01の動粘度63.5 cStに対しPAK-02の動粘度9.3 cSt），反射防止構造の針の奥まで充填しやすかったのではないかと考えられる。

また，PAK-02を用いて転写した場合でも，離型力に着目すると，加工時間が長くなるにつれて，離型の際の離型力が大きくなることがわかった。

1.6 転写特性の評価

PAK-01とPAK-02との転写結果を踏まえて，転写特性の評価を行う。まず，モールドの表面積と樹脂転写時の離型力の関係について，図17および表5に示す。

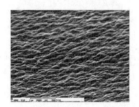

図12　500 [V] 25 [min] PAK-02での転写結果

図13　500 [V] 30 [min] PAK-02での転写結果

図14　500 [V] 45 [min] PAK-02での転写結果

図15　500 [V] 50 [min] PAK-02での転写結果

図16　500 [V] 60 [min] PAK-02での転写結果

表4　PAK-02を用いて転写した場合の各測定結果

加工時間 [min]	ピッチ [nm]	針の高さ [nm]	充填率 [%]	離型力 [N]
25	187	248	72	53
30	112	305	65	69
45	100	755	95	195
50	105	1024	100	236
60	94	1357	97	422

第9章 離型不良・課題

図17より，加工時間が長くなる，すなわち，モールドの表面積が大きくなると，それに伴い，モールドから剥離する際の離型力が大きくなることがわかった。特に，表面積が$4[\times 10^{-4}\,m^2]$以上になると，離型力が急激に増加することがわかった。

転写に使用した樹脂に着目すると，表面積が$4[\times 10^{-4}\,m^2]$まではPAK-01使用時とPAK-02使用時で差はほとんどないが，表面積$4[\times 10^{-4}\,m^2]$以上では，PAK-01使用時に比べて，PAK-02使用時の方が剥離の際の離型力は大きくなった。

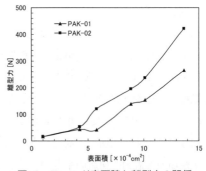

図17 モールド表面積と離型力の関係

次に，モールドの表面積と転写可能回数について，図18に示す。ここで，転写可能回数とは，図19に示すように，モールドに樹脂が付着する限界の回数のことである。

図18より，モールドの表面積が大きくなるほど，転写が可能な回数が減少していくことがわかった。このことから，転写により離型層が劣化していくことがわかる。また，転写に使用した樹脂に着目すると，表面積が小さいうちは，PAK-01使用時とPAK-02使用時で差があるが，モールドの表面積が$10[\times 10^{-4}\,m^2]$以上になると，樹脂の違いによる転写可能回数に差はあまりない。

表5 モールドの加工時間と形状，離型力の関係

加工時間 [min]	アスペクト比	高さ [nm]	離型力 PAK-01[N]	離型力 PAK-02[N]	表面積 $[\times 10^{-4}\,m^2]$
0	0	0	17	16	1
25	7.11	341	44	53	4.27
30	10.51	469	41	120	5.76
45	14.48	791	138	195	8.89
50	17.05	1019	154	236	10.13
60	19.41	1403	265	422	13.7

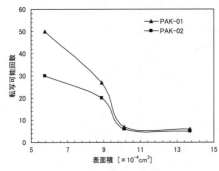

図18 モールド表面積と転写回数の関係

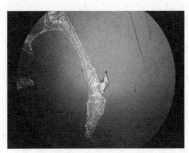

図19 モールドに樹脂が付着した時の光学顕微鏡画像
白色部分が付着した樹脂

143

次に，図18を見ると，モールドの表面積が5.76[$\times 10^{-4}$ m^2]のとき，すなわち加速電圧500 V，加工時間30 minのモールドを転写した際に，転写可能回数に差が出たので，転写の1～10回目までに着目し，その時の離型力との関係について調べた。その結果を図20に示す。

図20を見ると，PAK-01使用時とPAK-02使用時では，PAK-01使用時では転写回数に対して離型力が緩やかに変化しているのに対し，PAK-02使用時では離型力は急激に変化している。このことから，転写に使用する樹脂によって，離型層の劣化の程度が異なることがわかる。これは，転写に使用する樹脂（本研究であればPAK-01およびPAK-02）の性質，例えば，硬化プロセスや樹脂の付着力，樹脂の粘度や分子間力などによるものと考えられる。

なお，PAK-02使用時の転写回数7回目のプロットがないが，これは，装置の測定ミスにより離型力が測定されなかったためである。また，図20では，離型力の最大値が500 Nとなっているが，これは，離型力測定装置では500 N以上の離型力は測定できず，オーバーロードとなってしまうので，便宜上500 Nとしている。

以上の結果より，モールド表面積と離型力の関係より，離型力はモールド表面積に依存するものであり離型力が大きいということは，転写可能回数とモールド表面積の関係から，それだけ早く離型層が劣化し，転写を行える回数に限りが生じてしまうということがわかった。この特性は，離型剤もしくは樹脂の離型性の加速劣化試験に使用することが可能である。

1.7 おわりに

グラッシーカーボンに酸素イオンビームを照射することで，高密度かつ高アスペクト比である反射防止構造を作製でき，加工時間を変化させることによって，ピッチそして針の高さを制御することができた。また，離型層としてのクロムとシランカップリング剤の組み合わせは，樹脂を用いた高密度かつ高アスペクト比のパターン転写に有用であり，UVナノインプリント技術と一方向からの剥離による離型によって，従来の手法では困難であった，高密度かつ高アスペクト比である反射防止構造の転写に成功した。

転写特性として，モールドの表面積に着目すると，表面積が増加するほど，離型力は増加し，また，転写可能回数は減少した。このことから，モールドの表面積が転写時の耐久性を決める要

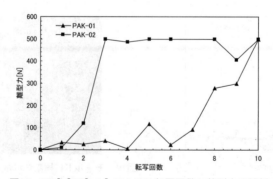

図20　500[V] 30[min]における転写回数と離型力の関係

第9章　離型不良・課題

因の一つであると考えられる。また，転写に利用した樹脂の粘度に着目すると，高粘度の樹脂使用時と比較して，低粘度の樹脂使用時の方がより離型力が増加した。

　以上の結果から，離型力を測定することは，モールドに塗布した離型剤の耐久性などの評価，様々な樹脂転写における転写の耐久性や離型層の劣化の具合などの評価に有用である。

文　　　献

1)　J. Taniguchi *et al.*, *Jpn. J. Appl. Phys.*, **41**, 6B, 4194 (2002)
2)　F. A. Houle, C. T. Rettner, D. C. Miller and R. Sooriyakumaran, *Appl. Phys. Lett.*, **90**, 213103 (2007)
3)　J. Taniguchi, Y. Kamiya, T. Ohsaki and N. Sakai, *J. Photopolymer Sci. & Technol.*, **22**, 2, 175 (2009)
4)　J. Taniguchi, K. Machinaga, N. Unno, N. Sakai, *Microelectron. Engin.*, **86**, 676 (2009)
5)　J. Taniguchi, Y. Nemoto and Y. Sugiyama, *J. Nanosci. Nanothechnol.*, **9**, 445 (2009)

2 離型不良対策—材料の観点から—

坂井信支*

2.1 離型不良

「離型不良」は，ナノインプリント技術に関わるほとんどの方々が遭遇している最も一般的な不具合と思われる。しかしながら，離型時に起こる様々な現象は，多くの場合，あまり明らかとなっていない。そこで，本稿では離型不良が問題になりやすいUVナノインプリントについて，材料面からその対策を中心に議論していきたい。有効な解決方法である離型処理[1,2]については他稿で記述されているので，ここでは離型処理以外の方法について紹介する。離型不良には，主に基板からの樹脂剥がれとパターン部の破壊の二種類の不具合（図1）が見られ，場合によってはこれらの不具合が同時に発生する。それぞれに原因と対策が異なり，これらについて順に紹介する。

2.2 樹脂剥がれ

基板からのインプリント樹脂の剥がれは，離型時に加えられる外力に対して，樹脂と基板（下地）との密着性が十分でない場合に発生する不具合である。密着性の改善がその対策となるが，下地，樹脂の種類によって，効果的な対策は異なってくる[3,4]。

2.2.1 対策1：下地の洗浄

基板表面に付着した異物は，密着性を大きく低下させる要因となるため，清浄な基板を使用する。洗浄方法は，薬液を用いる方法と乾式の方法がある。薬液による洗浄の場合，有機溶剤，アルカリまたは酸性の薬液等で洗浄を行う。乾式法では，UV，プラズマ等によって生成したオゾン，ラジカル，イオンによって，基板表面の有機系の汚れを分解する。

2.2.2 対策2：シランカップリング剤の使用

シランカップリング剤の使用は，珪素を含有する基板（シリコンウエハー，石英ガラス，ソーダガラス等）への樹脂の密着性向上に効果が高い。使用方法としては，液相，気相で基板表面にシランカップリング剤を接触させて反応させる方法と，少量のシランカップリング剤をUV樹脂と混合してから使用する方法がある。ナノインプリントでは前者が一般的である。シランカッ

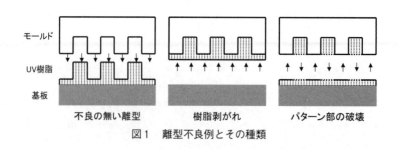

図1 離型不良例とその種類

---

* Nobuji Sakai ㈱サムスン横浜研究所　ER center　AR-2 team　専任研究員

第9章　離型不良・課題

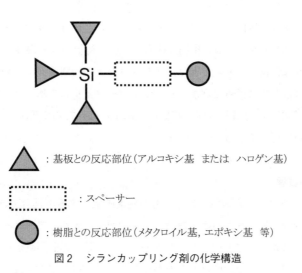

△：基板との反応部位（アルコキシ基　または　ハロゲン基）

▭：スペーサー

●：樹脂との反応部位（メタクロイル基，エポキシ基　等）

図2　シランカップリング剤の化学構造

プリング剤は，図2に示す化学構造を有しており，基板と樹脂間に共有結合を形成する。シランカップリング剤は，基板表面と結合する部位と樹脂と結合する部位に機能が分かれており，基板と樹脂の種類に応じて選定を行う。基板と反応する部位は，アルコキシル基とハロゲン基（主に塩素）がある。ハロゲン基の方が高い反応性を示すが温和な反応ではないため，アルコキシル基（メトキシ基，エトキシ基が一般的）を持つものの方が簡便に取り扱うことができる。樹脂と反応する部位として様々な置換基を有するシランカップリング剤が入手可能である。例えば，ラジカル重合系の樹脂ではアクリロイル基またはメタクリロイル基を有するもの，カチオン重合系ではエポキシ基やビニルエーテル基を有するものを選択すると効果が高い。

2.2.3　対策3：接着層の導入

基板とUV樹脂の両者と密着性の良い材料を接着層として用いる。接着層の材料は，「プライマー」という名称で市販されているものもある。接着層導入の効果の機構はいくつか挙げられるが，UV樹脂と接着層の界面が混合することで密着性を向上する機構（図3）がよく利用されている[5]。これはコーティング用途などでは一般的な手法で，UV樹脂の成分が下地（基板や接着

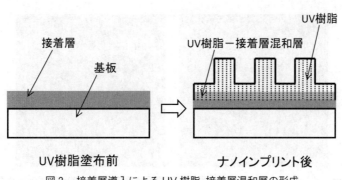

図3　接着層導入によるUV樹脂-接着層混和層の形成

ナノインプリントの開発とデバイス応用

層）と混ざり合い，両者の界面が不明確になるため，バルクに近い強度で密着するほど向上する場合もある。この手法を利用し，UV樹脂を塗布した後の待機時間，温度によっても大きく密着性が変化するという報告例もある。筆者は，インプリントの初期検討にこの手法を利用することが多く，具体的には市販の易接着処理がされたポリマーフィルムを基板として用いる。このようなフィルムは，多くのUV樹脂と良好な密着性を示すため，初めて用いるUV樹脂でも密着性改善検討を省いて使用可能である。

2.3 パターン部の破壊

ナノインプリントパターンが破壊（UV樹脂の凝集破壊）する不具合である（図4）。ナノサイズのパターンを持つモールド表面は，樹脂との接触面積が広く，アンカー効果が大きく発生する。すなわち離型時に大きな力を加えないとモールドと樹脂の界面剥離が達成されない。パターン破壊は，離型時にパターンの強度以上の力が加わることで引き起こされるため，まずはモールドの離型処理を行うことで離型に必要な力を低減させることが効果的である。本項では，その他の対策について記述していきたい。

2.3.1 対策1：パターンデザインの改善

モールドのパターンデザインを変更し，先に述べたアンカー効果を低減する。これにより，離型に必要な力を低減させ，離型を容易にする手法である。例えば，パターンの角度を緩やかにする（テーパーをつける），パターンの高さを低くする，パターンの密度を低くする等が挙げられる（図5）。筆者の経験では，モールドの作製条件に問題があり，逆テーパー形状のモールドを用いたインプリントを行ったことがあるが，離型に困難を要した。

また，モールドの作製法（例えばドライエッチング工程）を見直し，パターンの表面（特に側壁）を平滑にする等も良い効果が得られるだろう。

2.3.2 対策2：樹脂モールド

近年は，樹脂製のモールドを使用する報告が増えている[6]。材質として，フッ素や珪素を含有した樹脂がよく使用されている。その詳細についてここでは割愛するが，これらの元素を含む樹脂は，炭素，水素，酸素から構成されているUV樹脂（一般的な構成の樹脂）と異なる性質を

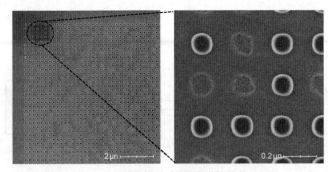

図4 ナノインプリントパターンの脱離例（電子顕微鏡写真：120 nmピラーパターン）

第9章　離型不良・課題

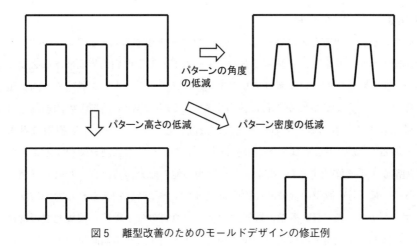

図5　離型改善のためのモールドデザインの修正例

持ち，UV樹脂とモールド界面の混合が起こりにくく，先述の接着層の導入のような密着効果がほとんど働かない。今後は，離型剤と容易に反応する官能基を有し，強固な離型層を形成するような樹脂モールドも提案されていくと考えられる。

　樹脂モールドの使用は，モールドとUV樹脂の界面剥離に要するエネルギーを低減させるだけでなく，モールドの曲げ変形を利用したパターン脱離の回避の効果も望める。近年，熱硬化型のポリジメチルシロキサン（PDMS）等のゴム弾性を示す樹脂をモールドの材料として活用する例が多くみられる。本効果のメカニズムの推測図を図6に示す。PDMSのような低い弾性率かつ高い伸び率の樹脂モールドは，離型時に力が加わると容易に変形する。この時，弱い力しか系内に加えられていないため，インプリントパターンが破壊しない程度の力で剥離が達成される。この手法は，モールドの材質の弾性率＜UV樹脂の弾性率，の時に成り立ち，この差が大きいほど効果も高くなる。脆い（伸び率が低い）UV樹脂を使用した場合は，離型時にパターン脱離が起こりやすいが，この手法を用いると改善することが多い。

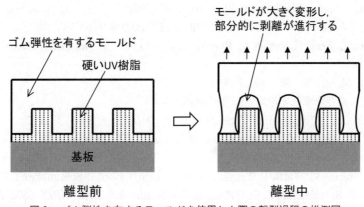

図6　ゴム弾性を有するモールドを使用した際の離型過程の推測図

149

2.3.3　対策 3：UV 樹脂の変更

　離型性の良い樹脂を得るために多くは二つのアプローチが取られている。一つは，UV 樹脂の硬化物の表面エネルギーを下げる試みである。モールドと UV 樹脂の界面破壊に必要な力を低減させる効果が得られる。パーフルオロアルキル鎖，ジメチルシロキサン鎖，アルキル鎖等の骨格を有する原料を用いた UV 樹脂がこれに該当する[6]。また，界面活性剤等の添加剤（内部添加離型剤等と呼ばれることもある）を UV 樹脂に少量混合し，モールドと UV 樹脂の界面に偏析させる手法もある[7]。この手法では，先述の骨格を有するような添加剤を使用することが多い。これらの添加剤が上手く機能するためには，UV 樹脂の他の成分の設計も合わせて考慮する必要がある。もう一つは，UV 樹脂の機械的な強度を改善し，離型時に加えられる力で破壊しないようにするアプローチである。UV 樹脂の機械的強度は，原料の分子骨格，架橋密度の度合い等に強く関係する。既知の樹脂材料の破壊試験を用いることでおおよその傾向を調べることもできる[8]。

2.4　まとめ

　本稿では，材料面から離型不良の主な原因とその対策例を紹介した。これらの対策は単一でも効果を示すが，複数用いるとさらに高い効果が期待できる。また，これら材料面での対策だけでなく，プロセス（装置含む）からの対策も施せば，さらに高い効果も期待されるだろう。離型不良は，今後ナノインプリント技術が進展していっても，おそらくずっと付き合っていかなければならない技術課題であると考えられるため，さらなる原因の探索とその解決方法が求められていくものと考えられる。

文　　献

1)　J. Taniguchi, T. Kawasaki, Y. Tokano, Y. Kogo, I. Miyamoto, M. Komuro, H. Hiroshima, N. Sakai and T. Tada, *Jpn. J. Appl. Phys.*, **41**, 4194 (2002)

2)　N. Sakai, *J. Photopolym. Sci. Technol.*, **22**, 2, 133 (2009)

3)　H. Schmitt, L. Frey, H. Ryssel, M. Rommel and C. Lehrer, *J. Vac. Sci. Technol. B*, **25**, 3, 785 (2007)

4)　岩村栄治，表面技術，**58**，260 (2007)

5)　稲田和正，東亞合成研究年報，**9**，19 (2006)

6)　Y. Kawaguchi, F. Nonaka and Y. Sanada, *Microelectr. Eng.*, **84**, 973 (2007)

7)　S. Iyoshi, H. Miyake, K. Nakamatsu and S. Matsui, *J. Photopolym. Sci. Technol.*, **21**, 4, 573 (2008)

8)　F. Xu, N. Stacey, M. Watts, V. Truskett, I. McMackin, J. Choi, P. Schumaker, E. Thompson, D. Babbs, S. V. Sreenivasan, C. G. Willson and N. Schumaker, *Proc. SPIE*, 5374, 232 (2004)

第10章 ナノインプリントパターン評価

1 ナノインプリントパターン評価

久保祥一[*1], 中川 勝[*2]

1.1 はじめに

 ナノインプリントリソグラフィは，電子線リソグラフィのスループット面を補完できる，また，複雑な三次元構造の作製を削減した工程数で行える次世代リソグラフィ技術の一つとして注目され，研究開発が進められている。研究初期には，成型加工の下限サイズの追求，高性能化を目指した材料やプロセスの開発が主に進められてきた。最近では，22 nm ハーフピッチ以下の極微細パターンの作製が検証され，製品開発や実用化研究に進展しつつある。このような背景で，ナノインプリント技術で得られるレジストパターンの成型状態を生産時に管理する検査プロセスの必要性が高まっている。

 ナノインプリント技術には，従来のフォトリソグラフィや電子線リソグラフィと大きく異なる工程が含まれる。すなわち，電子線リソグラフィで得た原版モールド面を樹脂製のレジスト薄膜に押し当てて成型し，モールドを離型する，接触方式の成型プロセスが存在する（図1(a)）。モールド凹部への樹脂充填時に起こる不完全充填や，モールド離型時に起こるレジストパターンの一部の破断や基板からの剥がれ，粒子等の異物混入など，接触方式に由来する欠陥の存在が指摘されている（図1(b)）。一度モールド表面にレジスト破断物質が付着すると，後続の成型時にその欠陥が複製される，モールドからのレジストの離型性の低下を招き高価なモールドの破損原因になる，などの問題につながるため，連続成型時のモールド検査も必要になるであろう。本節では，ナノインプリント技術において採用されているパターン検査技術を紹介し，各々の特徴を概説する。

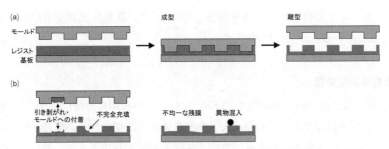

図1 (a) ナノインプリント技術におけるレジスト成型と離型プロセスと，
     (b) パターン欠陥例の模式図

---

*1 Shoichi Kubo 東北大学　多元物質科学研究所　助教
*2 Masaru Nakagawa 東北大学　多元物質科学研究所　教授

1.2　測長電子顕微鏡（CD-SEM）

　電子顕微鏡（SEM）により，ナノメートルスケールの構造物を高分解能で測定できる。現行の半導体製造では，パターンの線幅や線幅粗さの管理に，測長電子顕微鏡（Critical-Dimension SEM：CD-SEM）が用いられている。生産工程の中で測定が行われる CD-SEM は，研究開発用途に用いられる通常の SEM と異なる点がある。主な相違点として，電子線による帯電や損傷を回避するための 1 kV 以下の低加速電圧での観察，TV スキャン方式で得る二次電子像の積算による解析，電子線の安定放出を行うためのショットキー電子銃の採用，ウエハを大気中から真空中へ短時間で搬送・搬出するためのロードロック機構等が挙げられる。予め設定した検査レシピに基づき測定試料の自動位置合わせ，測定画像解析を行うことにより，寸法，line edge roughness（LER），line width roughness（LWR）等を自動で測定する。位置決め精度の向上やラインプロファイルからの寸法計測アルゴリズムの向上により，分解能1.8 nm，再現精度（3σ）0.3 nm，スループット毎時42枚の300 mm シリコンウエハを達成した計測装置が発表されている[1]。ナノインプリント対応製品も登場している[2]。

1.3　反射分光膜厚計

　レジスト材料等の薄膜を形成させた平滑性の高い基板にプローブ光を照射し，その反射スペクトルを解析することで，薄膜の膜厚を測定するのが反射分光膜厚計である。薄膜表面と薄膜−基板界面からのそれぞれの反射光の干渉により生じる反射スペクトルのピーク間距離に基づいて，薄膜の屈折率と膜厚が算出される。

　ナノインプリント技術では，レジスト層の初期膜厚の検査やレジストパターン凹部の残膜の膜厚検査に用いられている。成型条件によっては残膜の膜厚が不均一になることがあり，後続のドライエッチング工程での基板加工の寸法精度を低下させることを回避するために，残膜測定に基づいて成型条件の最適化が行われる。廣島らは，光ナノインプリントにより成型した硬化樹脂パターンの凹部の膜厚を一定距離ごとに計測して二次元マッピングを得て，不均一な残膜の形成やその分布と，モールドの形状との関係を報告している[3~5]。反射分光膜厚計の測定直径は約10 μm が下限となっている。

1.4　X線反射率測定装置

　X 線反射率法（X-Ray Reflectometer：XRR）では，試料表面に極浅い角度で X 線を入射し，反射する X 線強度を測定する。この際，入射角度を連続的に変化させ，得られた反射 X 線強度のプロファイルを解析することにより，薄膜の膜厚と密度が算出される。数 nm～数100 nm の膜厚測定が可能とされている。

　ナノインプリント技術においては，測定領域で均一な周期構造を有するレジストパターンに応用されている。矩形（ライン＆スペース）パターンを擬似的な層と見なし，パターン上層，残膜層，レジスト−基板界面の3層構造を仮定して解析を行い，レジストパターン部の平均高さ，残

第10章　ナノインプリントパターン評価

膜の膜厚が見積もられている[6,7]。XRRでは残膜の膜厚が薄い場合に有効な手段であろう。多様なパターンが測定領域に混在している場合は適用が困難な一面もある。

1.5　光学的マクロ検査装置

　微細パターンに対して平行光を入射し，試料の測定領域から生じる散乱光，反射光，干渉光，回折光を検出することにより，パターン検査を高速に行うことができる。回転する試料に対して二本のレーザー光を入射し，散乱光から異物の検出を行い，鏡面反射と位相変化から膜厚斑やパターン欠陥の検出を行う，KLA Tencor社のCandera® をナノインプリントパターンに応用し，Molecular Imprints社は，サブ100 nmのパターン欠陥を識別できることを報告している（図2）[8]。レイテックス社でも同様の原理で，レジストパターンに存在する10 nm以下の微細な亀裂や段差の検出が行え，ピラー形状パターンのエッジでの曲率半径の推定が可能であることを報告している。さらに，樹脂付着によるモールドの汚染の検査にまで言及しており，ナノインプリント技術におけるプロセス管理での有効性を示している[9]。三次元微細構造へ光を入射したときの反射光プロファイルを予め理論的に計算しておき，実際の試料から生じる信号のずれに基づきパターン形状を推定するscatterometryと呼ばれる技術が従来から半導体分野で採用されてきた[10]が，上述の検査装置も類似したものであろう。予め推定したパターン形状に基づく解析であるため，パターン形状ごとにプロファイル計算のライブラリを用意する必要がある。また，光学測定に基づく間接的な形状管理である。しかし，反射光を連続的に測定して解析できる，高速かつ非破壊検査法としてナノインプリントプロセスに組み込まれる技術になりうるであろう。

1.6　蛍光顕微鏡

　光学測定の進歩にともない，蛍光計測の高感度化が進み，生命科学分野や単分子分光を扱う先端計測分野での研究が盛んである。近年では，分子一つからの蛍光画像解析から分子運動を解明できる研究例も増えてきた。このような高感度な蛍光検出をナノインプリント技術で得られるレジストパターンの検査に応用している研究[11~13]が現れている。

　図3(a)と(c)に，光ナノインプリントで作製したシリコン基板上の蛍光レジストパターンの蛍光顕微鏡による観察例を示す。通常用いられるレジスト材料と異なり，蛍光レジストには蛍光を呈

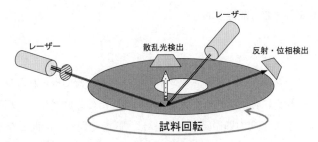

図2　レーザー光の散乱・反射および位相変化によるパターン欠陥検出[7]

ナノインプリントの開発とデバイス応用

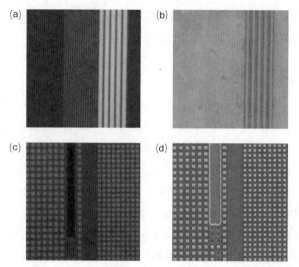

図3 レジストパターンの (a,c) 蛍光顕微鏡像, (b) 微分干渉顕微鏡像,
(d) 走査型電子顕微鏡像
(a,b) は70 nm ライン&スペースパターン
(c,d) は1μmと800 nm ドットパターンを観察した例

する成分が含まれている。蛍光強度は蛍光分子の存在量に依存するため，レジストパターン凸部は蛍光強度が高く，一方，凹部の蛍光強度は低く観察される。図3(b)は，凹凸さを検出できる微分干渉顕微鏡像であり，図3(a)と同じ場所を観察している。図3(a)の蛍光顕微鏡像ではライン&スペースパターンの存在が明確に捕らえられるだけでなく，ラインの一部に樹脂の不完全充填があることを暗部として明瞭に示すことができる。図3(d)の走査型電子顕微鏡（SEM）像を図3(c)の蛍光顕微鏡像と比べた場合，SEM像ではパターンエッジでの輝度が高いため，凹の形状か凸の形状か真上からの観察像だけでは瞬時の判別が難しい。

蛍光レジストを用いた蛍光顕微鏡観察では，蛍光強度からレジストパターン凹部の残膜の膜厚を見積もることができること[11]や，離型剤処理したシリカモールドの表面に極微量に吸着したレジスト成分の検出[12]，離型剤の種類や光ナノインプリント雰囲気の違いに基づくモールド表面へのレジスト成分の付着挙動の違い[12]等が示されている。画像取得による検査だけでなく，励起光を高速に走査しながら蛍光強度の変化をモニターする等の，高速かつ非破壊なレジストパターンの形状や欠陥の検査を行える可能性がある。

1.7 その他の技術

上記に紹介したパターン検査以外でも，ナノインプリント技術で得られるレジストパターンや基板の微細パターンの検査に有効な技術が生まれている。その一例として，高速原子間力顕微鏡（高速AFM）[14]がある。原子間力顕微鏡（AFM）は，観察時間が長時間となることから大面積のナノパターン検査には不向きであると考えられてきた。しかし，高速AFMでは，高速スキャ

第10章　ナノインプリントパターン評価

ナーや低バネ定数カンチレバー等の要素技術の進展により，毎秒10画像の測定を行える，タンパク質や DNA の動的構造観察が報告されている。既存の検査技術でも，今後，ナノインプリント技術に向けた検査技術の革新が起こりうるであろう。

文　　献

1) H. Abe, Y. Ishibashi, Y. Yamazaki, A. Kono, T. Maeda, A. Miura, S. Koshihara, D. Hibino, *Proc. SPIE.*, **7272**, 727210 (2009)
2) ㈱アドバンテスト　2010年11月11日　プレスリリース（http://www.advantest.co.jp/news/press-2010/20101111/）
3) H. Hiroshima, Q. Wang, S-W. Youn, *J. Vac. Sci. Technol. B*, **28**, C6M12 (2010)
4) Q. Wang, H. Hiroshima, H. Atobe, S-W. Youn, *J. Vac. Sci. Technol. B*, **28**, C6M125 (2010)
5) H. Hiroshima, *Microelectron. Eng.*, **86**, 611 (2009)
6) H-J. Lee, H. W. Ro, C. L. Soles, R. L. Jones, E. K. Lin, W-l. Wu, D. R. Hines, *J. Vac. Sci. Technol. B*, **23**, 3023 (2005)
7) H-J. Lee, C. L. Soles, H. W. Ro, R. L. Jones, E. K. Lin, W-l. Wu, D. R. Hines, *Appl. Phys. Lett.*, **87**, 263111 (2005)
8) G. M. Schmid, C. Brooks, Z. Ye, S. Johnson, D. LaBrake, S. V. Sreenivasan, D. J. Resnik, *Proc. SPIE.*, **7488**, 748820 (2009)
9) 小瀧健一，㈶日本学術振興会，荷電粒子ビームの工業への応用第132委員会　第185回研究会（2009）
10) J. A. Allgair, B. D. Bunday, *Future Fab International*, **19**, 125 (2005)
11) K. Kobayashi, N. Sakai, S. Matsui, M. Nakagawa, *Jpn. J. Appl. Phys.*, **49**, 06GL07 (2010)
12) K. Kobayashi, S. Kubo, H. Hiroshima, S. Matsui, M. Nakagawa, *Jpn. J. Appl. Phys.*, **50**, 06GK02 (2011)
13) S. Kubo, Y. Sato, Y. Hirai, M. Nakagawa, *Jpn. J. Appl. Phys.*, **50**, 06GK10 (2011)
14) T. Ando, N. Kodera, E. Takai, D. Maruyama, K. Saito, A. Toda, *Proc. Natl. Acad. Sci. U.S.A.*, **98**, 12468 (2001)

2 ナノスケール・パターンのマクロ評価技術

小瀧健一*

2.1 はじめに

本稿ではマクロ撮像技術を用いたナノインプリント・リソグラフィ（以下，NILと略す）のパターン均一性の評価技術について述べる。NILアプリケーションでは同一形状のナノスケール・パターンを等間隔で形成する場合が多い。このようなパターン群の形状観察や測定には走査型電子顕微鏡（SEM）や原子間力顕微鏡（AFM）を用いることが一般的である。研究段階では数十μm四方程度の領域のすべてのパターン形状を長時間かけて観察することも可能である。しかし大面積のナノスケール・パターン形成の評価や量産時においては，個々のパターン形状についてミクロ的な着目をせずに，短時間でかつ高感度にナノスケール・パターンの均一性を評価できる技術が必要不可欠となる。このような課題に対して極めて有効な方法がマクロ撮像技術である。以下に本技術の基本概念と実際にナノスケール・パターンの形状変化を高感度に検出した事例を紹介する。

2.2 マクロ撮像手法

マクロ撮像には様々な手法があるが，本稿では図1に示すスミックス社が開発したARC Scanというマクロ評価装置に搭載されているエッジ反射光検出技術について紹介する。本手法は平行な光束をパターンのエッジ（ショルダー部分）に照射して，パターンエッジ部分からの反射光（以下，エッジ反射光と略す）のうち，パターン形状変化の情報を持った光束を選択的に撮像して，パターン形状の不均一性を高感度に検出するものである。図1に示すとおりエッジ反射光はパターンショルダー部分の形状変化により反射方向が微妙に変化する。図1では一つのパターンへ光を照射してそのエッジ反射光をカメラで撮像する概念を示しているが，実際には複数のパターンへ同時に平行な光束を照射して，複数のエッジ反射光を撮像する。従ってカメラの撮像倍率の選択によって，カメラの1画素に入射するエッジ反射光束数は増減させることができ，分解能や

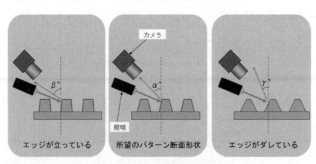

図1　マクロ撮像の概念図

---

* Ken-ichi Kotaki　スミックス㈱　シニア・アプリケーション・アドバイザー

第10章　ナノインプリントパターン評価

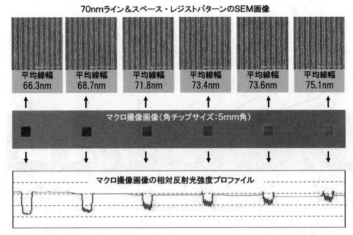

図2　70 nm ライン＆スペース・レジスト・パターンのマクロ撮像例

感度を変えることが可能となる。そして画素単位で規定される分解能の範囲で平均化されたエッジ反射光の強度変化でパターン形状の変化を検出できる。従って個々のパターン形状を認識せずに，パターン群の僅かな形状変化を高感度に検出することが可能となる。またカメラの画素数と光学倍率で撮像面積が決定されるので，画素数を増やし，かつ低倍率化すれば，大面積のマクロ撮像も短時間で可能となる。このような手法では孤立した一個

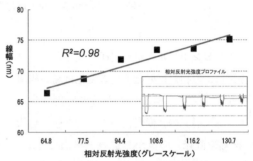

図3　ライン＆スペースにおける平均線幅と相対反射光強度の相関グラフ

のパターン欠陥は検出できないが，パターン列の僅かな歪や広い領域にわたるパターン・シフト等 SEM や AFM では発見できないパターン群の不均一性，すなわちマクロ欠陥の検出が可能となる。

2.3　マクロ手法における感度

図2にはシリコン・ウェーハ上に形成した hp 70 nm 狙いのライン＆スペース・パターンをマクロ撮像した事例を示す（パターン形成部をトリミングした画像データのみ掲載）。本パターンはフォトプロセスを用いて露光時にチップごとにドーズ量を変えて，現像後のレジストパターン幅を故意に変化させたものである。図2に示したとおり平均線幅66.3～75.1 nm までの六種類のチップをマクロ撮像手法で一括キャプチャしたマクロ画像の相対反射光強度は線幅が広いほど強い。平均線幅と相対反射光強度の相関を算出したグラフが図3であり，$R^2=0.98$ という高い相関性を示している。

またピンホールのレジストパターンで同様のマクロ撮像および解析を行った結果が図4，5で

ナノインプリントの開発とデバイス応用

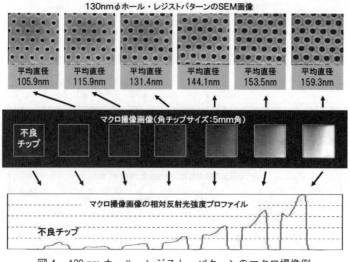

図4 130 nm ホール・レジスト・パターンのマクロ撮像例

ある。ピンホールの平均直径の変化とマクロ撮像による相対反射光強度の変化は高い相関性を示している。このように平均化されたエッジ反射光の強度変化から，パターン形状（線幅や直径）の僅かな違いを検出できる。従って，同一形状のパターン群では，マクロ画像から大面積におけるパターン形状の不均一性を容易に検出することが可能となる。

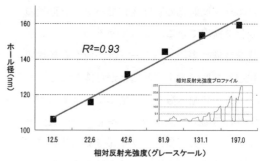

図5 ホールパターンにおける平均線幅と相対反射光強度の相関グラフ

2.4 マクロ手法による転写性の評価

NIL プロセスにおけるパターン評価においては，転写パターンのみならずモールド・パターンの均一性評価も必須事項である。モールドには様々な材料が用いられるが，マクロ撮像手法は，パターン表面からの反射光を検出する手法なので，反射光が得られればガラス，樹脂，金属，カーボン等，材質の制限は特にない。熱インプリントによる樹脂パターン，ガラスやフィルム上に形成された UV 硬化樹脂パターン，ガラス・インプリント・パターン等，透明・不透明の如何も問わずマクロ撮像が可能である。

また，モールドと転写フィルムの両ワークのマクロ撮像を行ない，この二つのマクロ画像を比較・解析することで，転写品質の評価を行なうことも可能である[1]。写真1がそのマクロ撮像事例である。左上は Ni モールドを，左下は転写フィルム（PET）を肉眼で見た状態である。右上はエッジ反射光検出技術を用いてマクロ撮像した Ni モールド，右下は転写フィルム表面のマクロ画像である（各々，ミラー反転の関係）。本稿では詳細な解析結果は省略するが，双方のマク

第10章　ナノインプリントパターン評価

ロ画像を目視比較するだけでも多くの相違点を見出せる。例えば外周部の傷はそのまま転写されている。中心部と周辺部の濃淡差はモールドにも転写フィルムにも同様の傾向があり，モールドが有する欠陥要因が転写されていると推測される。また転写フィルムの表面にはスクラッチやパーティクルと思われる欠陥が多い。モールドにはEB描画時に発生したと推測される十字状の継ぎ目が確認できるが，転写フィルムでは確認できないので転写されない微細欠陥と判断できる。同様にモールドの使用前後のマクロ画像の比較と，離型剤の剥離や表面の汚染状態の検出も可能となる。洗浄前後の比較を行なえ

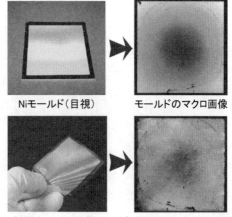

写真1　NiモールドとパターンX転写フィルムのマクロ画像例

ば，その効果や場合によっては洗浄痕を確認することも可能である[2]。

そしてマクロ画像に存在する様々な情報を画像処理することでパターン群の不均一性を数値化できるので，量産時に定量的な良否判定を行なう検査技術として応用も可能である。

2.5　おわりに

以上のとおり，マクロ撮像技術は個々のパターンに着目するのではなく，画素単位で平均化された反射光を撮像して，その強度変化とパターン形状の変化との高い相関性から，パターンの不均一性を極めて高い感度で検出できる技術である。さらに転写パターンのみならず，モールド表面の計測や検査も可能とし，転写性の評価や解析にも応用可能な技術である。マクロ手法で異常な領域を検出して，ミクロ手法でピンポイントの形状確認を行なう相互補完的な技法へ展開して，NILにおける大面積のパターンニングの評価手法として応用していくことが期待できる。さらにNILプロセスを用いた量産ラインにおける転写フィルムの全数検査への応用も可能なので，製品のイールドマネージメントに最適な検査技術となり得ることも付け加えておく。

文　献

1) 小瀧健一ほか，ナノインプリント応用事例集，p 398，情報機構（2007）
2) 小瀧健一ほか，ナノインプリントの最新技術と装置・材料・応用，6章3項，フロンティア出版（2008）

〔第3編 デバイス応用〕

第11章 光デバイス

1 ガラスインプリント法による微細構造光学素子の開発

西井準治*

1.1 はじめに

　本節では，光学素子への応用を目的としたガラス表面へのナノ構造形成プロセスについて紹介する。このプロセスのベースはガラスモールド法であり，1970年のイーストマンコダックの特許（日本での公開は1972年）で初めて公表された[1]。モールド法のメリットは，研削，研磨では作製が困難な非球面や自由曲面形状のレンズを簡単に成形できる点にあり，光ディスクドライブやデジタルカメラ，レーザープリンターなどの飛躍的な性能向上に寄与してきた。

　一方，微細周期構造を利用した光学素子に関する研究は1980年代から盛んに行われており，ドライプロセスを使った加工技術の向上に伴って反射防止，偏光制御，位相制御などの機能を発現することが報告されている[2]。最近，樹脂をベースにしたこのような光学素子の開発が幅広く知られるようになったが[3~6]，光学的，熱的，化学的に安定なガラス材料での検討事例は極めて少ない。その理由は，耐熱性や機械的強度に優れたモールドが存在しなかったためである。

1.2 ガラスインプリント用モールドの作製と離型膜

　ガラスインプリント用モールドには，機械的強度と耐熱性に優れたシリコンカーバイド（SiC）を用いることが望ましい。バインダーを極力減らしたタングステンカーバイド（WC）も使用可能である。しかしながら，表面への微細加工が困難なため，実験室レベルで成形テストを行う場合は，加工性を優先してシリカガラス（SiO_2）やグラッシーカーボン（GC）を用いることもできる。また，インプリントの際にはモールドとガラスの融着を防止するために，モールドあるいはガラス表面に離型膜を形成する必要がある。特許等で公表されている離型膜には，酸化クロム（Cr_2O_3），白金（Pt），イリジウム（Ir），レニウム（Re）などの貴金属，窒化アルミニウム（AlN），窒化ホウ素（BN），窒化チタニウム（TiN），ダイヤモンドライクカーボン（DLC）などがある。しかしながら，これらの膜の形成には専用の成膜装置が必要であり，しかも，すべてのガラス材料に使えるわけではないため，通常の研究開発用には容易に成膜できるカーボンを用いる。

　モールドの微細加工には電子線描画とドライエッチングを用いるのが一般的である。一般に，電子線描画法は極めて高精度にパターンを形成することができるが，大面積の描画には不向きである。単純な微細パターンを短時間で形成するには二光束干渉露光法も有効である。これら二つの方法は，いずれもレジストパターンを形成した後に，それを介したエッチングによってモール

　＊　Junji Nishii　北海道大学　電子科学研究所　教授

ド材料を加工しなければならない。

　図1(a)は，GCモールド表面への微細加工の例である[7]。WSiマスクを介して酸素でエッチングすることで，微細な周期構造を比較的容易に形成することができる[7]。同様な加工はCVDダイヤモンドの場合も可能である。また，化学気相法（CVD）で製造されたSiCはGCよりも遙かに強度が高く原子レベルで均質なため，微細加工に適したモールド材料である。エッチングガスにはCHF_3などのフッ素系ガスを用いる。図1(b)は，WSiマスクを介してCHF_3ガスでのエッチングでSiC表面に形成した一次元周期構造の例である[8]。側壁の滑らかな加工が可能であり，その傾斜角度はプロセス条件によって調整できる。溝の側壁傾斜角度はインプリント時のモールドへのガラスの充填率や離型性に大きな影響を与える重要なファクターである[9]。この点は，理想的な矩形形状の微細構造モールドでも容易に充填および離型ができる光インプリントとは大きく異なる。

　WCモールドの加工には砥石を用いた研削・研磨法が用いられるが，サブミクロンの微細な構造を形成することは極めて困難である。また，市販のWCには数百ミクロン程度の粒径のCoやNiなどのバインダーが含まれているため，フッ素ガス等を用いた汎用的なドライプロセスでのエッチングを行う場合には，極力バインダーを含まないWCを用いる必要がある。図2は，周期500 nmの一次元構造をパターニングしたバインダー入りとバインダーレスのWCのそれぞれをフッ素系ガスでドライエッチングした例である。前者ではバインダーが表面に露出しているが，後者の場合，比較的滑らかな加工ができることがわかる。

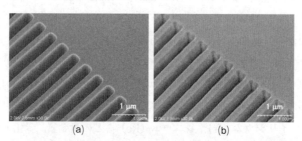

図1　(a)GCおよび(b)SiCモールド表面に形成した微細構造

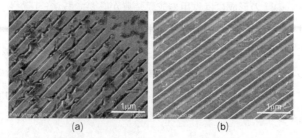

図2　(a)バインダー入りWCおよび(b)バインダーレスWCの
　　　表面に形成した周期500 nmの一次元構造

第11章　光デバイス

1.3　ガラスインプリントプロセス

　ガラスのインプリントはレンズのプレス成形用に開発された真空成形機で行うことができる。図3はインプリントプロセスの代表的なレシピである。ガラスとモールドとの界面にガスが残留して，モールドの微細構造へのガラスの充填を阻害する可能性があるので，通常は真空中で加圧する。その際の温度は，ガラスの軟化点を目安に決める。また，成形圧力はガラスの動的な高温粘弾性を考慮して決定する必要があるが，おおよその目安は樹脂と同様に粘度およびその温度勾配で予想できる。最近，インプリントにふさわしいガラス材料が多く開発されており，特に比較的低温で軟化し，温度に対して粘度が急峻に低下するリン酸塩系ガラスが成形しやすい。

　図4は，GCモールドでインプリントしたリン酸塩系ガラス表面の一次元周期構造である[7]。GCは化学的および熱的に極めて安定であり，比較的高温で成形してもガラスが融着しにくい。したがって，成形・離型条件が最適化できれば高アスペクト比の構造を得ることができる。しかしながら，GCの機械的強度が低いため，モールドの破損が起こりやすく，繰り返しインプリントを継続することは困難である。図5は，破損が生じたモールドの表面である。この図の場合，GCの側壁の厚みが薄すぎて破損に至ったと思われる。同様に，図6は，離型膜としてカーボンをコーティングした石英モールドで作製した反射防止構造（周期300 nm）である。モールド表面に形成された二次元の柱状構造がガラス表面に入り込み，その反転形状が形成されている。表面の実効屈折率は周期構造の影響を受けてある程度緩やかに変化していると見なせるため，可視域での表面反射率が低下する。実測では約0.6%であり，肉眼でも反射防止機能を発現していることがわかる。しかしながら，GCと同様に石英モールドの脆性破壊が起こりやすく，インプリント

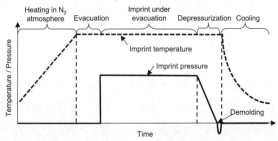

図3　ガラスインプリントプロセスの代表的なレシピ

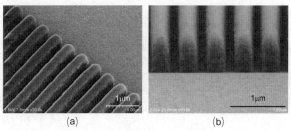

図4　GCモールドでリン酸塩系ガラス表面にインプリントした一次元周期構造の(a)上面と(b)側面のSEM写真

ナノインプリントの開発とデバイス応用

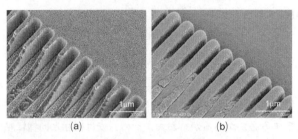

図5 インプリントプロセス中に破損が生じた(a) GC モールドおよび(b)ガラスの表面

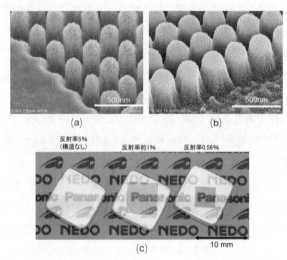

図6 (a) 二次元微細加工を施した石英モールド，(b) リン酸塩ガラス表面に
インプリントした反射防止構造，(c) インプリントガラスサンプル

の繰り返し回数は実用レベルには届かない。

　GC や石英と同様に，リソグラフィとドライエッチングの組み合わせで微細加工が可能な SiC をモールドに用いた場合，離型膜の状態に注意すればインプリントプロセス中の破損はほとんど起こらない。ただし，GC や石英に比べてドライエッチング速度が遅いため，マスク材のエッジの後退が避けられず，急峻な傾斜角度の深掘りには限界がある。一方で，側壁に緩やかな傾斜を持たせた方が好ましい反射防止構造の場合には，SiC の方がむしろ好ましい。図7(a)は，SiC 平

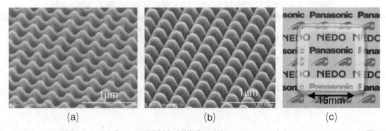

図7 (a) SiC 平板上に形成した反射防止構造の逆パターン，(b) このモールドを用いて
インプリントを行ったガラスの表面形状，(c) 成形ガラス

第11章　光デバイス

板上に形成した反射防止構造の逆パターン（周期300 nm）である[10]。逆円錐に近い構造が裾が重なった状態で隣接しており，平坦な部分が全くない。このような構造は，エッチングマスクの表面に小さめのホールを周期的に形成し，その穴を広げながら深さ方向に掘り進むことで形成できる。このモールドを用いてインプリントを行ったガラスの表面形状および実物を，それぞれ図7(b)，(c)に示す。また，このガラスの反射率の実測スペクトルを図8に示す。短波長側では回折の影響で，また，長波長側では構造高さが不足するため，反射率がやや高くなる傾向があるが，最も低い波長帯では0.2%程度である。入射角度を20〜30度傾けても反射率に大きな変化はない。このような優れた光学特性は，単層あるいは多層の反射防止膜では実現できない。これまでに，最大で直径50mmの反射防止ガラス板を繰り返しインプリントしてもモールドに破損が生じないことを確認している。

一方，ガラスレンズへの反射防止構造形成のために，SiCレンズモールドの表面への二次元周期構造パターンの形成も実現している[11]。モールド表面にレジストをスピンコートして，電子線描画法でパターンを形成した。曲面への描画を実現するためには，モールドの厳密な高さ調整が必要となる。一般の電子線描画装置は，描画表面にレーザー光を照射し，その反射光をモニタリングすることで電子ビームの焦点位置と描画面の距離を調整している。しかしながら，曲面描画ではこの方式は使えないため，モールド形状に応じてサンプルステージの高さを物理的に合わせる方法しか取り得ない。平板の場合と同様に最適な直径のホールをモールド表面のレジストに二次元的に描画するために，どの程度の精度の高さ調整が必要かを調べた結果を図9および図10に示す。電子ビーム

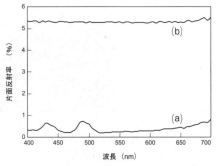

図8　積分球を用いて測定した反射防止構造を形成した平面ガラス表面（片側）の反射率スペクトル：(a) 反射防止構造あり，(b) なし

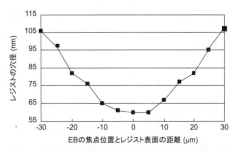

図9　最適な直径のホールをモールド表面のレジストに二次元的に形成するための描画条件：電子線の焦点と描画面との距離と現像後のレジスト穴径の関係

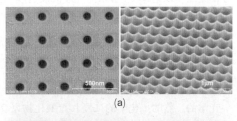

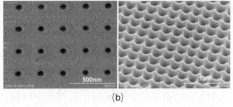

図10　(a) 焦点から25 μm離れた位置で形成されたレジスト穴（左）とドライエッチング後のSiC表面（右），(b) 焦点位置での描画によるレジスト穴（左）とSiC表面（右）

ナノインプリントの開発とデバイス応用

図11　電子線描画とドライエッチングで作製したSiCレンズモールドとガラスレンズ
(a) 反射防止モールド（周期250 nm），(b) 成形ガラスレンズ

の焦点から描画面がずれると，現像後にレジストに形成される穴が大きくなる傾向があるが，±25 μm以内であればドライエッチングによって理想的な逆円錐形状が得られることがわかった．この程度の位置決め精度であれば，光学式で初期の高さを決めた後にメカニカルステージで調整することで十分可能である．図11は，このような方法で作製したSiCレンズモールドとガラスレンズである．ここでは，短波長域での回折の影響を避けるために構造周期を250 nmに設定した．また，レンズの曲率半径は20 mmであり，曲面の法線方向から見たときの周期が

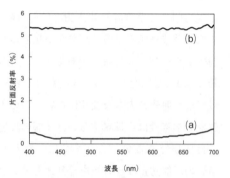

図12　積分球を用いて測定したガラスレンズの片面の反射スペクトル：
(a) 反射防止構造あり，(b) なし

全面同一になるように微細加工されている．レンズに垂直に入射した光の反射率を図12に示す．可視全域で反射率0.7％以下，最低反射率は波長530 nm付近で0.2％であった．このような構造をレンズの両面に同時にインプリントする技術も確立した．さらに，得られたレンズの曲率の設計値からのずれは0.5 μm以内であり，撮像光学系への応用において十分な精度である．

1.4　おわりに

　光学的，熱的，化学的に優れた酸化物ガラスへのインプリント技術の現状についてまとめた．ドライプロセスを駆使した微細加工によって，耐熱性と機械的強度に優れたSiCモールドの表面に微細構造を形成する技術を開発した．得られたモールドを用いて，高温の真空下で微細構造をガラス表面に精密に転写できることを実証し，撮像光学系への応用が可能な反射防止レンズを試作した．このような技術は，耐熱性や耐光性が要求される情報家電機器や情報通信機器のための光学素子の製造に応用展開することが可能である．さらに，製造エネルギーや環境負荷の観点でも，ガラスインプリントへの期待は高い．今後も，製造コストや新規用途開拓の検討を継続し，幅広い実用化への努力が求められる．

　本研究は，革新的部材産業創出プログラム「次世代光波制御材料・素子化技術」の一環として

第11章　光デバイス

新エネルギー・産業技術総合開発機構（NEDO）からの委託を受けて行われた。

文　　献

1) 特開昭47-11277（イーストマンコダック）
2) H. Kikuta, H. Toyota, W. Yu, *Opt. Rev.*, **10**(2), 63-73（2003）
3) 伊佐野大輔，金田　泰，丁　剛洙，塚本雅美，浅野功輔，小尾勝俊，第68回応用物理学会学術講演会講演予稿集，6a-R-10（2007）
4) 歳清公明，石井基範，松野年伸，小野澤和利，日本化学会第88回春季年会予稿集，2C4-33（2008）
5) 前納良昭，光技術コンタクト，**43**，38-50（2005）
6) T. Yoshikawa, T. Konishi, M. Nakajima, H. Kikuta, H. Kawata and Y. Hirai, *J. Vac. Sci. Technol. B*, **23**, 2939-2943（2005）
7) T. Mori, K. Hasegawa, T. Hatano, H. Kasa, K. Kintaka, J. Nishii, *Opt. Lett.*, **33**(5), 428-430（2008）
8) T. Mori, Y, Kimoto, H. Kasa, K. Kintaka, N. Hotou, J. Nishii and Y. Hirai, *Jpn. J. Appl. Phys.*, **48**, 06FH20-1～4（2009）
9) T. Mori, N. Yamashita, H. Kasa, K. Fukumi, K. Kintaka and J. Nishii, *J. Ceram. Soc. Jpn.*, **117**, 1134-1137（2009）
10) K. Yamada, M. Umetani, T. Tamura, Y. Tanaka, H. Kasa and J. Nishii, *Appl. Surf. Sci.*, **255**, 4267（2009）
11) T. Tamura, M. Umetani, K. Yamada, Y. Tanaka, K. Kintaka, H. Kasa, J. Nishii, *Appl. Phys. Express*, **3**, 112501-1/3（2010）

2 ゾルゲルナノインプリント法による光学素子

常友啓司*

2.1 はじめに

　ガラスの表面に微細構造を形成した素子は，産業上のさまざまな分野で使用されている。代表的なものとして，回折格子や波長板，減反射構造（蛾の眼構造と呼ばれる），偏光分離素子，波長分散補正素子等が挙げられる。これらの素子は，光通信，光ピックアップ，光プロジェクタ，ディスプレイ，カメラ，センサー，計測器等，さまざまなアプリケーションで使用され，それらのアプリケーションの中で必要不可欠な部品となっている。

　一般的に，射出成型等で作製される樹脂製部品の方が，ガラス製部品よりも安価にできるため，汎用部品になるほど，樹脂製の部品に置き換わっていく傾向が強い。一方で，耐熱性や耐光性が求められる一部の用途では，樹脂製部品が使用できないため，ガラス製部品が相変わらず使用されている。

　ガラス製光学素子や，プリズムやレンズのようなバルク素子は，ブロックからの材料切り出し，研磨等のプロセスにより作製され，微細構造の形成が必要な場合は，酸を用いた溶液エッチング（ウェットエッチング）や，フッ素系のガスを用いたドライエッチングにより作製される。前節で述べられているように，微細構造を持つ金型を使用した高温成型も近年盛んに研究されている。

　我々は，溶液を出発原料とするゾルゲル法に注目し，比較的低温でガラス微細構造を形成する方法を開発してきた。

　ゾルゲル法では，ガラスを溶融して微細構造を形成する場合に比べ，はるかに低い温度でガラスを形成することができる。ゾル状態では，変形が容易に起きるので，たとえばガラス基板上にゾル膜を形成し，これに微細構造が形成された金型を押し当てることで，微細構造を容易に形成することができる。微細構造を形成した後，熱処理を行い固化させることで，ほぼ100％ガラスからなる微細構造を形成することができる。我々は，樹脂材料のパターニング方法として広く知られているナノインプリント法にならい，ゾルゲルを出発原料とする微細構造形成技術を，ゾルゲルナノインプリント法と名付けた。実際のプロセスとしては，原料（溶液）を基板上に塗布し，母型を押し当てて加熱するので，いわゆる熱ナノインプリントに似たプロセスである。ただし，一旦ゲル化した後，さらにゲル化を進めるために，離型後に高温焼成を行う点や，作製した微細構造をそのまま光学素子として使用する点が異なっている。

　なお，上述のとおり，一般的には射出成型により作製される樹脂製の素子も光学部品として広く使用されており，数量的にはガラス製光学素子よりもはるかに多く生産されている。近年，ロールトゥロール（ロール状の金型から樹脂フィルムに形状を転写する）技術も多く報告されており，大面積に低コストで微細構造を形成する方法として，今後ますます産業的に利用されてい

　＊　Keiji Tsunetomo　日本板硝子㈱　機能性ガラス材料事業部門　研究開発部
　　　　グループリーダー

第11章 光デバイス

くものと思われる。

非常に興味深い技術であるが，本節では，ゾルゲルナノインプリントにより作製される光学素子のみにしか触れないので，それら樹脂に関する技術については，他章や，他の文献を参考にしていただきたい。

2.2 ゾルゲル法[1]

ゾルゲル法は，シリコンアルコキシド等の有機金属化合物を含む液から，有機金属化合物の加水分解，脱水縮合反応により，金属酸化物を得る方法である。有機金属化合物を含む液はゾルと呼ばれ，これを固体表面に塗布すると，溶媒の乾燥とともに反応が進行し，ゲル（つまりゼリー状）の状態を経て，熱処理を行うことで酸化物皮膜とすることができる。反応の制御性に優れることから，有機金属化合物としては，シリコンアルコキシドが使用されることが多いが，チタン，ジルコニウム，ホウ素，アルミニウム等，さまざまな金属酸化物膜を得ることが可能である。ガラスの主成分は一般的に珪素酸化物であり，ゾルゲル法による金属酸化物皮膜とは比較的相性が良く，ゾルゲル法によるコーティング皮膜を施した製品は，さまざまな形で実用化されている。

ゾルの反応が進む際（つまりゲル化する際）に，ゲル表面に型を押し当てておくと，ゾルが型に充填され，そのままゲルとなるので，（立体的な）微細構造をガラス表面に形成することができる。

図1に，ゾルゲル法でバルク体を作製する場合の一般的な方法を示す。

ゾルゲル法においては，溶液中での反応をいかに制御するかで，同じ出発物質を使用しても，得られる膜の構造，性質等が大きく異なる。つまり，目的とする膜あるいはバルクあるいは構造体を得るためには，溶液中での反応を適切に制御することがポイントとなる。

図2に，一例として，シリコンアルコキシドの反応を示す。シリコンアルコキシドからシリカ膜あるいはシリカからなる微細構造を得る際，一般的なコーティング液は，テトラエトキシシラン（TEOS）等のシリコンアルコキシド，加水分解反応に必要な水，酸やアルカリ等加水分解や縮合反応の触媒，および，溶媒としてのアルコールで構成される。このうち触媒は，溶液中で形

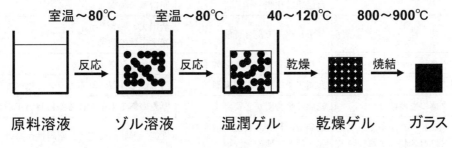

図1 ゾルゲル法による（バルク）ガラス作製方法

ナノインプリントの開発とデバイス応用

加水分解

$$nSi(OC_2H_5)_4 + 4nH_2O \rightarrow nSi(OH)_4 + 4nC_2H_5OH$$

重合

$$nSi(OH)_4 \rightarrow nSiO_2 + 2nH_2O$$

全体

$$nSi(OC_2H_5)_4 + 2nH_2O \rightarrow nSiO_2 + 4nC_2H_5OH$$

図2　ゾルゲルの反応式（シリカガラスを形成する場合）

成されるオリゴマー，あるいは粒子の形成に関与するため，特に重要である。アルカリ触媒を添加した場合には，溶液中で微粒子が形成されやすく，そのようなコーティング液から得られる膜はポーラスになりやすい。一方，酸触媒を使用した場合には，鎖状のオリゴマーが形成されやすく，得られる膜は比較的緻密な膜となる。通常強固なシリカ膜とするために熱処理を行うが，この熱処理中に残留溶媒や水の揮発，および，縮合反応に伴う膜収縮が起こり，クラックが発生することがある。それを避けるために，風乾段階ではかえってポーラスな膜であったほうが良い場合があり，アルカリ触媒で故意にポーラスな膜とする等，アルコキシドの反応の理解は，目的とする膜あるいは微細構造を得るために非常に重要である。

表1に，ゾルゲル法の一般的な特徴を示す[1]。

低温プロセスである点が最も大きな特長であるが，一方で，溶液を出発原料とし，プロセス中で溶媒の蒸発，水の生成，蒸発等が起き，（とくに焼結時に）体積収縮が起きるのが大きな課題である。薄膜ではなく，微細構造をゾルゲル法で作製する場合，膜厚方向だけでなく，横方向にも収縮が起きる。形状の制御は，収縮を見込んだ金型を使用することで行うことができるが，出

表1　ゾルゲル法の特徴

特徴	効果	光学素子としてのメリット/デメリット
低温プロセス	有機無機ハイブリッド プラスチック基板への塗布	屈折率，透過率等の制御 機能材料（蛍光材料等）との混合
各種微細構造	凹凸膜，多孔質膜， 自己組織化膜	光散乱の制御 屈折率の制御
組成の均一性	分子レベルで混合可能	低損失 光学定数の制御
形状のバリエーション	バルク，フィルム，ファイバー	コーティング（AR）
原料の価格	金属アルコキシドが高価	溶融法で作製されるガラスに比べて高価
バルク体の生産性	乾燥に長時間が必要	厚みのある素子を作る際に時間がかかる
条件パラメータが多く，生産時のプロセス制御が難しい	蒸発量の制御，吸湿，粘度の変化，乾燥状態の把握等	性能，形状の安定性，再現性が悪い
コーティングの際，厚膜が作りにくい	最大 $1\,\mu m$ 程度	ハイブリッド化で厚膜作製が可能だが，残留有機物や強度が課題となる

第11章　光デバイス

発原料や焼結温度，あるいは微細構造の形状によっても収縮率が異なるので，それらを考慮して金型を作製する必要がある．

2.3　ゾルゲルナノインプリント法

図3に，ゾルゲルナノインプリント法のプロセス概要を示す．出発原料は，薄膜を作製する場合と同じようなものを使用するが，基板上にコーティングを行った後，金型を押し当てた状態でゲル化反応を進ませる点に違いがある．ここで注意すべきは，ゲル化がコーティングした直後から進む点である．もちろんコーティング時に加熱は行わないので，急激にゲル化することはないが，溶媒の揮発もあり，徐々にゲル化は進んでいる．このコーティングされた膜に型を押し当て，加熱することで，急激にゲル化を進ませるのであるが，プレス後の温度条件等と同時に，プレス前の履歴によってもでき上がる形状が異なる場合がある．

でき上がった素子は，ガラスであるので，後工程で高温プロセスを通すこともできる．たとえば，真空成膜の際の基板加熱も，通常のガラス基板と同様に行うことができる．

表2に，ゾルゲルナノインプリント法の特徴をまとめた．比較的低温で，ほぼ無機材料からなる微細構造を形成できる点が，もっとも大きな特長である．また，大気圧下で行えるため，それほど大掛かりな装置を必要とせず，たとえばドライエッチングプロセス等に比べ，大幅な

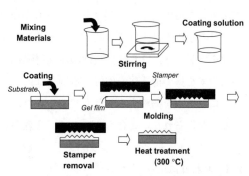

図3　ゾルゲルナノインプリントプロセス

表2　ゾルゲルナノインプリント法の特徴

特徴	効果
焼成後はほぼ無機材料	高耐候性，高信頼性，熱膨張係数が小さい
比較的低温でガラス製素子が作製できる	さまざまな金型が使用できる，省エネルギー
さまざまな基板上に形成できる	複合素子，線膨張係数調整
3次元形状が作製できる	矩形でない素子も作製できる
屈折率制御が可能	光学定数の調整が可能
大気中で作製できる	大型な真空装置が不要，サイクルタイムが短い
わずかに有機物を含む	屈折率低下
形状の収縮	金型の寸法調整が必要
金型がワークに接触する	金型の耐久性
高アスペクト構造は作れない	最大アスペクト比　～2
プレス面内の均一性	欠点の発生，外観不良
（樹脂ナノインプリントに比べ）プレス時間が長い	プレス中に反応を進める必要がある

コストダウンが期待できる。

図4に，我々がこれまでに作製した微細構造の例を示す。もちろん元の金型（マスター金型）は必要であるが，金型さえあればさまざまな微細構造を形成することができる。マスター金型の材質としては，ガラスをはじめ金属や，（温度条件にもよるが）樹脂も使用することができる。

欠点としては，先に述べたように，反応が収縮を伴うのでそれを見込んで金型を作製する必要があることや，厚みのある構造体が作りにくいといった点が挙げられる。また，焼成温度によっては，わずかに有機物が残留し，また，空孔ができる場合もあるので，シリカガラスに比べて屈折率が低くなる。光学素子として屈折率が低いことは，減反射膜のように反射ロスを低減させるメリットもある反面，光路差を多くつけたい場合や，屈折力を使いたいような場合にはデメリットとなる。

図5に，ゾルゲル薄膜の焼成温度と屈折率の関係を示す。通常，ゾルゲル膜中の有機成分は500℃以上の焼成ですべて除去されると言われている。図からもわかるように，低温（350℃）で焼成した薄膜では，石英ガラスよりもかなり低い屈折率となっているのに対し，700℃で焼成した膜の屈折率は，ほぼ石英ガラスのそれに等しくなっている。製造条件によっては，ポーラスな膜を作製でき，これは無機性の減反射膜として利用されている。逆に，シリカガラスよりも高い屈折率を持つ構造体を作製する場合は，たとえばチタン等のアルコキシドを混入させる等，材料的に屈折率を調整することもできる。ただし，反応の過程によっては相分離が起きたりして均質な膜が得られない場合もあるので，注意が必要である。

2.4 おわりに

ゾルゲルナノインプリント法により，さまざまな無機材料からなる微細構造をガラス基板表面に作製することができる。この方法により作製された光学素子は，高耐候性，高耐熱性あるいは耐薬品性が求められるさまざまなアプリケーションで使用することができる。他のナノインプリ

図4 ゾルゲルナノインプリントにより作製された光学素子の例

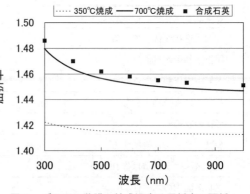

図5 ゾルゲル薄膜の焼成温度と屈折率の関係

第11章　光デバイス

ント法と同様，大面積金型の作製方法や離型性の向上等が課題であるが，それに加えて，反応メカニズムに関連する材料的な課題，たとえば，形状転写性と反応時間の関係等がある。形状転写性を良くするためには，反応が充分進むまで型を押し当てておく必要があるが，そうするとスループットが上がらない。実際のプロセスではそれらをうまくバランスさせることが重要である。また，プロセス自体が収縮を伴うので，金型の形状調整や光学定数の変化等も設計に盛り込む必要がある。

　さまざまな課題はあるものの，無機材料からなる微細構造を作製する一手法として，ゾルゲルナノインプリント法はおもしろい製造方法であると考えている。材料や反応の知見に基づいて，ひとつひとつ課題を解決し，より安定なプロセスとすることを目標として，今後さらに開発を進めていきたいと考えている。

文　　　献

1)　作花済夫著，ゾルゲル法の応用，アグネ承風社（1997）

3　レンズ応用

3.1　半導体素子上の光学素子

有村聡一郎*

　半導体素子上に光学素子を形成して性能の向上等を図る試みが盛んになされている。具体例としては，CMOS イメージセンサの受光素子上にマイクロレンズを形成して感度を上げたり，LED 等半導体発光素子上にレンズを形成して射出される光線の拡がり角制御を行う，といったことが挙げられる。マイクロレンズやフレネルレンズの最も小さい構造の作成には数十〜数百ナノメートルオーダーの精度が要求され，ナノインプリントが有効な作製手段となる。

　マイクロレンズ，フレネルレンズ等を作成する場合，SiO_2 等の基板にフォトリソグラフィや熱・光ナノインプリントにてレジストや樹脂等で立体的なマスクパターンを形成し，異方性エッチングによりレンズ形状を形成する方法が一般的である。しかし，上記の方法ではエッチングが光学素子の形状精度を決定する大きな要因となり，ナノインプリントで高精度にマスクパターンを形成したとしてもエッチング後に得られる構造の精度はナノインプリントのそれよりも落ちてしまう。よって構造を精密に作り込んで光学特性を制御したい場合，ナノインプリントで形成したパターンを「そのまま」半導体素子上に残して光学素子として利用することが望ましく，工程数の削減にも繋がる。

　上記のように半導体素子上に光学素子を形成する場合，シンター，ダイボンディング等の300℃以上の高温プロセスや度重なる有機溶剤洗浄等の過酷な半導体プロセスに曝されても，光学素子の形状や屈折率等の物理的性質が維持される必要があり，耐熱，耐薬品性の高い SiO_2 等が材料として好ましい。そこで我々は，SOG に金型を直接押し当てて成型する室温ナノインプリントに注目した。

　室温ナノインプリントは半導体等の基板上に塗布された SOG に金型を押し付け加重して SOG にパターンを転写する方法で，兵庫県立大学の Matsui らによって提案された[1~3]。室温ナノインプリントでは熱ナノインプリントで必要な温度昇降が必要ないので，短時間で高精度なパターニングが可能であり，また SOG という非常にエッチング耐性の高いマスクが直接形成可能であるという特長を持っている。ナノインプリントで SOG のレンズを形成した後に焼成すれば，レンズは優れた耐薬品性，耐熱性を発揮する。また，SOG は広い波長域で透過率が高く屈折率もほぼ一定なので光学素子の材料として非常に適している。今回，我々は代表的な半導体発光材料である GaAs 基板上に室温ナノインプリントにより光学素子（フレネルレンズ）を形成し，それが半導体プロセスに耐え得ることを確認した。

3.2　金型の設計と作製

　レンズの設計はフレネルレンズをベースとし，図1のように曲面を段構造で近似する方法を

---

　*　Soichiro Arimura　ローム㈱　研究開発本部　融合デバイス研究開発センター

第11章　光デバイス

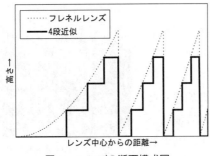

図1　レンズの断面模式図

図2　金型（使用後）

とった。非常に簡単な形状であるが，波動光学に基づいたシミュレーションでは空間的にコヒーレントな平行な入射光に対して，全角で20〜30°程度の広がりを持った出射光を得られることを確認している。

電子線描画とエッチングで作製したレンズを図2に示す。描画とエッチングを2セット行うことで4段のレンズ構造をSi基板上の熱酸化膜に形成できている。金型の凸高さは1.2μm程度であり，GaAs基板上にスピン塗布したSOGに転写を行った。

3.3　室温ナノインプリントによるレンズ作製

一般的にSOGは転写に大きな圧力を要し，熱ナノインプリントが数MPa程度を要するのに対し，室温ナノインプリントは数十MPa程度要する場合がある。今回の実験では上記のフレネルレンズを複数個配列した金型を用いたところ，比較的転写圧力が低い有機SOGを使用しても，塗布厚1.5μm弱では150 MPaという莫大な圧力が必要であり，この圧力では脆いGaAs基板は破壊してしまう。

そこで転写圧力を落としていき，50 MPa以下なら破壊が起こりにくいことを見出したが，室温で5分間加圧し続けても図3のようにパターンの上段部分までSOGを充分に充填できなかった。

SOGを粘性流体近似すると充填が不十分な図3のような状態は，金型にSOGが完全に充填されて変形が完了する時間に比べて加圧時間が短かすぎるのだと解釈できる。変形は金型の凸部分と被転写基板の間（加圧区間）と加圧区間外の圧力差により発生するSOGの流れによって起こり，変形の速度は加圧区間にあるSOGが単位時間に加圧区間外に流出する量で決まる。よってSOGの塗布厚を厚くした場合，加圧区間の厚みが増えた分だけ単位時間に加圧区間から流れ出るSOGの量は増えるので変形の速度が速くなると予想され，熱ナノインプリントではこのような効果が大阪府立大学のHiraiらにより実験，シミュレーションで確認されている[4]。そこで，従来の約2倍の2.6μmに塗布できる有機SOGを用いて，室

図3　SOG塗布厚1.5μm，50 MPaでの転写

175

温，圧力50 Mpaで5分間転写を行った結果を図4に示す。図3のときと同じ圧力，加圧時間での転写であるが，パターンの最上部までSOGで充填されて金型に忠実なパターニングができている。

上記のように成型したレンズを400℃で30分間焼成した後，アセトンやエタノール等の有機溶剤中での超音波洗浄や，電極のシンター処理（400℃弱）を行ってもレンズの形状に影響はないことを確認した。また，SOGは焼成時に若干のシュリンク（収縮）が見られるが，金型の深さや転写時の条件等を最適化することで対応可能である。

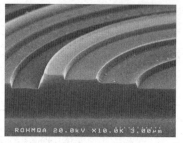

図4　SOG塗布厚2.6 μm，50 MPaでの転字

3.4　まとめ

GaAsのような脆い化合物半導体基板上に，室温ナノインプリントで高精度かつ耐性の高い光学素子を形成できることを述べた。本件の他にも室温ナノインプリントにより有機SOGの凸ドットパターンを形成した後，加熱によりリフローすることでマイクロレンズ状の構造を形成できることをNakamatsuらが報告[5]しており，多様な応用展開が期待される。本件の有機SOGは東京応化工業の開発品であり，厚膜品等新規材料の開発，提供を担当していただいた。

文　献

1) S. Matsui, Y. Igaku, H. Ishigaki, J. Fujita, M. Ishida, Y. Ochiai, M. Komuro and H. Hiroshima, *J. Vac. Sci. Technol. B*, **19**, 2801 (2001)
2) Y. Igaku, S. Matsui, H. Ishigaki, J. Fujita, M. Ishida, Y. Ochiai, H. Namatsu, M. Komuro and H. Hiroshima, *Jpn. J. Appl. phys.*, **41**, 4198 (2002)
3) S. Matsui, Y. Igaku, H. Ishigaki, J. Fujita, M. Ishida, Y. Ochiai, H. Namatsu and M. Komuro, *J. Vac. Sci. Technol. B*, **21**, 688 (2003)
4) Y. Hirai, T. Konishi, T. Yoshikawa and S. Yoshida, *J. Vac. Sci. Technol. B*, **22** (6), 3288 (2004)
5) K. Nakamatsu *et al.*, Abstract of International Conference on EIPBN 2007, PI-12

第11章 光デバイス

4 光学アレイ素子

伊藤嘉則[*]

4.1 はじめに

ナノインプリント技術は，nm オーダーの精度を確保しながら，ローコスト＆ハイサイクルで所望のパターンを作製することを目指した転写技術である。高精度なマスタから複製した電鋳型（スタンパ）を用いて転写する手法が一般的であり，量産上の形状再現性が高い。このナノインプリント技術には光硬化樹脂を利用した光インプリント法，樹脂シートやガラス基板上のレジストなどの樹脂層を熱と圧力により変形させ，パターン形成する熱インプリント法，射出成形型に前述の電鋳型を組み込む射出成形法などがある。この中で光インプリント法は，樹脂フィルムからガラス基板まで幅広い基板の選択が可能であり，かつ，常温付近での転写であるため，高い転写性と寸法安定性が確保できるインプリント方式である。本稿では，光インプリント法を用いた光デバイスの当社での開発事例を基に解説する。

4.2 プロジェクター用マイクロレンズアレイ

PC と接続し，プレゼンテーション用途に使用されるデータプロジェクターがビジネス分野，教育分野に広く利用されている。このデータプロジェクターでは，そのライトバルブに使用される素子として透過型の LCD と反射型の DMD などがある。LCD としては，高温 Poly-Si TFT-LCD が使用されている。この高温 Poly-Si TFT-LCD は高精細であるが，プロジェクターとしてより高い明るさを確保するためには，開口率の向上が必要となってくる。プロジェクター用マイクロレンズアレイ「P-MLA」は，この高温 Poly-Si TFT-LCD の個々の画素に合わせレンズを形成し，その集光効果により，実効開口率を上げ，プロジェクターの明るさを向上させる機能を持つマイクロレンズである（図1）[1]。そのアレイ集積度は，XGA では約80万画素，UXGA では約190万画素に対応する高集積光デバイスである。

この P-MLA は，レンズ個々のサイズは μm オーダーであるが，そのレンズ形状をサブ μm

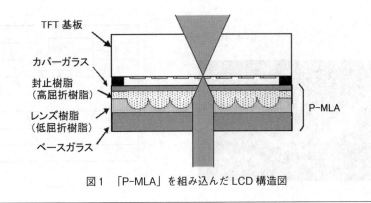

図1 「P-MLA」を組み込んだ LCD 構造図

＊ Yoshinori Ito オムロン㈱ エンジニアリングセンタ 開発センタ 技術専門職

オーダーにて制御，均一化しなければ，十二分な光学性能が得られない。また，半導体リソグラフィにより作製されたLCDのTFT基板上の個々の画素との，高い位置合わせ精度が必要である。その精度は，例えば，30 mmの長さに対して，±1 μm以下の寸法精度が要求される。そのための作製手法として，金型とUV硬化樹脂を利用した光インプリント法により，作製を行なった。インプリントプロセスに熱を利用しないため，温度調節しながらのプロセスが可能であり，高精度な電鋳金型を狙いのサイズとなるように温度調節し，寸法精度の確保を図っている。

P-MLAは，ベースガラスとカバーガラスの間に，屈折率の異なる二つのUV硬化樹脂層でレンズを構成した構造を持つ。ここで使用しているUV硬化樹脂は，金型形状を取るレンズ樹脂が低屈折率，封止側の樹脂が高屈折率を持ち，この二つの樹脂の屈折率差でレンズ効果を持たせている。ガラス基板間にレンズ層を形成することにより，平板で高信頼性な構造を実現し，TFT対向基板として高温Poly-Si TFT-LCDに組み込まれて使用される。

このP-MLAの断面SEM写真，および接触式プロファイラでの形状測定例を図2に示す。断面の形状は非球面レンズ形状であり，かつ，レンズ設計通りの形状を実現することにより，高い集光特性を実現することができた。また，個々のレンズとレンズのエッジのつなぎ部は0.5 μm以下であり，このエッジ部を理想的に最小化したことで，90数%以上の高い有効開口率を実現することができた。

4.3　ポリマー光導波路

光通信デバイスは，光信号の送受信，分岐や結合，強度の調整を行う制御デバイスの総称である。その中でも光導波路は，その光集積性，小型性，高光変調度，ローコストなどの点で極めて有用な光通信デバイスとして研究が進められている。

従来，この光導波路は主に石英系の材料を用い，半導体プロセス法を用いて作製するのが一般的である。その特徴として，デバイス特性としては，低損失，高信頼性といったメリットを持つが，一方，その作製には，高温プロセスを必要とし，多くの工程を必要とするため，高コストに

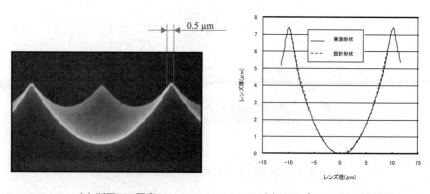

(a) 断面SEM写真　　(b) 断面プロファイラ測定結果
図2　「P-MLA」断面形状

第11章　光デバイス

なりやすいというデメリットを有する。当社ではこの課題に対し，独自の光インプリント技術によるポリマー光導波路「SPICA（Stacked Polymer optical IC/Advanced）」[2,3]の開発を行った。

以下に SPICA の複製技術について説明する。本技術では，電鋳金型を用いて，ガラス基板上に光導波路形状を転写する。従来，金型を用いた方式は，要求形状精度が得られず，そのため，所望の光学特性を得ることが困難であった。本技術では，電鋳金型の平坦度や形状精度を厳密に制御し，必要な特性を確保している。

このSPICAの複製プロセスのフローを以下に示す。使用される電鋳型は，半導体プロセス法により光導波路形状を作製したウェーハを原盤とし，Ni 電鋳を行い，パターンを複製した金型である。まず，下部クラッド形成工程として，ガラス基板にUV硬化樹脂を滴下し，電鋳型で押圧し，UV照射により樹脂を硬化させる。この形成された下部クラッドの凹部に屈折率の異なるコア材を充填し，コアを形成する。さらに上部クラッド形成工程として，UV硬化樹脂を滴下し，カバーガラスで押圧，硬化させる。以上により，埋め込み型のポリマー光導波路ウェーハが作製される。このウェーハをダイシング工程により，チップ形状に加工することで，光導波路が完成する。

以上のSPICA技術により試作した光導波路の構造を図3に示す。図3(b)にコアの断面写真を示したが，コアのサイドの下部クラッドと上部クラッドの間にコア樹脂がほとんど存在せず，漏れ光のない完全な埋め込み型の光導波路が実現されている。コアサイズは W5.25 μm×H5.25 μm，コア側壁テーパ角15°，比屈折率差0.44%である。図3(c)にはY分岐光導波路の分岐形状を示す。分岐部のクラッド最小幅は0.5 μm以下であり，高精度な複製転写が実現できていることが分かる。作製した直線光導波路の光学特性は，樹脂の吸収損失とほぼ同じ0.2 dB/cm（λ=1.31 μm），0.5 dB/cm（λ=1.55 μm）であり，実用レベルの性能を確保することができた。

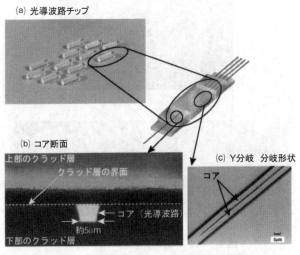

図3　「SPICA」ポリマー光導波路の構造

4.4 柱構造付きハイブリッド無反射構造

前項のマイクロレンズアレイ，光導波路への応用はμmサイズの光学パターンであったが，より微細なnmサイズの光学パターンとして，無反射構造（ARS：Anti Reflection Structure）[4]の研究が近年進められている。ARSは，光の波長より小さいナノ構造により，光の反射を制御する技術であり，表面に波長の1/2以下のピッチの凹凸構造を形成することにより，実効屈折率を滑らかに変化させることで光の反射を防止する。光学的な特長としては，反射特性の波長依存性が小さいため，色変化が極めて少ない。当社では，この無反射機能を持つARSパターンに，ニュートンリング防止機能としてμmサイズの密着防止用柱構造をハイブリッドした光学シートを開発した[5]。

モバイル機器は外部に持ち運び使用する機会が多く，衝撃や押圧からLCDを保護するためのカバー板が必須である。しかし，モバイル機器の厚みを薄くするために，カバー板とLCDの隙間を小さくすると，カバー板とLCDとの間で光学的密着によるニュートンリングが発生する。一般的にニュートンリングの防止のためには，2～3μmの粒子を塗工したスティッキング防止コートが利用されている。一方，モバイル機器は外光下で使われることも多く，カバー板の表裏面やLCD表面の反射光を防ぎ，ディスプレイの視認性を向上させるニーズが高い。

我々は，まずリソグラフィ技術を用いて，Siマスタ上にARSパターンを形成し，その後，ニュートンリング防止用のμmサイズの柱構造を追加形成した。このマスタから電鋳技術によりNiモールドを作製し，UV硬化樹脂を用いて光学シート上に柱構造付きARSを形成することに成功した。作製したARSと柱構造のハイブリッド構造のSEM像を図4に示す。ARSパターン部は，周期230 nm，高さ175 nm，断面形状は二次放物面形状である。また，柱構造は，円錐台

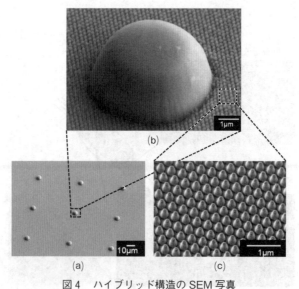

図4　ハイブリッド構造のSEM写真
(a) 柱構造アレイ，(b) 柱構造，(c) ARSパターン拡大

第11章 光デバイス

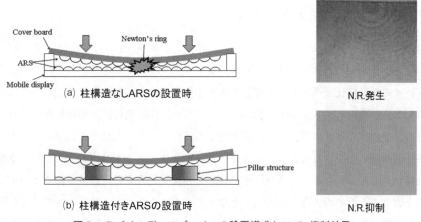

図5 モバイルディスプレイへの設置構成とN.R.抑制効果

形状であり，底面は直径5μm，高さ2.5μm，周期50μmの間隔で配列している。

この柱構造付ARSシートをLCD上に貼り付ければ，カバー板を押されたときもLCD表面と数μmの距離を保てるので，ニュートンリングの発生を抑えることができる（図5）。この柱構造の形成による反射率の悪化度合いは0.2%程度であり，図5の構成による明所コントラストの向上効果は，2倍以上が確保可能である。

4.5 まとめ

高い転写性と寸法安定性を持つ光ナノインプリント法を用いて，光学アレイ素子への応用開発を行なった。ナノインプリント技術の応用先として，光学アレイは有望であり，今後もディスプレイや光伝送などの分野で幅広い展開が期待される。

文　献

1) 伊藤嘉則，成形加工，**15**(1)，38（2003）
2) 寺川裕佳里，細川速美，*OPTORONICS*，**33**(271)，170（2004）
3) 戸谷浩巳，細川速美，*OPTORONICS*，**25**(295)，173（2006）
4) R. Fujioka, O. Nishizaki, Y. Ito and Y. Okuno, NNT'07 Proceeding, F4, pp. 69-70 (2007)
5) T. Minobe, K. Sanari, Y. Takagi, Y. Yamamoto and Y. Ito, '09IDW Proceeding, FMC8-2, pp. 1889-1892 (2009)

5 モスアイ型反射防止フィルム

魚津吉弘*

5.1 はじめに

　液晶ディスプレイ，プラズマディスプレイ，レーザーディスプレイ等の技術開発が進み，大型ディスプレイの低価格化が進行し，家電量販店の店頭でもほとんどの製品が32インチ以上のものとなりつつある。大型ディスプレイにおいても，省エネ，高演色性，高解像度化が進み，映像はかなり鮮明なものになってきた。一方，電車内や街頭において，大型ディスプレイによる広告を中心に各種情報提供がなされるようになってきた。ディスプレイでは，外光から生じる反射光の影響で画像が見えにくくなるという現象が生じ，その反射光の影響を低減することがディスプレイの特性を改善するための大きなポイントとなっている。また，ディスプレイではないが，美術館・博物館の展示物を被う大判の透明板でも，反射により展示物が見難くなったり，展示物の色が変わって見えたりするという問題がある。

　反射光の影響を防ぐフィルムとしては，反射光を散乱によってぼやかす AG（Anti-Glare）フィルムと反射光自体を干渉によって低減する AR（Anti-Reflection）フィルムとが市販されている。AG フィルムはフィルム表面や内部にミクロンオーダーの散乱体を有しており，光を散乱させて反射光をぼやかすという機能を有している。このために，ディスプレイ等の解像度を落とすという欠点を有している。一方，反射防止（AR）フィルムは多層構造を有しており，各層の屈折率及び膜厚の制御を行うことで反射光同士が干渉して打ち消しあうように設計されている。この多層タイプのものは多くの層を積み重ねることで，かなり広い波長範囲の光の反射を抑えることが可能である[1]。ただ，一般的にディスプレイ用途等で用いられているフィルムは層を重ねることで製造工程が増え製造コストが高くなるため，コストとの折り合いをつけるため二層構造であり，広い波長範囲の反射を防止するのではなく，視感度の最も大きな555 nm 付近の光の反射を強く防止するような設計となっている。このために，従来の反射防止フィルムでは斜めから見た

図1　蛾の目の表面構造

＊　Yoshihiro Uozu　三菱レイヨン㈱　横浜先端技術研究所　リサーチフェロー

第11章　光デバイス

際に，色がついたように見える。

5.2 モスアイ型反射防止フィルム

モスアイ構造とは，図1に示す蛾の目の表面構造を模倣したものであり，バイオミメティクスの代表的な例である。蛾の眼の表面にはこのような数100 nmサイズの凹凸構造が形成されており，これは反射を防止することで外光を有効に取り込む，進化の過程で形成されてきたものと考えられている[2]。現在，モスアイ構造は図2に示すような曲率を持った錘状体の集合構造体を意味することが多い。このように表面にナノオーダーの微細な凹凸構造を形成することで，空気との接面から基材との界面まで屈折率を連続的に変化させることにより，新たな界面を形成することがないために界面反射も防ぐことができ，極めて低い反射率，並びに可視光の波長域全域の反射を防止できるという特徴を有している。

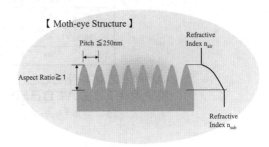

図2　狙いのモスアイ構造

5.3 モスアイ型反射防止フィルムを形成するための金型の作製

従来，このモスアイ構造はレーザー光の干渉露光や電子線描画により金型を形成し，その金型を用いてナノインプリントの手法で作製されていた[3]。しかし，干渉露光で形成される突起のサイズは300 nm程度が限界であり，可視光域全域で特性を出すために必要と考えられる200 nm以下までの微小化は困難である。また，電子線描画では高精細のパターン形成は可能であるが，パターン形成時間が非常に長いこと並びにコストが非常に高いという欠点を有している。

大型のモスアイ型反射防止フィルムを工業的に作製するためには，大面積のナノインプリント用の金型を作製する技術開発がキーポイントとなっている。また，工業的に大量に合成するためには，ロール to ロールのプロセスの適用が期待される。このプロセスを適用するためには，ロール状の金型の作製が必須である。

そのような状況下，アルミニウムの陽極酸化技術を適用して，シームレスな大型ロール金型の作製が実現されてきた[4]。陽極酸化処理は，アルミニウムに耐食性を付与するための表面処理（アルマイト処理）として古くから用いられている。アルミニウムを酸性電解液中で陽極酸化すると，表面に多孔性の酸化被膜が形成される。この陽極酸化被膜は特定の処理条件で形成することにより，自己組織的にきれいなアルミナノホールアレイと呼称される配列体が形成される。アルミナノホールアレイの構造は，セルと呼ばれる一定サイズの構造体が細密充填した構造となっている（図3）。各セルの中心にはセルサイズの約1/3の径を有する均一な径の細孔が配置しており，各細孔が膜面に垂直に配向して配列している。それぞれのセルのサイズ（細孔の間隔）は，陽極酸化の際の電圧に比例する。陽極酸化時の電圧を変化させることによって，細孔間隔を

ナノインプリントの開発とデバイス応用

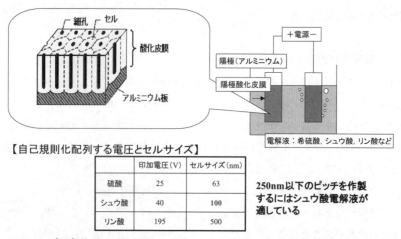

図3　アルミナナノホールアレイとその作製方法

10〜500 nm 程度の範囲で制御することが可能である[5〜7]。各細孔の径は細孔間隔に比較して 1/3 とかなり小さいものであるが，エッチングにより孔径を拡張することが可能である。

モスアイフィルム形成用金型の形成方法を，図4を用いて説明する。まず，シュウ酸水溶液を電解液として用い定電圧下で，アルミニウムの陽極酸化を行う。次に形成した細孔をエッチングにより拡大する処理を行った。エッチングにより孔径拡大処理を行ったものを，シュウ酸

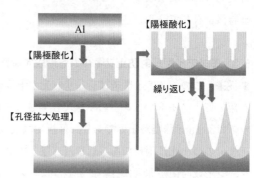

図4　テーパー状アルミナナノホールアレイの作製の模式図

水溶液を電解液として用い定電圧下で，陽極酸化を行う。すると，拡大したナノホール底面よりセルサイズの 1/3 の径を有する細孔が形成される。底部にはセルサイズの 1/3 の径を有する細孔その上部にエッチング処理により拡大した径の部分が形成された複合形状のナノホールアレイが形成される。この一連の処理を複数回繰り返すことにより擬似的なテーパー形状を有するモスアイ用金型が形成される[8]。

5.4　モスアイフィルムの光インプリント

モスアイフィルムの作製には，光インプリント技術を適用している。光インプリントは光硬化性樹脂を用いるために，硬化前の樹脂の流動性が高く転写性が極めて高い，架橋性の樹脂を用いるために転写後のパターンが剥離時にも変形が少なく耐熱性も高い，プロセスの汎用性がある等，多くの有利な点を有している。液晶ディスプレイのバックライトに用いられているプリズム

第11章　光デバイス

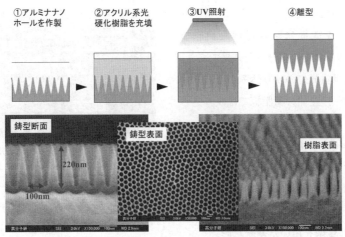

図5　モスアイ反射防止フィルム作製プロセスの模式図

シート等も，光インプリントのプロセスで製造されている。

　モスアイフィルムの作製プロセスのイメージ図が図5である。まず，アルミナナノホールアレイ金型に光硬化性樹脂を充填し，透明な基盤フィルムをかぶせる。次に，基盤フィルム側からUV光を照射し，光硬化性樹脂を硬化させる。最後に保護フィルムと一体化した形状を付与した樹脂を金型から剥離する。この一連の工程を経由して，モスアイ型反射防止フィルムが作製される。基盤となるフィルムとしてはアクリル系フィルム，ポリエステルフィルム，ポリカーボネートフィルム等が用いられる。図5の下側の写真は，左が形成したモスアイ金型の断面のSEM写真であり，中央がモスアイ金型の表面のSEM写真である。直径約100 nmのテーパー状の細孔がきれいに配列した形状となっている。また，右の図は作製したモスアイフィルムのTEM写真である。モスアイ金型の形状がきれいに転写されている。

5.5　モスアイ型反射防止フィルムの反射率と映り込み

　標準的な5度の角度を持たせた正反射を測定する方法により，反射率の測定を行った。測定結果を図6に示す。従来市販されている二層タイプのARフィルムは大きな波長依存性を有するのに対し，モスアイフィルムは555 nm付近も含め可視光域全域において，反射率が0.5％以下の値となっており波長依存性が極めて小さくなっている。

　また，図7はモスアイフィルムを両面

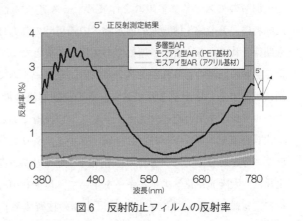

図6　反射防止フィルムの反射率

に貼り付けた樹脂板（左）と従来の二層タイプのARフィルムを両面に貼り付けた樹脂板（右）との映り込みの比較を行った結果である。右側の樹脂板には蛍光灯の映り込みがはっきりと見えるのに対し，左側の樹脂板では映り込みはほぼ確認できない。

図7　モスアイ反射防止フィルムの映り込み評価結果

このように，モスアイ型反射防止フィルムは可視光域全域での反射率の低減を実現できること，並びに実用時の映り込みの劇的な改善効果が確認されている。

5.6　大型ロール金型を用いた連続賦形

アルミナノホールアレイは大面積に，しかも，曲面に形成できるという特徴を有しており，このことが産業上特に重要である。この特性を利用して，アルミニウムロールへの陽極酸化を行い大型のロール金型を形成し，このロール金型を用いて連続的に基盤フィルム上に，ナノインプリントによりモスアイ型反射防止構造をナノコーティングできることが確認されている。

直径200 mm，幅320 mmのロール形状の鏡面加工したアルミニウムを，シュウ酸水溶液を電解液として定電圧下で陽極酸化を行い，次に細孔径を拡大する処理を行った。これらの操作を複数回繰り返して，表面にテーパー形状のアルミナノホールを有するロール鋳型を得た。

得られたロール鋳型を用いて光硬化性樹脂を用いてロール to ロールで連続的に樹脂フィルム上にモスアイ構造を転写した。樹脂表面及び断面を電顕観察結果したところ，100 nm周期の均一なサイズのモスアイ構造がナノインプリントされていることが判った。このフィルムの反射率測定を行ったところ，可視光波長域において反射率及び反射率の波長依存性が低いことが確認できた。

5.7　おわりに

大面積のモスアイフィルムを作製し，モスアイフィルムの可能性が世の中に再認識されてきた。特に，美術館・博物館の展示物への適用時の効力は絶大である。大型ディスプレイへの適用も期待されている。また，屋外での使用が前提となるモバイルディスプレイにおいても，外光による影響の低減の切り札がモスアイ反射防止フィルムである。このモスアイフィルムを大量に安価に製造することが望まれており，その課題解決の最有力候補が本稿で紹介したアルミナノホールアレイを用いた連続光インプリントの技術である。

化石資源をエネルギー源とし，鉄，アルミ，シリコン，そして希少元素を原料として，リソグラフィ等を駆使してモノを作り，情報や価値を生み出してきたこれまでの技術体系とは異なり，生物は，太陽光や化学エネルギーを用いて，炭素を中心とする有機化合物を主として，分子集合や自己組織化によってモノを作る，「生物の技術体系」とも言うべき仕組みを持っている。今世

第11章　光デバイス

紀に入り欧米を中心に，「自然に学ぶモノつくり」の一つである「生物模倣技術」が改めて注目
され始めている。ナノテクノロジーの進展と相俟って，「新世代バイオミメティクス」とも言う
べき新しい研究の潮流が展開されはじめたのである。生物の表面は，ナノからマイクロにいたる
領域において階層的な構造を有し，それに伴う特徴的な機能を発現している。モスアイ型反射防
止フィルムは，その「新世代バイオミメティクス」の代表例の一つである[9]。

　このアルミナナノホールアレイの研究は，長年にわたって首都大学東京益田秀樹教授の下に積
み重ねられてきたものである。その技術を利用して，神奈川科学技術アカデミー益田グループと
三菱レイヨンとの共同研究において，本技術開発は進められている。

文　　　献

1) 小崎哲生，小倉繁太郎，*O Plus E*, **30**(8)，pp. 816-820（2008）

2) P. B. Clapham & M. C. Hultley, *Nature*, **244**, 281（1973）

3) 山下博司，前納良昭，特開2004-287238

4) H. Masuda and K. Fukuda, *Science*, **268**, 1466（1995）

5) H. Masuda, M. Yotsuya, M. Asano, K. Nishio, M. Nakao, A. Yokoo and T. Tamamura, *Appl. Phys. Lett.*, **78**, 826（2001）

6) T. Yanagishita, K. Nishio and H. Masuda, *Jpn. J. Appl. Phys.*, **45**, L804（2006）

7) T. Yanagishita, K. Nishio and H. Masuda, *J. Vac. Sci. B*, **25**, L35（2007）

8) T. Yanagishita, K. Yasui, T. Kondo, K. Kawamoto K. Nishio and H. Masuda, *Chem. Lett.*, **36**, 530（2007）

9) 下村正嗣，科学技術政策研究所　科学技術動向研究，**113**，pp. 9-28（2010）

ナノインプリントの開発とデバイス応用

6 ホログラム

渡部壮周*

6.1 はじめに

ホログラムは，ノーベル物理学賞を受賞したデニス・ガボール氏により，1948年に基本概念が提唱されて以来，様々な用途に展開されている。印刷業界においては，その画像の独自性から，特殊印刷の一つに位置付けられ，意匠用途，セキュリティ用途などのアプリケーションに展開されている。立体的表現，色再現性などが通常の印刷物とは異なりホログラム特有の映像表現が可能である。

また一方で，情報機器の高性能化，小型化のニーズの高まりから，多機能を同時に盛り込める技術である回折光学素子が注目されてきている。回折光学素子（DOE：Diffractive Optical Element）とは光の回折現象を利用した素子で，代表的な素子として，格子構造を有する回折格子と輪帯構造を有する輪帯板とがある。ミラー，プリズム，レンズ等で代表される光の反射，屈折を用いる光学素子と同様に，DOEにおいても収束，分散，偏向を実現可能である。DOE製作には，ルーリングエンジンなどを用いた機械切削法，干渉露光を用いたホログラフィ法，フォトマスク作製技術を応用したフォトリソグラフィ法などが知られている。ホログラフィ技術を利用したDOEはホログラフィック光学素子（HOE：Holographic Optical Element）と呼ばれる技術領域を形成している[1]。ホログラムの種類，ホログラムの機能を概観した後，計算機合成ホログラム（CGH：Computer Generated Hologram）の作製，応用について紹介する。

6.2 ホログラムの種類

ホログラムの干渉縞の形成方法には表面レリーフ型と体積型の二種類がある。表面レリーフ型は，上記のように，機械切削，干渉露光，フォトマスク等，二次元平面の表面に干渉縞の凹凸を作製することによって実現できる。一方，体積型は通常，コヒーレンシーの高いレーザーによる干渉露光を用いてホログラム感光材料中に屈折率分布または透過率分布の干渉縞を記録することによって実現できる。この体積型ホログラムは，厚み方向にも干渉縞を記録できる分，記録できる情報量が格段に大きくなる。図1にそれぞれのホログラムの断面の摸式図を示す。表面レリーフ型ホログラムは，通常，ミクロンオーダー，サブミクロンオーダーの表面凹凸からなるホログラムの干渉縞が記録された原版を作製し，その原版からロールtoロールのエンボス加工により複製することで大量生産が可能である。このエンボス加工は一種のナ

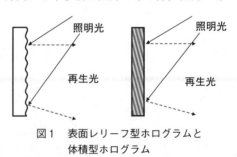

図1 表面レリーフ型ホログラムと体積型ホログラム

---

* Masachika Watanabe 大日本印刷㈱ 研究開発センター オプティカルデバイス研究所 所長

第11章　光デバイス

ノインプリント方式であり，凹凸のある原版から，熱，圧力，UV光等により，基板，フィルム等に付与された樹脂にその凹凸を複写することにより実現する。この表面レリーフ型ホログラムは，意匠，セキュリティ用途として広く普及している。一方で，体積型ホログラムは反射型と透過型によって干渉縞の記録方向が異なり，表面形状による複製はできず，光学的な複製を行う必要がある。

6.3　ホログラムの機能

　図2に代表的なホログラムの機能をまとめる。ホログラムは光情報を記録，再生でき，意匠，セキュリティ用途以外にも各種HOEとして利用される。目標製品に必要な光学特性を得るためには，ホログラム機能を有効に組み合わせる。例えば意匠用ホログラムでは，①立体像再生，⑦多重記録，⑪空中での結像等を活用する。DOE，HOEの事例では，主に表面レリーフ型ホログラムを用いて，光ピックアップ，ビームシェープ用フーリエ変換ホログラム，ホログラム拡散板，DFB（Distributed Feedback）レーザー等が製品化されている。いずれも，レーザー等，波長選択性，指向性の高い光源に対して，ホログラムの機能が設計されている。また，体積型ホログラムは，POSスキャナー（バーコードリーダー）向けホログラムスキャナー，ホログラム技術を使ったシースルースクリーン，ヘッドマウントディスプレイ用コンバイナーとして用いるシースルーブラウザ，自動車用ヘッドアップディスプレイ向けホログラフィックコンバイナー，ホログラム反射板，ホログラムカラーフィルター等に応用され，一般に白色光源全域を拡散させるような用途に対しては波長選択性，角度選択性が低い透過型ホログラムが利用され，白色光の一部，LED，LD等の光源に対しては，波長選択性，角度選択性が高い反射型ホログラムが利用される。

　表面レリーフ型ホログラムの追加の特長として，表面の凹凸を深さ方向に多段加工にすることによって，ホログラムの性能，機能を向上させることが知られている[2]。例えば，一次回折光以外の他次光を減らして一次回折光の回折効率を向上させる，入出射方向に非対称性を持たせるなどが実現できる。

6.4　計算機合成ホログラム（CGH：Computer Generated Hologram）

　ナノインプリント方式を用いて賦形記録が可能な表面レリーフ型のホログラムにおいて，CGHを例として作製方法，再生シミュレーションについて紹介する。CGHは，仮想物体からの物体光と，参照光との干渉縞を計算機上で光学シミュレーションし，求められたサブミクロン単位の干渉縞を基材上に形成することで得られる。今日では，半導体用フォトマスク製造などに用いられサブミクロン単位の微細加工を可能とする電子線（EB：Electron Beam）描画装置を用いることで，干渉縞データを精確に描画することができる。このようにして作製されたCGHは，三次元形状を緻密に作成，配置可能というCGの特徴と，自然な三次元画像を再現できるホログラムの特徴を併せ持っている。

189

ナノインプリントの開発とデバイス応用

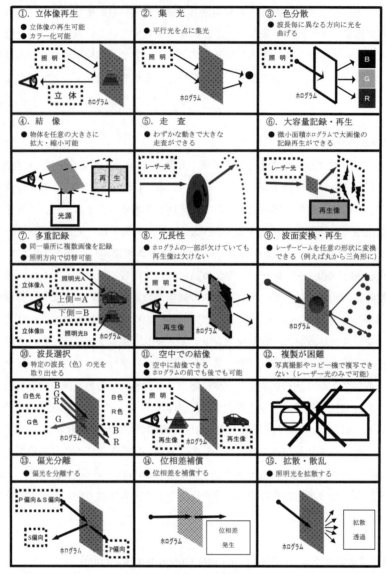

図2　ホログラムの機能分類

6.4.1　計算機合成ホログラムの作製方法

　まず，CGH の製造工程との比較のため，通常のホログラムの撮影工程を簡単に説明する。図3にホログラムの撮影光学系の模式図を示す[3]。

　単一のレーザー光源から射出したレーザー光は，ビームスプリッタにより二つに分けられる。分離したレーザー光のうち，一方は撮影対象の物体に照射され，物体によって散乱，反射された光（物体光）がホログラム感光材料に導かれる。分離したもう一方のレーザー光は物体には照射されず，レンズにより広げられ直接感光材料に照射される（参照光）。感光材料上には，物体光

第11章 光デバイス

と参照光の干渉の結果，光強度の強弱分布である干渉縞が生じ，この干渉縞を記録したものがホログラムとなる。

このホログラムに参照光と同じ光（照明光）を照射すると，物体光と全く同じ性質の光（再生光）が再生されるため，あたかも記録した物体が元の位置に存在しているように観察される。

一方，CGH は，三次元 CG（Computer Graphics）の形状データとして存在する仮想的な物体に対して，ホログラムの撮影工程をシミュレートすることで記録すべき干渉縞の強度分布を求め，得られた干渉縞を微細に描画することで作製される[4]。図4にCGHの製造工程の概略図を示す。

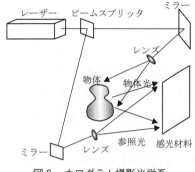

図3　ホログラム撮影光学系

図4に示すように，CGH の製造工程は大きく分け，干渉縞計算工程，干渉縞記録工程，大量複製・後加工工程の三段階の工程により構成される。

第一段階の干渉縞計算工程では，CG 技術と光学シミュレーション技術を組み合わせ，記録すべき干渉縞の強度分布が数値演算で生成される。まず，CG 用の形状モデリングソフトウエア等を利用し，CGH として記録すべき対象物体の三次元形状が定義される。次に，干渉縞計算の準備として，入射波長や参照光の入射角度，干渉縞強度の演算点の座標など，幾何学的・光学的定数が設定される。また，対象物体は，目視では分離観察困難な間隔の多数の点光源に置き換えられる。以上の設定に基づき，記録面上に定義された多数の演算点一点一点に対して，物体光と参照光が数値演算により求められ，その合成として干渉縞強度が求められる。

第二段階の干渉縞記録工程では，第一段階の干渉縞計算工程で生成された干渉縞データを元に，EB 描画装置を用いることで微細パターンを描画し，CGH の原版が作製される。干渉縞強度は実数値であるのに対し，EB 描画装置は描画するかしないかの二値記録の描画装置であるため，干渉縞データは EB 描画に適した矩形データに変換された後，描画される。

第三段階の大量複製・後加工工程では，第二段階の干渉縞記録工程で作製された原版を元に，

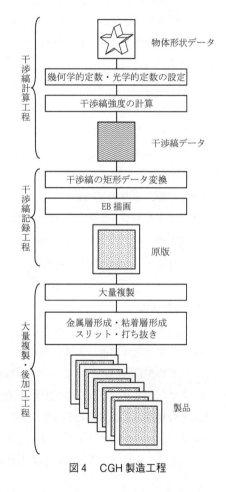

図4　CGH 製造工程

191

ナノインプリントの開発とデバイス応用

樹脂フィルムへの大量複製や種々の加工が行われ，CGH が製品形態に仕上げられる。EB 描画により作製された CGH の原版は，干渉縞が材料表面の凹凸として形成されるので，現在最も一般的である表面レリーフ型ホログラムの複製・後加工技術を活用できる。原版の凹凸パターンは熱可塑性樹脂や紫外線硬化性樹脂に複製された後，製品の用途に合わせ，光反射層や粘着層の形成，スリット，転写などの加工が施され，製品形態に仕立てられる。

　以上の流れは，光学機能を持った CGH を設計し，同様に凹凸パターンを持った CGH 原版を作製することによって，HOE，DOE にも応用できる。

6.4.2　CGH 再生シミュレーション

　CGH のホログラムとしての品質は，計算された干渉縞データを EB 描画装置により基材に描画し，原版を作製することで初めて確認できるようになる。EB 描画のプロセスには，多くのコストと作製時間を必要とするため，EB 描画を行う前に，CGH の再生像を確認することが望まれていた。

　CGH 再生シミュレーションは，計算された干渉縞データを複数のセグメントに分割し，それぞれフーリエ変換することで，セグメント毎の干渉縞から視点方向に回折される光をシミュレーションする。この方法により EB 描画を行う前に，デジタルデータ処理のみで，再生像を確認することができるようになった。

　ホログラムは入射した照明光の回折像を観察するため，照明光の影響を強く受ける。再生像に大きく影響する照明光の要素として，光源の形状とスペクトル分布の二つが挙げられる。CGH 再生シミュレーションでは，FFT 画像に平滑化処理を行うことで光源の形状を反映し，色再現に照明光のスペクトル分布を考慮することで，観察環境に応じたシミュレーションを可能とした。これにより，色再現性，光源による立体画像ボケを再現することができた[5]。

6.5　おわりに

　ホログラムの原理が発見されて以来，60年以上が経つが，ホログラム技術を用いて製品化されたアプリケーションとしては，ホログラムの特殊な映像表現を応用した製品展開が多く，光学素子としての製品展開は，未だニッチ市場の枠を超えていない。近年，LED，LD の高性能化，コストダウンが進み，それらの光源が市場の様々な用途に応用され始めてきており，それらの単色光源との相性のよい回折光学素子，ホログラムに，再度注目が集まってきている。前述のように，ホログラムは一つのフィルム（プレート）に光学的機能を集約することができ，既存品の置き換えではなく，ホログラムを用いる必然性のある用途の発掘が期待される。

第11章　光デバイス

文　　献

1)　小野雄三，HODIC 会報，**2**(5)，16-20（1995）
2)　L. d'Auria *et al., Optics Communications,* **5**(4), pp. 232-235 (1972)
3)　久保田敏弘，ホログラフィ入門，pp. 9，朝倉書店（1995）
4)　北村　満，画像ラボ，**14**(9)，pp. 61-65，日本工業出版（2003）
5)　安田類己，北村　満，植田健治，積田真人，山口　健，吉川　浩，3次元画像コンファレンス2008（2008）

7 半導体レーザへの光ナノインプリントの応用

柳沢昌輝*

7.1 はじめに

7.1.1 光通信市場における半導体レーザ

インターネットや移動体通信の発展が目覚しい昨今，通信網のトラフィックは指数関数的に増大しており，従来主流だったメタル回線に替わり，高速・大容量を特徴とする光通信が急速に普及しつつある。一昔前まで専ら高速・長距離伝送用に導入されていた光通信インフラが，近年では中〜短距離フィールドでも広がりを見せている。それに伴い，光通信の発光源として用いられるレーザダイオード（LD）も急速に高性能化，低価格化が進んでおり，かつては長距離通信用のハイエンド製品だった分布帰還型LD（DFB LD）が，中〜短距離用途のいわゆるボリュームゾーンでも普及してきている。このような状況下，光通信用 DFB LD のさらなる低価格化が求められており，コストダウンのためにプロセス技術の革新が望まれている。

7.1.2 DFB LD の課題

DFB LD は，発光部分である活性層の近傍に，線幅 100〜130 nm の周期的凹凸形状（回折格子）を持ち（図1），その周期で決まる単一の縦モードで発振するため，単一波長性，モード安定性に優れるという特長を持つ[1]。しかし，回折格子の加工には極めて高度な作製プロセスが必要であるため，加工コストの低減が難しいという課題がある。加えて，しきい電流値や光出力といった基本特性が，共振器端面における回折格子の位相（端面位相）に大きく依存し[2]歩留まり低下要因となるため，やはり低コスト化の大きな障害となっている。これを改善するために，LD の共振器内で回折格子の位相を意図的に半周期ずらした構造（$\lambda/4$位相シフト回折格子；λは共振器内を伝播する光の波長）が用いられている。位相シフト回折格子の採用により端面位相の影響を軽減し，LD 特性のばらつきを抑制することができる[3]ため，製品歩留まりの向上によるコスト低減効果が得られる。しかし，位相シフト回折格子の作製には原理的に従来の二光束干渉露光法が使えず，一般的に電子ビーム・リソグラフィ法（EBL）が用いられるため，プロセス時間が非常に長く，コスト低減が可能な量産プロセスとして好適であるとは言いがたい。

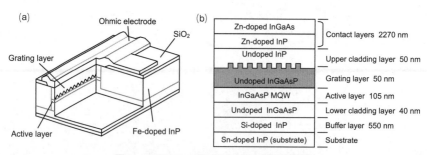

図1　DFB LD の模式図(a)と結晶層構造(b)

---

*　Masaki Yanagisawa　住友電気工業㈱　伝送デバイス研究所　主席

第11章　光デバイス

7.2　動機と課題

7.2.1　ナノインプリント技術の位相シフト DFB LD への適用

　ナノインプリント・リソグラフィ（NIL）は，あらかじめ微細パターンを形成した「型」を，基材上に塗布した樹脂に押し付けてパターンを転写する技術である。原理的には古くからある型押しと同様であるが，1995年，Chou らにより100 nm 以下の微細パターンが形成可能であることが示唆され[4]，一躍脚光を浴びることとなった。EBL と同等レベルの極微細パターンを，EBL の数〜数十倍のスループットで作製できる上，設備にかかる初期投資やランニングコストを比較的低く抑えることができるため，幅広い分野で次世代量産技術として期待され，盛んに応用研究が行われている。たとえば，次世代の記憶メディア[5]や波長フィルタなどの光学素子[6]，バイオ用途のナノ流路[7]，次世代半導体[8]などの分野での研究が進んでいるが，現状では各分野それぞれに本格的な量産の実現には課題が残されている。たとえば記憶メディアではスループットが，半導体ではアライメント精度やパターン欠陥が，ディスプレイ用光学素子ではフィールドサイズやスループットが障壁とされている。

　一方，NIL の半導体 LD への応用については，上記の各分野と比較して致命的な障壁が少ないと考えられる。シリコン半導体などにくらべて生産量が少ないため，スループットについては EBL とくらべて数倍以上あれば十分であるし，パターン欠陥については，欠陥によって不良となったチップを特性検査で除外すれば，（数が十分少ない限り）さほど大きな問題にはならない。また，使われる半導体ウエハの直径が 2 インチないし 3 インチであるため，フィールドサイズについても高々20 mm 程度で十分である。レイヤ間の重ね合わせ精度についても，1 μm 程度が確保できれば十分である。

　以上のように，半導体 LD への NIL 応用については，他の用途にくらべて致命的な障壁がない一方，量産を視野に入れたウエハスケールでの研究についてはほとんど報告された例がない。前述のように EBL よりもスループットが高く，しかも設備コストが低いという特長から，われわれは，NIL を既存の半導体 LD 量産技術と組み合わせることで，位相シフト DFB LD の低コスト作製プロセスを確立することができると考え，研究を続けている[9,10]。

7.2.2　課題

　位相シフト DFB LD の作製に NIL を適用するにあたり，われわれは下記の二つの課題に着目した。

　①　インプリント時の押し付け圧力による半導体結晶へのダメージ

　②　基板表面の凹凸に起因する，樹脂の膜厚不均一性

①については，LD に使用される InP 基板が Si 基板などと比較して非常に脆弱であり，機械的圧力によって結晶欠陥が発生・増加しやすいため，デバイスの特性，信頼性の低下に繋がることを懸念した[11]。②については，一般的に 3 インチ以下の小口径 InP 基板は，電子デバイス用の Si 基板にくらべて平坦度が劣るため，インプリント後の膜厚ばらつきが比較的大きくなりやすく，これがデバイス特性の不均一性につながることを懸念した。厄介なことに，これら二つの課

題はトレードオフの関係にあり，たとえば膜厚均一性を改善するために転写圧力を上げることが基板へのダメージの増大に繋がるため，両者を同時に解決することは難題である。われわれは本研究において，①については，結晶へのダメージの有無を非接触な評価方法を用いて明らかにし，②については，反転インプリントプロセスを採用するとともに，転写後のエッチングプロセスを最適化することでパターン均一性の向上を図った。また，これらの検討を踏まえて実際に位相シフト DFB LD を作製し，基本特性およびその長期信頼性を評価することで，DFB LD への NIL の適用性について検証した。

7.3 作製プロセス

7.3.1 DFB LD 作製プロセス

先述のように，NIL を用いる上で，基材の平坦性は残膜均一性に影響する重要な要素である。一般に，GaAs や InP など光学素子に用いられる化合物半導体の基板は，LSI などに用いられる Si 基板にくらべて平坦性が劣る。たとえば，市場で一般に入手可能な 2 インチ径 InP 基板は，TTV（Total Thickness Variation）が $3\,\mu m$ を超える場合もあり，これは200 mm 径 Si 基板の数倍以上である。そのような平坦性の悪い基板に対して NIL を適用する場合，被転写材料である樹脂の膜厚分布が大きくなり，最終的に基板に転写されるパターン形状の均一性低下に繋がる。この問題に対してわれわれは，反転ナノインプリント法を採用し，残膜ばらつきがパターン形状に与える影響を軽減することを狙った[12]。

作製する DFB LD の層構造を図 1 (b)に模式的に示す。本研究では，回折格子は活性層の直上に形成される。回折格子作製プロセスの流れを，図 2 に示す。まず，MOVPE（Metalorganic Vapor Phase Epitaxy）法により活性層を含むエピタキシャル層を形成した InP 基板上に，厚さ 50 nm の SiN 薄膜を形成する。次に，紫外線硬化樹脂の密着性を高めるためのプライマー剤を回転塗布する。つづいて紫外線硬化樹脂を滴下し，これにモールドを押し付ける（図 2 (a)）。押し付け圧力は約0.1 MPa である。モールドを通して紫外線を照射し樹脂を硬化させた後，モールドを離型する（図 2 (b)）。一回の転写が終わると，基板を載せたステージが移動し，別のフィールドに逐次的にインプリントを繰り返す（ステップ＆リピート式）。一つのフィールドの大きさはおよそ 9 mm × 7 mm である。転写終了後，全面に Si 含有樹脂を回転塗布する（図 2 (c)）。Si 含有樹脂の膜厚は約240 nm であり，これによって紫外線硬化樹脂の凹凸パターンは平坦化される。次に，紫外線硬化樹脂の凸部の上面を露出させるために，誘導結合プラズマ反応性イオンエッチング（ICP-RIE）装置を用いて Si 含有樹脂を全面エッチングする（図 2 (d)）。使用するガスは CF_4 と O_2 である。さらに，露出した紫外線硬化樹脂を同じく ICP-RIE 装置にて，SiN 膜が露出するまで選択エッチングする（図 2 (e)）。この貫通エッチングは，本プロセスにおいてもっとも重要な技術の一つであり，7.3.2で詳細に説明する。次に，得られた樹脂パターンを SiN 膜に転写するため，SiN 膜を RIE 装置によってエッチングし（図 2 (f)），その後樹脂を除去する。最後に，結晶（エピタキシャル層）を CH_4 と H_2 の混合ガスを用いた ICP-RIE 装置でエッチン

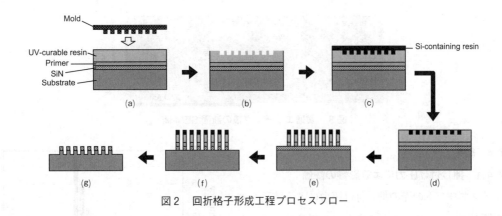

図2　回折格子形成工程プロセスフロー

グし（図2(g)），SiN膜を剥離して，目的とする回折格子形状を得る。

　以下，回折格子作製後のプロセスについては，従来標準的に用いているDFB LD作製プロセスを，ほぼそのまま適用している。実績が十分に蓄積されたプロセスを最大限に利用することで，実用化への障壁をできるだけ小さくすることを意図しており，本プロセスの特長の一つである。回折格子形成後，上部クラッド層，コンタクト層をそれぞれMOVPEにて形成する。さらに，化学気相成長法（CVD）にてSiO$_2$薄膜を形成，つづいて光リソグラフィとRIE法を用いて，LDの共振器となるストライプ状パターンをSiO$_2$膜に形成する。つづいてSiO$_2$膜をマスクとして，CH$_4$/H$_2$ガスを用いたICP-RIE法によって半導体結晶層をエッチングする。その後，Feをドーピングした半絶縁性InP層を選択的にエピタキシャル成長し，共振器ストライプを埋め込む。さらに，素子全体を保護するための絶縁膜を形成し，導通を得るためのコンタクト・ホールを形成した後，電極となる金属を真空蒸着法とリフトオフ法を用いて形成する。最後に基板の裏面を研削した後に電極を形成し，DFB LDが完成する。

7.3.2　貫通エッチングの均一性

　先述のように，紫外線硬化樹脂の貫通エッチングは，本プロセスにおけるキーテクノロジーの一つである。貫通エッチングにおける不均一性は回折格子形状の不均一性に繋がり，最終的にDFB LDの歩留まりに影響する。われわれは，貫通エッチングの均一性，再現性を高めるため，低温ICP-RIE装置を用いた方法を開発した[13]。エッチングガスとしてO$_2$とN$_2$を採用し，基板ステージを260〜270 Kに保持しながらエッチングする。これにより，エッチング中の紫外線硬化樹脂の横方向のエッチング，すなわちアンダーカットを抑制し，紫外線硬化樹脂に一定の膜厚不均一性が存在した場合でも，均一な線幅で回折格子を形成することができる。これは，エッチング中の反応生成物が開口部側壁に付着し，横方向のエッチングを抑制することによるものと考えられる[14,15]。図3は，最適化された条件で貫通エッチングを行った後の樹脂の断面をSEM（Scanning Electron Microscopy）で観察した像である。また，ウエハ6枚分について，SEMにより線幅の分布を評価した結果を図4に示す。標準偏差は4 nm以下であり，非常に高い均一性を示している。

図3 貫通エッチング後の断面 SEM 像

7.4 結果
7.4.1 押し付け圧力による影響の評価

インプリントの際の押し付け圧力による結晶への影響を調べるため,エピタキシャル層のフォトルミネッセンス(PL)強度の変化を評価した。もしインプリント時の機械的圧力によって活性層に深刻なダメージが及ぼされるとすると,インプリント前に対して PL 強度が相対的に低下するはずである。

インプリント用樹脂を塗布したエピタキシャル基板と,塗布していない基板の両者に対し,パターン

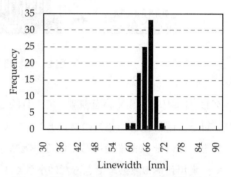

図4 貫通エッチング後の回折格子線幅分布
(ウエハ6枚分)

の形成されていない平坦な石英板を押し付けた。石英板の大きさは10 mm 角,押し付け圧力は 0.8 MPa であり,これは本プロセスで実際に回折格子パターンをインプリントする際に加える圧力の約10倍にあたる。その後,樹脂を塗布した基板については溶剤により樹脂を除去し,両者の PL マッピング測定を行って,PL 強度分布を比較した。図5に示すように,樹脂なしで押圧したサンプルについては,PL 強度の明らかな低下が見られる。これに対し,樹脂ありサンプルについては強度低下が見られず,押圧による顕著な影響はないことがわかる。この結果から,インプリント用樹脂が一種のクッションの役割を果たして基板にかかる局所的応力を分散させる効果を奏し,エピタキシャル層への致命的ダメージが回避されていると考えられる。

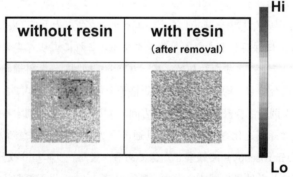

図5 インプリント後のエピタキシャル層の PL 強度分布
左は樹脂なしで押圧,右は樹脂ありで押圧後樹脂を除去して評価

7.4.2 回折格子形状

作製した回折格子のSEM像を，図6に示す。このサンプルは，完成したDFB LD素子から上部電極や保護膜，エピタキシャル層などを選択的に除去し，回折格子層を露出させたものである。ラインエッジラフネス（LER）が小さく，良好な形状をしていることがわかる。これは，マスターモールドのLERが小さいことに加えて，転写，エッチングの各段階のプロセスでLERが増大していないことを示している。

7.4.3 位相シフトDFB LDの基本特性と均一性

本プロセスを用いて2インチ径ウエハに位相シフトDFB LDを作製し，その基本特性と均一性について評価を行った。測定に用いたのは狙い波長1490 nmのLDで，対応する回折格子周期の設計値は232 nmである。

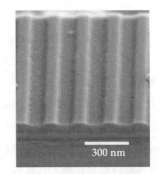

図6　回折格子のSEM像
完成したDFB LDから上部電極，保護膜などを除去して観察

図7は，LDの基本特性である光出力とスロープ効率の電流依存性を示している。しきい電流値は約8 mA，スロープ効率は0.28 W/Aであり，良好な発振特性を示している。

図8に，発光スペクトルを示す。ストップバンドの中心，すなわちブラッグ波長でDFBモード発振が得られており，位相シフト回折格子が正常に機能していることを示している。

次に，基本特性のウエハ内均一性を検証するため，従来のEBLプロセスで作製したLDをリファレンスとして比較した。比較した特性はサイドモード抑圧比（Side-mode suppression ratio：SMSR）で，単一モード発振の安定性を示すパラメータであり，回折格子品質の影響を受けやすいパラメータである。図9は，両者のSMSRの分布をヒストグラムにして比較したものである。2インチ径ウエハから，それぞれ約300個のLDチップをサンプリングしている。標準偏差はNIL：2.0, EBL：1.8で有意差はなく，ばらつき，中心値ともに同等であることがわかる。すなわち，NILを用いた本プロセスによって，均一性まで含めて従来のEBLプロセスと同等の

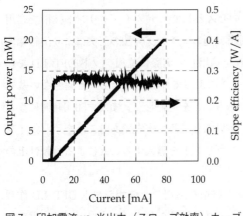

図7　印加電流 vs. 光出力（スロープ効率）カーブ

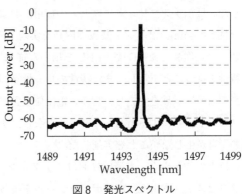

図8　発光スペクトル

199

位相シフト DFB LD を作製することが可能であると言える。

7.4.4 位相シフト DFB LD の長期信頼性

最後に，完成した DFB LD の長期信頼性を評価した。先に課題として挙げたインプリント圧力による結晶品質への悪影響としては，たとえば結晶欠陥の発生や増大が要因となり，通電動作中に非発光再結合が急激に増大して故障に至る場合などが考えられる[11]。また，従来の DFB LD プロセスに使用していなかった樹脂材料を新たに採用しているため，その成分やエッチング中の反応生成物の残留が，何らかの信頼性上の問題を誘発する可能性も顧慮しなければならない。

図10に，環境温度358 K，光出力10 mW 一定の条件下で5000時間に亘って通電試験を行った結果を示す。サンプル数は18個である。しきい電流値の変動量は±1％以内と非常に安定であり，急激劣化などの異常変動が発生していないことがわかる。これは，先に挙げたインプリント圧力や樹脂によるコンタミネーションの他，信頼性上で悪影響を与える可能性のある他の要因を含めて何ら問題がなく，きわめて高い信頼性を有する DFB LD が作製できていることを示す。

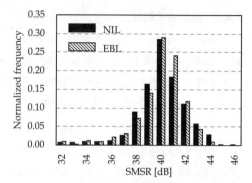

図9　NIL と EBL を用いて作製した DFB LD のサイドモード抑圧比（SMSR）の比較

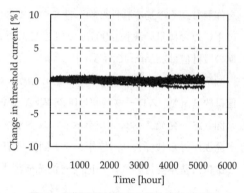

図10　長期通電試験中の動作電流の変動
光出力：10 mW，環境温度：358 K

7.5 結言

光通信用位相シフト DFB LD の低コスト作製プロセスとして，ナノインプリント技術を応用した。反転インプリントプロセスの採用，および樹脂貫通エッチング方法の工夫により，線幅均一性 σ＜4 nm（2インチ基板面内）を実現し，これを適用して実際に位相シフト DFB LD を作製した。作製した LD が，EBL を用いた従来プロセスによって作製された LD と遜色ない基本特性を持つことを示し，また特性の均一性も同等であることを実証した。また，5000時間に亘る長期信頼性試験を実施し，しきい電流値変動が±1％以内と極めて安定であることを示し，インプリント圧力による結晶へのダメージなど，ナノインプリントを導入することによる信頼性上の悪影響が生じないことを実証した。

以上のことから，本研究におけるナノインプリント技術を応用した位相シフト DFB LD 作製プロセスが，実用上，高いポテンシャルを持っていると結論付けられる。本プロセスは，将来的

第11章　光デバイス

に量産プロセスへの適用が期待されるだけでなく，ナノメートル・オーダーのパターン形成技術を必要とする他の様々な用途においても，その作製技術として有用であると考えている。

文　　献

1) 栖原敏明，半導体レーザの基礎，p. 199，共立出版（1998）

2) T. Matsuoka, H. Nagai, Y. Noguchi, Y. Suzuki and Y. Kawaguchi, *Jpn. J. Appl. Phys.*, **23**(3), pp. L138-L140（1984）

3) M. Davis and R. O'Dowd, *IEEE J. Quantum. Electron.*, **30**(11), pp. 2458-2466（1994）

4) S. Y. Chou, P. R. Krauss and P. J. Renstrom, *Appl. Phys. Lett.*, **67**(21), pp. 3114-3116（1995）

5) S. Y. Chou, *Proceedings of the IEEE*, **85**(4), pp. 652-671（1997）

6) D. H. Kim, W. J. Chin, S. S. Lee, S. W. Ahn and K. D. Lee, *Appl. Phys. Lett.*, **88**(7), pp. 071120（2006）

7) L. J. Guo, X. Cheng and C. F. Chou, *Nano Lett.*, **4**(1), pp. 69-73（2004）

8) W. Zhang and S. Y. Chou, *Appl. Phys. Lett.*, **83**(8), pp. 1632-1634（2003）

9) M. Yanagisawa, Y. Tsuji, H. Yoshinaga, N. Kono and K. Hiratsuka, *Jpn. J. Appl. Phys.*, **48**, pp. 06FH11（2009）

10) M. Yanagisawa, Y. Tsuji, H. Yoshinaga, K. Hiratsuka and J. Taniguchi, *Journal of Physics: Conference Series*, **191**, pp. 012007（2009）

11) O. Ueda, S. Yamakoshi and T. Yamaoka, *Jpn. J. Appl. Phys.*, **19**(5), pp. L251-L254（1980）

12) M. Miller, G. Doyle, N. Stacey, F. Xu, S. V. Sreenivasan, M. Watts and D. L. LaBrake, *Proc. SPIE*, **5751**, pp. 994-1002（2005）

13) Y. Tsuji, M. Yanagisawa, H. Yoshinaga, N. Inoue and T. Nomaguchi, *Jpn. J. Appl. Phys.*, **50**, 06GK06（2011）

14) T. Kure, H. Kawakami, S. Tachi and H. Enami, *Jpn. J. Appl. Phys.*, **30**, pp. 1562-1566（1991）

15) H. Kinoshita, A. Yamauchi and M. Sawai, *J. Vac. Sci. Technol. B*, **17**, pp. 109-112（1999）

8 ワイヤグリッド偏光フィルム

生田目卓治*

8.1 はじめに

　液晶テレビやパソコン向け液晶ディスプレイ，各種モバイル機器などに広く使用されている偏光板であるが，その主流はヨウ素などの染料をフィルム中に一定方向に配向させることで生じる光の吸収異方性を利用した「吸収型」偏光板である。これに対し旭化成イーマテリアルズが開発したワイヤグリッド偏光フィルムはナノサイズの金属ワイヤを使って偏光分離を行う方式であり，「反射型」偏光板に分類される。

8.1.1 ワイヤグリッド型偏光子とは

　ワイヤグリッド型偏光子の原理を以下に簡単に示す。ワイヤグリッド型偏光子は，電界成分が金属ワイヤに平行な偏波を反射し，垂直な偏波を透過することで偏光フィルターとして働く（図1）。まず，金属ワイヤに平行な偏波の電磁波が入射すると，導体内で電場がゼロになるように電子が運動する。この結果，透過する電磁波と，運動する電子が放射する電磁波とが逆位相で打ち消しあうため，電磁波は透過できない。運動する電子が放射する電磁波が反射波となる。従って，ワイヤグリッド型偏光子は金属ワイヤに平行な偏波に対して鏡面として働く。

　他方，金属ワイヤを非常に細くしておくと，金属ワイヤに垂直な方向に電子は運動できない。このため，金属ワイヤに垂直な偏波の電磁波はそのまま透過する。つまりこの場合，電磁波にとってそこに何もないことと同じような状態である。理想的なワイヤグリッド型偏光子は平行な偏波は100％反射し，垂直な偏波を100％透過することになるが，実際は吸収損失などがあり，ある程度の光は減衰する。

　これらワイヤグリッド型偏光子の原理自体は非常に古くから知られており，アンテナや赤外用偏光子として用いられた例がある。十分な偏光分離性能を出すためには，金属ワイヤの間隔が分離したい電磁波の波長よりも十分に短い間隔である必要がある。赤外よりも長波長への対応であれば，金属ワイヤのピッチ間隔が比較的広くて構わないため，製造も容易であるが，しかし可視光領域（380～780 nm）で高い偏光分離性能を得ようとした場合，100～150 nmピッチ程度の非常に狭ピッチで，かつ面内での金属ワイヤの形状，配列のバラつきを少なく製造する必要がある。この製造プロセスは容易ではない。

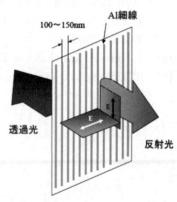

図1　ワイヤグリッド偏光板概念図

---

*　Takuji Namatame　旭化成イーマテリアルズ㈱　機能製品事業部　市場開発グループ　主査

第11章　光デバイス

8.1.2　旭化成のワイヤグリッド偏光フィルム（ASAHIKASEI WGF®）

前述のとおりワイヤグリッド偏光板は樹脂フィルム上にナノメートルオーダーの金属格子（一般的に可視光域で使う場合，反射率の兼ね合いからAlを用いる場合が多い）を100～150 nmピッチで周期的に並べることで生じる光の反射異方性を利用した「反射型」偏光板である。可視光領域全域で良好な偏光フィルターとして使うためには，上記程度の微細なピッチが必要となる。既に小面積のガラス基板を用いたワイヤグリッド型の偏光板はMOXTEK社などが製品化，販売しているが，大面積のフィルム上に形成した事例はこれまでになかった。それは，微細なピッチを形成できる加工技術は存在したが，大面積のフィルム基材上では難しいと考えられていたことが主な理由と思われる。これまでは半導体向けのリソグラフィ技術やエッチング技術を用いてAlワイヤを形成する手法が主流であり，製法的に大面積の製造には向いていなかった。また，樹脂フィルムのように平坦性が悪い基材上では露光時に焦点が合わず，微細な加工自体が困難であった。

これに対し当社では既存の半導体向け技術を用いず，独自の樹脂加工技術，ナノインプリント技術などの手法を用いることにより100～150 nmピッチのライン＆スペースパターンを樹脂フィルム上に形成することに成功した。このパターン付きフィルム上にナノサイズのAlワイヤを形成することによりワイヤグリッド偏光フィルムとした（図2）。

光学性能は図3に示すとおりである。既に製品化した既存品よりも狭ピッチ化を図った開発品においては全体的にTpが上昇していることが分かる。逆に短波長域を中心にTsは大きく低下しており，狭ピッチ化により可視光全域での透過率向上と共に偏光分離性能，コントラストも向上したことが分かる。

8.2　ナノインプリント技術について

ここでワイヤグリッド偏光フィルムの製造工程の一部に採用したナノインプリント技術について触れたい。特に大面積（この分野で

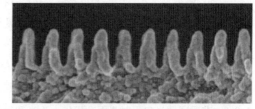

図2　ASAHI KASEI WGF® 断面SEM画像

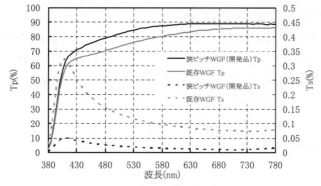

図3　ASAHI KASEI WGF® の透過率（Tp, Ts）

203

ナノインプリントの開発とデバイス応用

は数cm角でも大面積と言われることが多いが，当社では数100mm幅のロールtoロール生産を念頭において大面積と表現している）で均一に再現性よく転写することは，製品製造上は必須事項である。

ワイヤグリッド偏光フィルム「ASAHIKASEI WGF®」を開発する上で，様々な製造プロセスを検討したが，現在はUVナノインプリントプロセスを含む一連のロールtoロールプロセスを採用している。具体的には，ライン＆スペースの凹凸がついたNiロールモールドからUV硬化樹脂を用いて樹脂フィルム（基材フィルム）上にライン＆スペースのナノパターンを形成し，その凸部にAlを選択的に乗せることでナノスケールのAlワイヤを形成している。これら一連の工程を連続的に行うことにより品質を安定化させることができ，バッチ生産に比べて高い生産性を確保することが可能となった。また光学製品としては厚みのバラつきをコントロールすることも重要だが，ロールtoロール生産とすることで，バッチ生産と比較して精度の高い厚み制御が可能になっている。しかし，ここに至るには最適なUV硬化樹脂の調製，安定した離型性の確保，欠陥・ゴミの低減など多くのクリアすべき課題があったことは言うまでもない。

8.3 ワイヤグリッド偏光フィルムの特徴

ワイヤグリッド偏光フィルムと既存の吸収型偏光板の違いについては，先に述べたとおり「反射型」と「吸収型」であることが最大の違いであるが，他にも多々ワイヤグリッド固有の特徴が存在する。以下にそれらの特徴をまとめた。

8.3.1 広帯域での良好な偏光分離性能

一般的な吸収型タイプの偏光板と最も異なる特徴は，対応帯域の広さである。ワイヤグリッド型は金属格子のピッチ間隔が狭いほど，短波長域の偏光分離性能が上がることになる。当社のASAHIKASEI WGF®の場合，Alワイヤのピッチが100〜150nmであるが，その場合可視光から赤外域まで高い偏光分離性能を持っている（図4）。これは吸収型にはない特長であり，赤外線センサや赤外線カメラ，近赤外を用いた生体認証などの分野への適用を期待している。

8.3.2 非透過偏光の反射＆再利用による光利用効率の向上

これまで液晶パネルで一般的に用いられてきた吸収型偏光板はS波とP波の一方を吸収するため，光の利用効率が低かった。これに対しワイヤグリッド型の場合，Alワイヤで反射された光を再利用することができる。他部材の構成などによっても利用効率は変わるが，一例では吸収型偏光フィルムと比較して輝度を1.5倍程度に高められるという効果も確認されている。このような機能を持った光学フィルムとしては，米3M社の輝度向上フィルム「DBEF」があるが，偏光性能が十分ではないため他の偏光フィルムと組み合わせて使うことが前提となっている。ASAHIKASEI WGF®は偏光分離と高輝度化の機能を一枚に持たせる可能性を示したと考えている。また，反射による偏光分離性能を利用して偏光ビームスプリッター（PBS）としての利用も可能である。

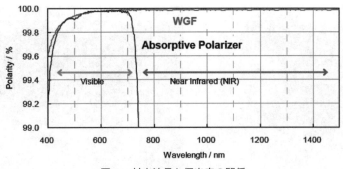

図4　対応波長と偏光度の関係

8.3.3　高耐熱性

前述のとおりワイヤグリッド型偏光子は，ナノサイズの金属格子によって偏光分離が行われる。金属種としては，一般的には可視光を含む幅広い波長域での反射率の高さからAlが用いられることが多い。当社製品でもAlを用いているが，それによりヨウ素や染料を用いた吸収型偏光板よりも高い耐熱性を獲得している。ヨウ素を用いるタイプの場合，80～85℃程度の耐熱性となっているが，金属を用いるワイヤグリッド型の場合，100℃以上の使用環境でも問題がない。もちろん，基材フィルムの耐熱性を考慮する必要はあるが，用途に応じて高耐熱の基材フィルムを選択することは可能である。車載ディスプレイやプロジェクター，耐熱性が要求されるセンサーなどの用途でこの特長が活きてくる。

8.3.4　容易な形状加工

ガラス基板ではなく，樹脂フィルムを基材に用いているため軽量で割れにくい。また形状加工の面でも，打抜き，切断などが容易である。更に基材がフレキシブルな樹脂フィルムであるため，曲面での使用も可能になる。逆にASAHIKASEI WGF®の場合，ロールtoロール加工を前提とするため，ロールでの取り扱いが可能な厚みの樹脂フィルムを選択することが必要であり，現在のところ，ガラスを含めたリジッドな基板に対してワイヤグリッド層を形成することができない。ただ，これらの要望も市場にあることから，今後対応していくことも検討したいと考えている。

8.3.5　基材フィルム選択の自由度

現在の製造品は主にTACフィルムを基材として用いているが，PETやPC，脂環式ポリオレフィンなどを基材として用いることも可能である。これらは主に製品の使用環境からくる要求信頼性や，光学特性などによって選択されることになる。前述のとおりロールtoロールの製造ラインに流すことができる厚みであれば製造対応可能である。

8.4　課題

開発課題はいくつかあるが，その代表例はフィルム表面の対擦過性向上である。ナノレベルの凹凸を有するフィルム表面は非常にキズが付きやすく，キズや汚れが付いた状態では光学性能が低下する。そのようなハンドリング性の悪さは搬送方法や組み立て工程などで問題となり，また

図5　ロール製造品（FPD2010展示）　　　図6　FPD2009展示試作品

対擦過性の観点から使える用途・使い方が限定される。この問題を回避するため，ハンドリング時にはワイヤグリッド面に保護フィルムを貼合しての使用を薦めている。用途によってはワイヤグリッド面に永久保護層を設けるなどの対策も必要になってくるが，可視光域で高い偏光分離が必要な場合，金属ワイヤ間が空気層（低屈折率層）であることが重要である。このようなナノ構造体の耐久性・強度についての課題はワイヤグリッドに限らず，様々なアプリケーションを考える上で共通の課題であり，耐久性もしくは復元性の高い樹脂の開発が求められる。

8.5　最後に

ASAHIKASEI WGF® は，展示会（FPD International, Finetech JAPAN），各種メディアなどを通じて2005年から顧客企業などに紹介させて頂いている（図5，6）。これまでに，ディスプレイ業界を始め，各方面から非常に高い関心，御引き合いを頂き，2007年からは幾つかの用途に向けて有償試験販売を開始，その後安定的に出荷を継続している。問い合わせを頂いた案件の中には，当初想定していなかった用途も多く，ワイヤグリッド偏光フィルムの可能性を強く感じている。

当社は，フィルム上へのナノレベルの微細構造作成技術を核に，ASAHIKASEI WGF® の製品化を進めてきた。液晶テレビの販売台数増加と共に販売面積を伸ばしている偏光板であるが，吸収型偏光板とは違ったワイヤグリッド偏光板が持つ特長を活かせる異分野へ積極的にアプローチしていきたいと考えている。前述のとおり，赤外域での偏光分離性能や高温下での信頼性，薄膜化への対応など，本製品の特長が活かせる分野は多岐に渡ると考えている。顧客企業との緊密な協力関係を取りながら，市場に新たな価値を提供することが必要と考えており，モスアイ型反射防止フィルムの開発など，更なるナノインプリント技術の横展開を検討している。フィルムの表面形状をコントロールし機能を付加することで高付加価値化することは適用用途を問わず重要なテーマと捉えており，ディスプレイ用光学フィルム分野に限らず，太陽電池用途やセンサー用途などにも需要が存在すると認識している。

ナノインプリント技術はまだ開発途上の技術であり，ワイヤグリッド偏光フィルムもこの技術

第11章　光デバイス

を使ったアプリケーションのひとつだが，まだナノインプリント技術が用いられた実例は少なく，光学製品に限らず次世代半導体製造技術やバイオテクノロジー関連などこれからの展開が期待される技術と言えるだろう。

9 LED

9.1 はじめに

小久保光典*

　LED（Light Emitting Diode：発光ダイオード）は低消費電力，長寿命，小型，軽量などの優れた特長をもち，世界的に省エネルギーへの関心が集まる中，次世代照明，パソコンや液晶テレビのFPD（Flat Panel Display：フラットパネルディスプレイ）バックライト用光源をはじめ自動車，商用サイン，信号機，PDA（Personal Digital Assistants）・携帯電話・デジタルカメラ・ゲーム機器などの携帯電子機器など，様々な分野で採用が進んでいる。このようにLED需要が増加する中，LEDのさらなる高輝度化に向けた技術開発が盛んになり[1]，LEDチップメーカ，研究機関の技術開発競争が続いている。

　LEDを高輝度化するための方法の一つとして，微細形状をLEDチップ製造工程でサファイア基板とエピ層の間，サファイア基板の裏面など，屈折率の異なる物質の境界面に付与する技術があり，その微細形状を低コストで形成できる技術としてナノインプリントプロセスが注目されている。

9.2 ナノインプリント技術

　図1に微細加工技術の中でのナノインプリントの位置付けを示す。ナノインプリント技術は，微細化が進むにつれ装置価格が高価になる従来のリソグラフィ装置を使った微細パターン形成方法と比較し，数十nmオーダの分解能をもつパターン形成が安価な装置で実現できる，プロセスコストが安い生産技術として注目されている。

　図2にナノインプリントの主な方式を示す。ナノインプリントの方式は大きく分けて熱インプリントとUVインプリント（光インプリントと呼ぶ場合もある）の二種類がある[2]。熱インプリントは，モールドと材料を被インプリント材料のガラス転移温度付近まで加熱し，その状態で材料にモールドを押し当て，モールドのパターンに材料を充填する。そして，その状態で冷却を行い，離型することによって材料にパターンを形成する方法である。三次元形状の転写がしやすい，使用可能な材料およびモールドの選択の幅が広いという長所があるが，一度のインプリント工程に加熱，冷却といったヒートサイクルが必要なため，スループットが遅く，温度変化が大きいため精密なパ

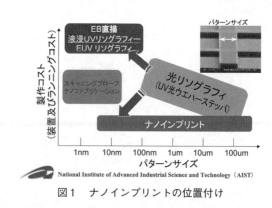

図1　ナノインプリントの位置付け

＊　Mitsunori Kokubo　東芝機械㈱　ナノ加工システム事業部　ナノ加工システム技術部　部長

第11章　光デバイス

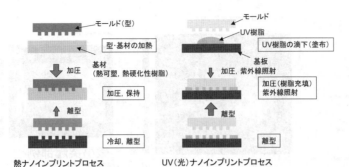

図2　熱・UVインプリントのプロセス比較

ターン形成には向かないという欠点もある。UVインプリントは，基板などに塗布したUV硬化性樹脂（以下，UV樹脂）に透明なモールドを押し当て，モールドのパターンにUV樹脂を充填した状態で透明なモールド側からUV光を照射しUV樹脂を硬化させる。その後，モールドを基板から離型することによって，基板上のUV樹脂にパターンを形成する方法である。本方式は「インプリント中の温度変化が少ないため精密なパターン形成に向いている」，「UV樹脂の硬化速度が速いためスループットが高い」というメリットがあるが，「基板あるいはモールド材料がUV光を透過する必要がある」，「使用できる樹脂がUV硬化性の樹脂に限定される」などの条件が付加される。

当社では高輝度LED用ナノインプリントに，スループットが速く高精度なパターン形成が可能なUVインプリント方式を採用している。

9.3　樹脂モールドを用いた高輝度LED用ナノインプリントプロセス

9.3.1　GaN層をエピタキシャル成長させたサファイア基板の形状

LEDチップ製造には，「基板上に成長させるGaNと格子定数が近い」，「GaNを成長させるための高温プロセスに耐えられる」などの理由から，多くのLEDメーカでサファイア基板が使用されている。MO-CVD装置を使用してGaN層を成長させたサファイア基板の形状測定結果を図3に示す。直径φ2 inchの基板中心が30 μm程度高くなっている。また，エピ成長中に発生した直径30～50 μm，高さ100～200 nm程度の「微小突起」と呼ばれる欠陥が多数確認できる。基板サイズが大きくなると基板の反りはさらに大きくなる。

9.3.2　R&D（試作）対応ナノインプリント装置 ST50[3～6]

我々が開発したナノインプリント装置ST50の外観写真を図4に，主要仕様数値を表1に示す。ST50は主としてR&D向けに開発した直押し方式のナノインプリント装置で，プレスユニットを交換することにより，熱インプリント，UVインプリントに対応可能であるという特長をもつ。モールド，基板のチャック部など，ユーザごとに仕様が異なる部分はユーザの希望に合った設計を行い，幅広い分野のインプリントテストに対応することが可能な装置である。フレームには高剛性で静震性に優れた鋳鉄を使用し，最大プレス力50 kNを発生するプレス軸の制御には自社製

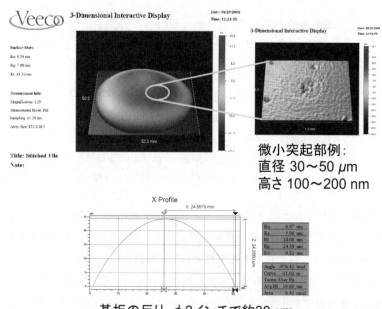

微小突起部例：
直径 30～50 μm
高さ 100～200 nm

基板の反り：φ2インチで約30 μm

図3　GaN層をエピタキシャル成長させたサファイア基板の形状

図4　直押し方式インプリント装置：ST50

表1　ST50の主要仕様

項目	仕様値
モールドサイズ	最大φ100 mm（熱標準仕様）
	最大φ68 mm（UV標準仕様）
プレス力	0～50 kN
ストローク設定範囲	0～150 mm
速度設定範囲	0.01～30 mm/sec
外形寸法　W×D×H	1.9 m×1.0 m×2.3 m
質　量	2,800 kg
温度制御（標準）	～200℃
真空チャンバ（オプション）	常用真空度1000 Pa ステージ内蔵可能
インプリントユニット	樹脂モールド対応

の制御装置を使っており，プレス力，プレス速度，プレスパターンを高精度に制御可能である。オプションとして，真空チャンバ，XYステージを搭載でき，これによって減圧下，ステップ＆リピート方式のナノインプリントが可能となる。

9.3.3　樹脂モールドを使用したナノインプリントプロセス

図5に石英ガラス・Ni電鋳モールドを使った場合と樹脂モールドを使った場合のナノインプ

第11章 光デバイス

リントプロセス比較を示す．9.3.1で紹介した，反りや欠陥がある基板に対して，石英ガラス，Ni電鋳などの剛性が高いモールドを使ってナノインプリントを行った場合，サファイア基板全面にモールドが接触し難く，基板全面へのパターン転写が困難である．そこで，これらの問題に対応するため，当社では樹脂モールドを使ったプロセスを採用している．樹脂モールドは「反りがある基板の形状にならう」，「ダメージを受けたら交換する（捨てる）ことで不具合の連続発生を抑える」という特長をもつ．

ナノインプリント装置ST50で使用する樹脂モールド用転写ユニットの構成を図6に示す．ユニットはUV光源，面内均一荷重メカニズム，樹脂モールド，樹脂モールド用ホルダ，基板用チャックで構成される．樹脂モールドがサファイア基板などの被インプリント面に追従可能な機構と面内均一荷重メカニズムにより，反った基板への全面転写を可能とした．

9.3.4 樹脂モールド製造方法

図7に樹脂モールドの製造方法を示す．樹脂モールドは，「フィルム上に塗布したUV樹脂にマスターモールドを押付けた状態でUV光を照射する」基板などへのUVナノインプリントと

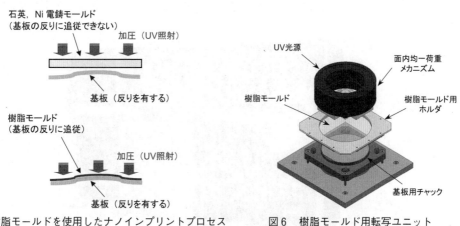

図5 樹脂モールドを使用したナノインプリントプロセス　　図6 樹脂モールド用転写ユニット

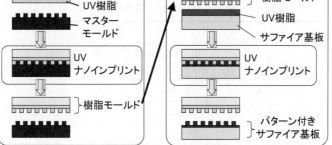

図7 樹脂モールド製造方法

同じ方法で製造する。UV照射後にマスターモールドを離型すれば，フィルム上のUV樹脂にマスターモールドのパターンが転写された樹脂モールドが完成する。この際のパターンはマスターモールドの反転形状となる。

フィルムモールドの量産には，Roll to Roll方式UVナノインプリント装置[5,6]（以下RtR装置）を使用する。RtR装置CMT-400Uの外観図を図8に，主要仕様数値を表2に示す。本装置はプログラムによって，シート送り速度，シート張力，高精度塗工ダイによるUV樹脂塗工膜厚，出力可変UVランプ出力などを制御し，高品質なナノインプリントが可能な装置である。

本装置はテスト用装置として製作したため使用可能なモールドサイズが300 mm以下と小さくなっているが，ユーザに提供する際には，希望とするフィルム幅，モールドサイズ，様々なアプリケーションに対応するための機構の追加など個別対応を行う。RtR装置はフィルム上に連続的にUV樹脂を塗工し連続的にUV転写を行うことで，高生産性，大面積化に対応できるナノインプリント装置であり，光学フィルムなどの量産に適している。

9.3.5 微細形状付与によるLED高輝度化

LEDの効率は外部量子効率で表され，外部量子効率は内部量子効率と光取り出し効率の積で表わされる。したがってLEDの発光効率を向上させるためには「内部量子効率」，「光取り出し

図8 Roll to Roll方式UVインプリント装置：CMT-400U

表2 CMT-400Uの主要仕様

項目	仕様値
モールドサイズ	幅：300 mm以下，長さ：785 mm以下 厚さ：0.25 mm
シート送り速度	0.2〜10 m/min
最大シート幅	360 mm
最大塗工幅	240 mm
外形寸法 W×D×H	3.80 m×2.37 m×1.93 m

第11章 光デバイス

効率」を向上させる必要がある。

内部量子効率を上げるため，サファイア基板上に μm オーダのパターンを付けた PSS（Patterned Sapphire Substrate）が使用されている。PSS パターンの一つに六角錐台形のパターンがある。このパターンを具備するサファイア基板上に，エピ成長などによって製膜を行うと，エピ層が六角錐台形形状の上部から横方向に成長する。そして，基板底面から成長した内部貫通転移が横方向の転移に到達することにより，転移の増加を止めることができる。この結果，エピ層内の内部貫通転移が低減され，貫通転移密度が低い高品質のエピ層となり，内部量子効率が改善される。この成長方法は，ELO（Epitacial Lateral Overgrowth）と呼ばれる。ELO 用のパターンはサイズが μm オーダのため，比較的古い露光装置を使ってパターン形成することもできる。

光取り出し効率を上げるためには，PC（Photonic Crystal）と呼ばれるパターンが使われる。PC パターンは波長の1/2程度のサイズのホール，ピラーなどの形状が周期的に並んだ構造をしており，屈折率の異なる物質の境界面に付与する。こうすることによって通常ならば全反射してしまう入射角の光が境界面を透過するようになり，光取り出し効率が改善される。パターンサイズが nm オーダのため，高精度の露光装置が必要となるが，半導体製造設備の露光装置を使用するとプロセスコストが高くなってしまう。そこで，ナノインプリント技術の適用が検討されている。ナノインプリント手法を用いた場合，UV 樹脂上に付与したパターンをマスクとし，インプリント後の基板をエッチングしてパターンを形成する。

高輝度 LED 用の PC パターン形状は，シミュレーションソフトウェアを使用して選定している。PC パターンを選定するためのシミュレーション精度を上げることは非常に重要で，そのためには輝度測定結果のフィードバックが不可欠である。LED メーカ，研究機関などに提出したナノインプリントサンプルの素子化後の輝度測定結果を入手し，輝度測定結果をシミュレーションソフトウェアにフィードバックし，シミュレーション精度を向上させることが重要である。

9.3.6 インプリント，ドライエッチング結果

樹脂モールドを使用して PC パターンをサファイア基板にナノインプリントし，ドライエッチングした結果を紹介する。ナノインプリント装置は ST50 を使用した。

PC パターン（パターンエリア24 mm×24 mm）を φ2 inch サファイア基板にインプリントした結果とパターン寸法を図9に示す。PC パターンをインプリントした部分が光の干渉により光っており，24 mm×24 mm の範囲に PC パターンがインプリントされていることがわかる。そして，図10にパターンエリアの断面観察から残膜分布を調べた結果を示す。端部から1 mm ごとに残膜厚さを測定した結果，両端のデータを除いた残膜厚さの分布は31±2 nm であり，パターン範囲内で均一な残膜分布になっていることが確認できた。

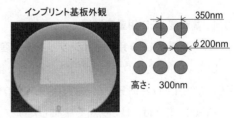

図9 PC パターンおよび φ2 インチ基板へのインプリント結果

ナノインプリントの開発とデバイス応用

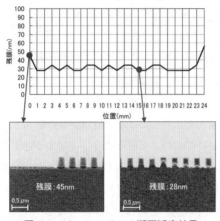

図10 パターンエリアの断面観察結果
　　　（残膜分布計測）

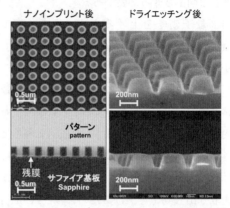

図11 ナノインプリントパターニング後および
　　　ドライエッチング後の SEM 観察画像

　図11左側にナノインプリント後の SIM 観察画像，右側にドライエッチング後の SEM 観察画像を示す。ナノインプリント後のパターン高さはモールドのパターン高さと同様に 300 nm あったにもかかわらず，ドライエッチング後のパターン高さは 100 nm 以下となり，角も丸く，テーパが付いた形状となってしまっている。ドライエッチング後のパターン形状をマスターモールドに近づけるためには，UV 樹脂のドライエッチング耐性の向上，ドライエッチングプロセスの最適化が必要である。

　我々は本結果を基に UV 樹脂メーカとエッチング耐性の高い UV 樹脂の開発を試みている。図12は改良した UV 樹脂を使用し，インプリント後にサファイア基板をドライエッチングした結果である。使用した樹脂モールドのパターンは図9と同じものである。UV 樹脂を改良し，ドライエッチングのプロセスを最適化することにより，サファイア上に高さ 330 nm のピラー形状を付与することが可能となった。

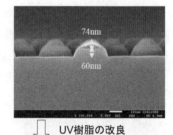

図12 改良した樹脂を使用してのドライエッチング結果

9.4 高輝度 LED 用量産装置
9.4.1 高輝度 LED 用ナノインプリント量産装置 ST50S-LED

　LED の高輝度化のためのパターニングを目的とした，高輝度 LED 用ナノインプリント量産装置 ST50S-LED を開発した。ST50S-LED の外観を図13に，主要仕様数値を表3に示す。

　ST50S-LED は，UV 樹脂を塗布したサファイアなどの基板をカセットに入れ，そのカセットを装置にセットすることにより全自動でカセットにナノインプリントを施す，量産型対応装置で，RtR 装置で製作したロール状の樹脂モールドが使用可能である。インプリント部はパターン

第11章　光デバイス

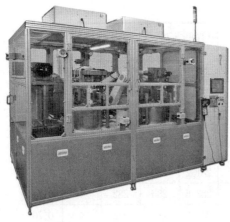

図13　高輝度LED用ナノインプリント量産装置：ST50S-LED

表3　ST50S-LEDの主要仕様

項目	仕様値
インプリント方式	UVインプリント
基板サイズ	〜φ4 inch（最大φ6 inch可）
プレス力	50 kN
スループット	30枚/h
モールド	樹脂モールド
外形寸法　W×D×H	3.1 m×1.65 m×2.4 m
装置寸法	クラス100
質量	3,000 kg
クリーン度	クラス100

転写時には減圧状態となり，エアー欠陥のないインプリントが可能な構造となっている。樹脂モールドを使用しているため，基板の反りや微小突起がある基板へのインプリント性能はST50を使用した際と同等で，基板全面への微細パターン転写が可能である。

9.4.2　ST50S-LED用樹脂モールド製造方法

ST50S-LEDで使用する樹脂モールドの製造方法を説明する。nmオーダのPCパターンが付いた石英モールドは，電子ビーム描画装置，ステッパーなどの半導体用リソグラフィ装置を使って製造される。石英モールドの価格は，LEDの量産工程で今後普及すると予想される4〜6 inchサイズの基板全面にパターンを入れた場合，数千万円オーダの価格となる場合もあり，取り扱いには細心の注意が必要である。当社が提案する樹脂モールド製造方法を図14に示す。高価

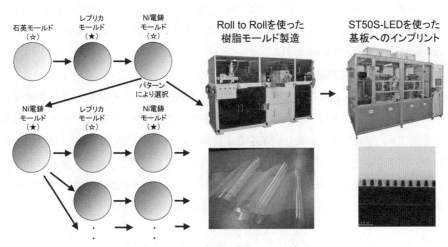

図14　樹脂モールド製造からナノインプリントまで

表4 ST50S-LED を使用してのインプリント結果

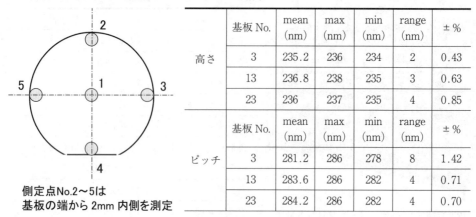

測定点No.2〜5は
基板の端から2mm内側を測定

	基板 No.	mean (nm)	max (nm)	min (nm)	range (nm)	±%
高さ	3	235.2	236	234	2	0.43
	13	236.8	238	235	3	0.63
	23	236	237	235	4	0.85

	基板 No.	mean (nm)	max (nm)	min (nm)	range (nm)	±%
ピッチ	3	281.2	286	278	8	1.42
	13	283.6	286	282	4	0.71
	23	284.2	286	282	4	0.70

な石英ガラスなどのマスターモールドからUV樹脂ナノインプリントによりレプリカを作製し，そこからNi電鋳マザーモールド（以下，Niマザーモールド）を製造する。nmオーダのPCパターン用Ni電鋳モールドを製造することは難しい。パターンが細かく，密集しているため，レプリカから電鋳がはがれないといった不具合が生じやすく，Niマザーモールドの製造自体が困難であったが，Ni電鋳製造メーカと共同でテストを続けた結果，PCパターンのNi電鋳モールドの製造が可能になった。

このようにして製作したNiマザーモールドをRtR装置にセットし，樹脂モールドを製造する。また，本Niマザーモールドから再度レプリカモールドを製造し，そこからNiモールドを製造してRtR装置にセットし，樹脂モールドを製造するといった方法もある。この様な方式で樹脂モールドを製造し，その樹脂モールドを使用して最終的なインプリントを行うため，石英モールドの破損の可能性を低減でき，結果としてモールドコストを下げることが可能である。ロール状の樹脂モールドについてはユーザが製作してもよいが，そのためにはRtR装置が必要となる。そこで，廉価版のRtR装置の開発を進めるとともに，ロール上の樹脂モールドの供給方式・体制についても現在計画中である。

9.4.3 ST50S-LEDによる連続インプリント試験

ST50S-LEDを用いてφ2inchサファイア基板25枚にPCパターンをスループット30枚／時間で連続インプリントし，3枚目，13枚目，23枚目の基板上の5箇所について，パターン高さおよびピッチを測定し，平均値を求めた。結果を表4に示す。パターン形状の測定にはAFMを使用した。基板外周部の測定位置は，外周部から2mm内側である。インプリント後のパターン高さのばらつきは一番悪いもので±0.85%，ピッチのばらつきについては±1.42%の結果が得られた。連続インプリント評価，高スループットプロセス開発は今後も継続する。

第11章　光デバイス

9.5　まとめ

　高輝度 LED に使用する，反りや微小突起などをもつ基板に微細形状をインプリントするための「樹脂モールドを使用したナノインプリントプロセス」を開発し，そのプロセスを使った高輝度 LED 用量産装置を開発した。

　ナノインプリントは安価に微細な形状を形成できる技術として注目されているが，歴史の浅さから，モールド，樹脂，エッチング，洗浄など，材料および周辺プロセス全てについての最適化が不十分であり，デバイスの生産に用いるにはこれらの最適化が必至である。

　成長が続いている LED 市場へナノインプリント技術を生産技術として投入するためには，インプリントした微細形状付与の効果による輝度向上確認，高選択比・低コストプロセスの開発（モールド，レジスト），量産装置の信頼性向上などの技術開発継続が必要となる。ナノインプリント装置だけでなく，材料や周辺プロセス全ての最適なものをユーザに提案できるように開発を続けている。

文　　　献

1)　H. Ono, Y. Ono, K. Kasahara, J. Mizuno, S. Shoji, *Japan Journal of Applied physics*, **47**(2), pp 933-935（2008）

2)　前田龍太郎，後藤博史，廣島　洋，粟津浩一，銘苅春隆，高橋正春，ナノインプリントのはなし，pp 15-62，日刊工業新聞社（2005）

3)　Electronic Journal 別冊，2007 ナノインプリント技術大全，pp 239-243，電子ジャーナル（2007）

4)　Electronic Journal 別冊，2009 ナノインプリント技術大全，pp 228-234，電子ジャーナル（2009）

5)　H. Goto *et al.*, *Journal of Photopolymer Science and Technology*, **20**(4), pp 559-562（2007）

6)　小久保光典，月刊ディスプレイ，**15**(1)，pp 62-70，テクノタイムズ社（2009）

第12章　電子デバイス

1　CMOS

和田英之[*]

1.1　はじめに

　ナノインプリント・リソグラフィの半導体CMOSへの適用の期待は，従来からの光学式縮小投影露光装置と比べて，低コストでありながら高解像のパターニングが可能であることが主たる理由である。これまでに，デバイスのプロトタイプの作成・実証には用いられてきたが，実際に量産レベルへの適用を考えた場合，様々な課題が挙げられ，本稿執筆時点（2011年7月）ではまだ本格的なCMOS量産への適用は始まっていない。いくつかの代表的な課題を以下に記述する。

　等倍体のマスクを使った技術であることから，インプリント・マスクの製造コスト，重ね合わせ精度の達成度などが課題と考えられている。また，インプリント・マスクがレジストと接触するプロセスであることを踏まえ，低欠陥プロセスの達成が懸念され，マスク上のパターンへのレジスト未充填による欠陥は，インプリント・プロセスのスループットと密接なトレードオフの関係にある。これらの課題は，歩留まり低下などの間接的な影響も含めて，ナノインプリント・リソグラフィの利点の一つである低コストを脅かすことになる。さらには，インプリント特有の制限からくる，ウエファー・エッジ部へのPartial Field Imprintや，Field間のギャップをなくす，Gapless Imprintなどプロセス・インテグレーションの課題もある。

　Molecular Imprints社では，マスク製造技術の既存のインフラを活用できることなどの理由から，通称6025と称される6インチ角で厚さが0.25インチのガラス・プレートのインプリント・マスクを採用した，CMOS量産用ナノインプリント装置の開発を行なっている。主として重ね合わせ精度の要求から，光学式縮小投影露光装置と同等の26 mm×33 mmのフィールドサイズで，ステップ・アンド・リピート方式を採用しており，CMOSデバイス量産適用に向けて，ここに紹介された課題を克服すべく改良を進めている[1,2]。以下の項においては，これらの課題に対する現状を解説する。

1.2　インプリント・マスク

　CMOS量産をターゲットとしたインプリント・マスクの作成には，光学式縮小投影露光装置用のマスクを作成する場合と同じVariable Shape Beam（VSB）描画装置が用いられている。解像力を追求するため，感度の低い非化学増幅型のレジストを用いることが主流だが，光学式縮小

---

[*]　Hideyuki Wada　Molecular Imprints, Inc.　日本支店　Director of Applications
　　　Engineering

第12章　電子デバイス

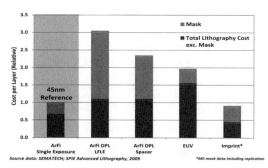

図1　COO比較
インプリントのスループットは毎時20枚，レプリカ・マスクの寿命は500枚処理を想定。

投影露光装置用マスクに必要なOptical Proximity Correction（OPC）が不要なことなどから，総合的な描画時間は同等のレベルとなる。22 nm以下の解像力が実証され，1.5 nm以下のCritical Dimension Uniformity（CDU）や2.0 nm以下のLine Edge Roughness（LER）が継続的に達成できている[3]。

インプリント・マスクが等倍体であることの利点の一つには，そのレプリカを，同じインプリント技術を用いて安価に生産できることがある。したがって，CMOS量産のリソグラフィ工程において，そのCost of Ownership（COO）を締める割合が大きいマスク・コストを削減す

写真1　Perfecta MR5000の外観

ることが可能で，ナノインプリント・リソグラフィのCOOは，競合する193 nm液浸露光のダブルパターニング技術や，EUV露光技術と比較し，半分以下になると試算されている[2]。COOの比較のグラフを図1に示す。当社では，CMOS量産装置に対応するマスク・レプリカ装置Perfecta MR5000を開発しており，写真1にその外観写真を示す[4]。現在の装置の主なスペックは，スループットが毎時4レプリカ，CDUの付加分が1 nm以下（3 sigma），Image Placementの付加分が5 nm以下（3 sigma）などであり，性能改良を継続的に行っている。

1.3　重ね合わせ精度

ナノインプリントにおける重ね合わせの利点は，光学式縮小投影露光装置において精度悪化の要因となる投影レンズ系の収差の影響を受けないことである。不利な点としては，等倍体のマスクであることから，マスク製造時のImage Placement精度の影響が大きいことが指摘されているが，近年のEB描画装置の精度向上に伴い，5 nm（3 sigma）以下の結果もデモンストレーションされている[3]。

当社のCMOS量産装置ではフィールド・バイ・フィールド方式を採用している。アライメン

ト・マークの認識には，ウエファー上の回折格子とインプリント・マスク上の回折格子とを重ね合わせることで観察されるモアレ干渉縞を利用しており，その起源はX線プロキシミティー・リソグラフィのアライメント技術として開発されたものである[5,6]。このアライメントはin-liquidと称し，インプリント・マスクが低粘度の液体であるUV感光性レジストにコンタクトし，パターンへの充填が完了されるまでの間に実行されるため，スループットには影響を与えない。また，硬化前のレジストは，システムが持つ振動のダンパーの役割と共に，重ね合わせの微調整時に微小な量を移動させるときの潤滑剤の役割も果たしており，アライメント時のテンプレートと基板間の摩擦を低減している。アライメント・システムは複数のカメラによりマークの位置を同時に認識し，X，Y，Θに加えて，MagnificationとSkewの補正を行っている。図2にそのin-liquidでのアライメントの概念図を示す。この方式を用いた重ね合わせの精度は10 nm（3 sigma）程度の結果がこれまでに報告されている[6~8]。マスクのImage Placement精度向上などにより，さらに重ね合わせ結果の改善が得られることが期待される。

1.4 欠陥

CMOS量産に必要な欠陥密度は，適用デバイスにも依存するが，概ね0.1 defect/cm^{2}とみなされる一方，現在達成できている欠陥密度は10 defect/cm^{2}程度であり，まだ二桁の改善が要求されているのが現状である。

ナノインプリント・リソグラフィの欠陥は，Repeater欠陥とRandom欠陥とに分けて考えることにより，その特徴を分類することができる[9]。インプリント・マスクの欠陥はRepeater欠陥となり，Random欠陥の例としてはPlug, Line Collapse, Non-fillなどがある。Particleは，ソフトなものはnon-repeater欠陥になることが確認されているが，ハードなものはインプリント・レジストの恒久的なPlug欠陥となったり，マスクへのダメージの原因となったりすることもある。代表的な欠陥の例を写真2に示す。

近年，インプリント・マスクの欠陥の低減が進み，これらの欠陥分類の作業が容易になってきており，それに伴いインプリント・レジストの改良や，インプリント・プロセスの改善がなされ，Line CollapseやPlugなどのナノインプリント特有の欠陥の低減が進められてきている。一方で，Non-fill欠陥はインプリント・レジストの充填時間との相関があり，インプリント・プロセ

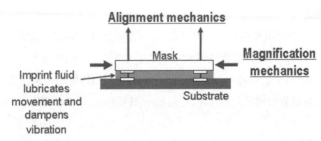

図2　In-liquid アライメント概念図

第12章　電子デバイス

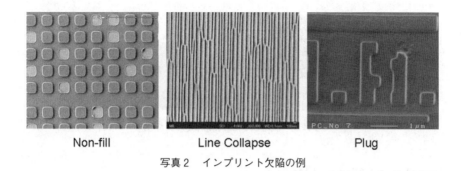

写真2　インプリント欠陥の例

スのスループットは，Non-fill欠陥の達成と共に議論される必要がある。スループットは主に，充填時間・露光時間・剥離時間から構成され，露光時間と剥離時間は0.1～0.2秒程度で処理されることが確立している。CMOS量産の確立に向けては，300 mmウエファーで毎時20枚の処理が目標であるが，そのためには充填時間は1秒以内を達成することが必要である。現在のところ，1.5秒の充填時間で1.2 defect/cm^{2}の欠陥密度が達成されており，インプリント・プロセスに最適なデザイン・ルール（Design for Imprint）の適用や，インプリント・レジストのインクジェット・ディスペンサーの改善（低Volume化）などにより，目標の達成が期待される。

1.5　インプリント・プロセス・インテグレーション

ナノインプリント・リソグラフィ特有のプロセス開発もCMOS量産に向けて進められている。

1.5.1　Partial Field Imprint

円形であるウエファーの外周部には，ステップ・アンド・リピートで形成するフィールドの一部のみをパターニングさせることが必要である。これは複数のチップが一つのフィールドに入っている場合に，取れるチップ数を増加させる効果があることに加えて，エッチングやChemical Mechanical Polishing（CMP）工程などにおいて，ウエファー面内のプロセスの均一性を向上させ，ウエファー外周部の歩留まりを良くすることにも効果があり，従来の光学式縮小投影露光装置において恒常的に実施されている処理である。ウエファー上に滴下されたレジストとのコンタクトを伴うナノインプリントにおいては，矩形であるインプリントフィールドの部分のみをウエファー外周部にパターニングするには，滴下されるレジストの制御など様々な工夫が必要となる。写真3にPartial Field Imprintをウエファー全面において実施したデモンストレーションのサンプル写真を示す[2]。

1.5.2　Gapless Imprint

隣り合ったフィールド間において，パターニングができない部分を最小化することは，ダイシングのスクライブラインにおけるMetrology PatternやTest Patternを有効に配置するために重要である。装置の制御や，インプリント・マスクのサイズの制御，そしてレジストの滴下する位置を最適化調整することにより，フィールド間にギャップのないインプリントが実現できている[2]。

ナノインプリントの開発とデバイス応用

写真3　Partial Field Imprint の実施例

1.5.3　High Contrast Alignment Marks

前述のように，当社のCMOS量産装置では，フィールド・バイ・フィールド方式で，ウエファー上の回折格子とインプリント・マスク上の回折格子を重ねることにより生じるモアレ干渉縞を観察するアライメントを行っている。この方法をインプリント・レジストがアライメント・マークのパターンへ充填された状態で行うと，レジストの屈折率とマスクの屈折率が近いため，モアレ干渉縞が見えなくなってしまう。従来はMoatと称される溝をマスクのアライメント・マークの周囲に設けることで，レジストの浸入を防ぎ，モアレ干渉縞が観察されるようにしていた。このMoatによる方法では，数十〜数百ミクロンの広いエリアでレジストがカバーされないという状態が発生し，有効なエリアを失うだけでなく，エッチングやCMPのプロセス均一性において問題が生じる。したがって，この問題を回避するためにアライメント・マーク部に10 nm程度のクロム膜をつけ，レジストが充填されてもモアレ干渉縞が観察できるHigh Contrast Alignment Marksを開発し，モアレ干渉縞の信号強度が十分であることを確認すると共に，重ね合わせ精度にも影響を与えないことが実証されている[4]。

1.6　まとめ

ナノインプリント・リソグラフィのCMOSへの適用は，ここに紹介したように，量産化に向けた装置，およびプロセスの開発が進められ，技術的な課題とされていたことが徐々に克服され，それらを実証する結果が報告されてきている。当社では，CMOSデバイスの中でも，特に次世代メモリー・デバイスへの適用がナノインプリント・リソグラフィにとって最もその利点を活用できると考え注目している。それは，メモリー・デバイスが，優れた解像力を低コストで実現するということを最も追求しているデバイスの一つであることに加えて，近年提唱されている新しい構造のメモリー・デバイスへの適合性や発展性のポテンシャルを見据えた考えでもある。たとえば，Cross bar memory と称される構造のメモリー・デバイスはSelf Alignment方式によるプロセス構築により，要求される重ね合わせ精度をリラックスできる可能性がある。その場合，投影レンズによるフィールドサイズの制限を持たないナノインプリント・リソグラフィは，パターニングの大面積化が容易に実現できるため，飛躍的なスループットの向上，つまり大幅な低コスト化をもたらすことができる[8]。

第12章 電子デバイス

文　　献

1) M. Colburn *et al.*, Proceedings of the SPIE's International Symposium on Microlithography, 3676, 379–389, March (1999)
2) S.V. Sreenivasan *et al.*, presented at the SPIE Advanced Lithography Symposium, February (2010)
3) N. Hayashi, presented at the Lithography Workshop, November (2010)
4) K. S. Selinidis *et al.*, presented at the SPIE Advanced Lithography Symposium, March (2011)
5) E. E. Moon, *J. Vac. Sci. Technol. B*, **16**(6), P 3631 (1998)
6) P. D. Schumaker *et al.*, presented at 8th Annual Conference on Nanoimprint and Nanoprint Technology (2008)
7) T. Higashiki, presented at the Lithography Workshop, December (2007)
8) H. Wada, presented at the Litho Extension Symposium, October (2010)
9) L. Singh *et al.*, presented at the SPIE Advanced Lithography Symposium, March (2011)

2 CMOS

米田郁男*

2.1 はじめに

　メモリーやロジック製品などの半導体デバイス分野では，ますます微細化の要求が高まっている．このため，リソグラフィ技術開発に多くの労力がつぎ込まれているが，近年，露光装置のコスト上昇，レジストなど材料開発の困難さ，などの障壁に直面している．

　ナノインプリントリソグラフィは，1995年にプリンストン大学のChou教授により熱ナノインプリントで10 nmパターン転写が報告され[1]，さらに2000年にテキサス大学のWillson教授らにより光ナノインプリント方式が報告されて[2]，開発がスタートした．

　さらに，次世代リソグラフィ技術として2003年以降，ITRSリソグラフィロードマップ（図1）にナノインプリントが登場するようになったことで，半導体プロセス応用への検討が本格化し，その技術開発動向が注目されるようになった．

　そこで本節では，パターン解像性，ラインエッジラフネス，寸法均一性，重ね合わせ精度，処理速度や欠陥制御など，半導体デバイス作成に必要不可欠な技術についての評価/開発状況と，

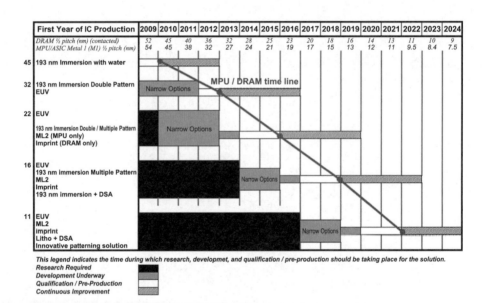

図1　ITRS リソグラフィロードマップ（2010 Update）
（http://www.itrs.net/ より）

＊　Ikuo Yoneda　㈱東芝　研究開発センター　デバイスプロセス開発センター
　　　　　　　リソグラフィプロセス技術開発部
　　　　　　　リソグラフィプロセス技術開発第三担当　研究主務

第12章　電子デバイス

半導体デバイスへの適用状況について解説する。

2.2　ナノインプリントリソグラフィ技術の現状

2.2.1　パターン解像性，ラインエッジラフネス及び寸法均一性

　ナノインプリントは等倍の凹凸パターンが形成されたテンプレート（モールド，スタンパともいう。押し型のこと）の複製によるパターニング技術である。従って，微細パターンをもつテンプレートを用いることで，高解像なパターン転写が可能となる。

　図2はテンプレートの解像性評価結果である[3]。テンプレートは基板に塗布されたレジストに電子線（EB）で所望パターンを描画したのち，現像，遮光膜エッチング，石英エッチングを行って作成される。従って，テンプレートの解像性はEB描画の解像性に大きく依存する。図2の上段は100 keV-ガウシアンビーム（GB）型EB装置で描画した結果を，下段は50 keV-可変成形（VSB）型EB装置で描画した結果を示している。EBの"ぼけ"が少ない100 keV-GB型EB装置で描画したテンプレートの方がより高解像であり，HP13-14 nmのパターンを形成できることが報告されている。

　しかし，100 keV-GB型EB装置は，極細に絞った電子ビームを"点"で照射してパターンを描画するため，通常の半導体デバイスのテンプレートを描画するためには，数週間程度の時間を要する。一方，50 keV-VSB型EB装置は電子ビームを"面"で照射するため，描画時間の短縮が期待されるものの，解像度では100 keV-GB型に及ばないことが解る。今後，高解像と描画時間短縮の両立への技術開発が期待される。

　図3は上述のテンプレートによるナノインプリントパターン転写の例である[4]。ラインエッジラフネスの測定結果は，およそ2～3 nmと良好な結果が得られている。テンプレートのラインエッジラフネスも同程度であり，テンプレートのラフネスが劣化することなくウェハ上に転写さ

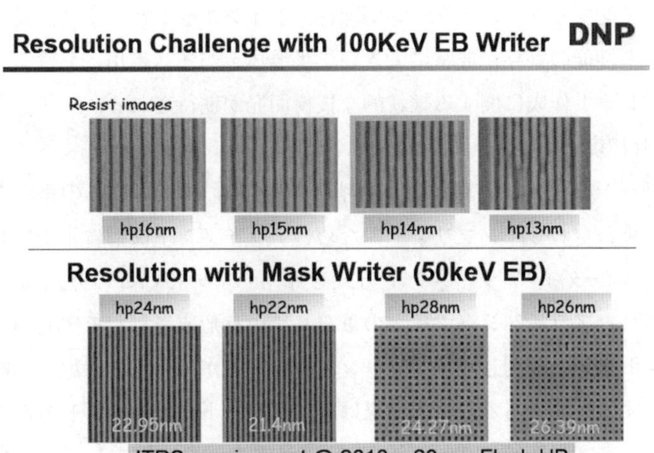

図2　テンプレート解像性評価結果[3]

225

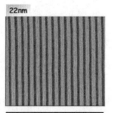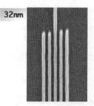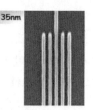

図3　微細パターンのナノインプリント転写結果[4)]
左：100 keV-GB型EB装置で描画，右：50 keV-VSB型EB装置で描画

れていることが解る。これは，ウェハへのパターン転写時に現像プロセスがなくテンプレートのラフネスがほぼそのまま転写されるという，ナノインプリントの特徴を良く示している。

図4はウェハ全面にナノインプリントで転写されたパターンの寸法均一性評価結果である[5)]。パターンは28 nmHPのライン＆スペースパターンである。ウェハ面内の20ショットに対し，ショット内の12か所，合計240か所を寸法SEM（走査電子顕微鏡）で測定し，各ショット内の寸法平均値をそのショットの寸法値として，20ショットでの寸法ばらつきを算出している。ウェハ面内での寸法均一性は1.2 nmと報告されており，非常に高精度なパターン転写が可能であることが確認されている。

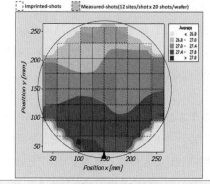

図4　寸法均一性評価結果[5)]

このようにナノインプリントのパターン解像性，ラインエッジラフネス，及び寸法均一性の良否は，テンプレート性能の寄与が非常に大きい。半導体デバイス適用における，さらなる微細化に向けて，テンプレート作成に関する継続的な技術開発が期待される。

2.2.2　重ね合わせ精度

図5はUVナノインプリントの重ね合わせ精度の報告例である[6)]。この報告で用いたナノインプリント装置では重ね合わせインプリントのためのアライメント機構に，モアレアライメント機構を用いたダイ-バイ-ダイ-アライメント方式を採用している。この方式はテンプレート上とウェハ上に形成されたアライメントマークの重なりにより形成されたモアレパターンからショット毎にアライメントズレを計測し，インプリントレジストが未硬化の状態で，計測されたアライメントズレを補正するものである。倍率補正はテンプレートの側面を押してテンプレートを歪ませて行っている。ここでは下層パターンをArF液浸露光装置で作成して，これに対して重ね合わせインプリントした場合の重ね合わせ精度を評価している。この結果，重ね合わせ精度（平均

第12章　電子デバイス

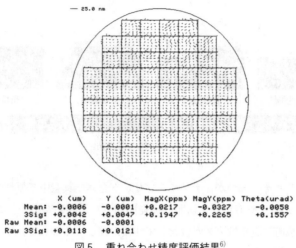

図5　重ね合わせ精度評価結果[6]

+3σ）として，12 nm程度を達成したことが報告されている。この重ね合わせ誤差の要因は，①テンプレートパターン位置精度誤差，②倍率補正誤差，③下地ウェハ作成時のプロセス誤差，が考えられる。

一方，次世代デバイス作成に必要な重ね合わせ精度として，2010年以降のITRSロードマップ上では10 nm以下の重ね合わせ精度が求められている。ナノインプリントリソグラフィがこの壁を越えるためには，上記誤差要因の改善が必要であり，例えば①テンプレート作成時のEB描画位置精度の向上，②ナノインプリント装置の倍率補正機構の高感度化，③プロセス変動や飛び値に強いグローバルアライメント方式の採用，などの施策が必要と考えられる。

2.2.3　処理速度

UVナノインプリントのパターン転写工程は，①レジスト塗布（散布），②テンプレート下降押印，③レジスト充填（及びアライメント），④UV硬化，⑤離型，の各プロセスである。このうち最も大きな時間を占めているのは，③レジスト充填の時間である。レジスト充填工程を短縮するために，レジスト充填が不十分なまま④UV硬化工程に進むと，パターンに気泡が残ってしまう"充填不良欠陥"を生じて，デバイスに不良を発生させてしまう。すなわち，処理速度の向上は，いかに早くパターンへのレジスト充填を完了させるか，にかかっていると言える[7]。

図6は，レジスト充填の様子を拡大した模式図である。ここでは，インクジェットにより微小な液滴状のインプリントレジストをウェハに供給する方法を示している。

パターンに気泡を残さず，早くレジスト充填を完了させるためには以下の検討が重要である。すなわち①レジスト中に気泡を溜めない，②溜まってしまった気泡はレジストなどで素早く吸収してしまう，等の方法である。①は塗り拡げ工程において，レジスト液滴間に溜まった気体を素早く排除することである。その解決法の一つとして，テンプレートを傾けてウェハ上の液滴に接触させる方式が提案[8]されている。②は充填工程において，パターンに溜まった気体の処理方法

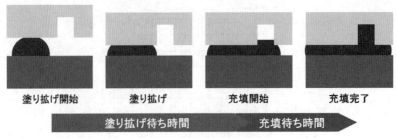

図6　充填工程の模式図[7]

を検討する必要がある。その一つが，ナノインプリント全体を真空中で処理する方法である。しかしこれは，装置の大型化やUV硬化樹脂の揮発問題，など課題が多い。また，雰囲気を凝集性ガスで置換し，充填時に凝集性ガスが液化して体積が縮小することで素早く充填を完了させる方法[9]も提案されている。

2.2.4　欠陥密度

ナノインプリントで半導体デバイスを作成するための最大のハードルは欠陥の低減である。それは，ナノインプリントが等倍転写プロセスであり，接触プロセスだからである。

図7は欠陥の分類と画像の例である[10]。

欠陥分類の一つ目は前述の充填不良（気泡）欠陥である。これは充填スピードを上げることが重要であり，雰囲気ガスの溶解，拡散速度を上げること，などが重要である（本稿では詳細説明は割愛する）。

欠陥分類の二つ目は，テンプレート欠陥である。テンプレートに始めから存在，或いは何度かのインプリント工程を経て形成されたテンプレートの欠陥がウェハ上に転写されたものである。テンプレート欠陥をなくすためには，テンプレートの作成技術（ハードマスク成膜，レジスト塗布，描画，現像，エッチングなど），インプリントによるテンプレート欠陥発生防止（装置内に持ち込まれるパーティクル制御），検査技術（等倍パターンの高感度/高スループット検査），洗浄技術（低ダメージ/高効率洗浄）などの開発が重要である。

そして欠陥分類の最後が，離型（プラグ）欠陥である。

離型（プラグ）欠陥は，離型時にインプリントレジストがウェハから剥がれて，テンプレート上に付着し，パターンを目詰まりさせてしまう（プラグ）ことにより発生する欠陥である。この目詰まりは一度発生すると，ほとんどがテ

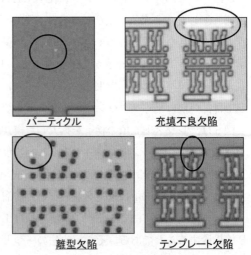

図7　欠陥の種類[10]

ンプレート上にとどまり，リピート（繰り返し）欠陥となる。離型欠陥の発生原因と，その解決手段は以下のとおりである。

① テンプレート表面の離型層不良：テンプレート表面の離型層処理方法の改善

② ウェハ表面の密着性不良：ウェハ表面に密着層を形成する，密着層の改良

③ インプリントレジストの強度不足：引っ張り強度の大きいレジスト材料の開発

また，この他，テンプレート表面に付着したレジストを除去するための洗浄技術開発も重要である。

以上の様に，離型（プラグ）欠陥低減については，レジスト開発，テンプレート/ウェハ表面処理など，材料分野への期待が高く，多くの関係企業/研究機関の参画が望まれる。

2.3 ナノインプリントリソグラフィの応用事例と今後の技術開発

以上の解説で述べたとおり，ナノインプリント技術には，微細なパターンを形成できるといった利点があり，例えば，研究開発レベルでは，既に極微細パターンの加工検討用試料供給，半導体デバイスの材料検討，ごく小規模での先端半導体デバイス試作検討等の応用例が報告されている。例えば，ナノインプリントを用いて，〜100 nm 程度の線幅で形成された小規模なテストパターンを直交するように重ねる方法で次世代メモリの試作を試みた例[11]，ナノインプリントで〜80 nm 程度の線幅のメモリ周辺回路構造を試作した例[12]，等であり，ナノインプリントの先端半導体デバイス試作検討に対する有効性は確認されている。

2.4 まとめ

本節では，ナノインプリントリソグラフィの利点検証，半導体デバイス作成に必要不可欠な技術についての評価/開発状況を報告し，半導体デバイス応用の例を示すことで，ナノインプリントリソグラフィが先端半導体デバイス試作に十分寄与できることを解説した。

しかし，半導体のデバイス量産技術に適用するには，越えねばならないハードルが依然多く存在していることも述べた。今後，このハードルを越えるために，今まで以上に多くの技術者の英知が結集されることを期待している。

文　　　献

1) S. Y. Chou, P. P. Krauss, W. L. Guo and L. Zhuang, *J. Vac. Sci. Techol. B*, **15**, P. 2897 (1997)

2) T. Baiely, B. J. Choi, M. Colburn, M. Meissi, S. Shaya, J. G. Ekerdt, S. V. Sreenivasan and C. G. Willson, *J. Vac. Sci. Techol. B*, **18**, P. 3572 (2000)

3) N. Hayashi, Lithography Workshop 2010 presentation (2010)

4) S. Sasaki, T. Hiraka, J. Mizuochi, A. Fujii, Y. Sakai, T. Sutou, S. Yusa, K. Kuriyama, M. Sakaki, Y. Morikawa, H. Mohri and N. Hayashi, Proc. SPIE vol. 7122 (2008)

5) T. Higashiki, T. Nakasugi and I. Yoneda, SPIE Advanced Lithography presentation (2011)

6) H. Wada, NGL2010 presentation (2010)

7) I. Yoneda, Y. Nakagawa, S. Mikami, H. Tokue, T. Ota, T. Koshiba, M. Ito, K. Hashimoto, T. Nakasugi and T. Higashiki, Proc. SPIE vol. 7271-81 (2009)

8) S. V. Sreenivasan, SPIE Advanced Lithography presentation (2008)

9) H. Hiroshima, *JJAP.*, **47**(6), pp. 5151-5155 (2008)

10) 中杉哲郎他, 半導体テクノロジー大全 2009, 電子ジャーナル (2009)

11) M. Meier, C. Nauenheim, S. Gilles, D. Mayer, C. Kugeler and R. Waser, 3B-4, MNE (2007)

12) M. W. Hart, EIPBN2007 presentation (2007)

第12章　電子デバイス

3　ナノインプリント技術の実装応用

久保雅洋[*]

3.1　はじめに

　ナノレベルの微細パターニング技術として産業利用が最も進んだ技術は，半導体の微細回路形成に用いられるリソグラフィ技術である。この技術は30 nm 以下の微細回路パターンを量産レベルで実現している完成度の高い技術である。一方で半導体微細回路形成に用いられる露光装置は数十億円規模と高額であり，関連設備を含む投資は非常に大きい。ナノインプリント技術はリソグラフィと同程度の微細パターンを1/10以下の低コスト設備で実現できるという特徴があり注目を浴びている。

　ナノインプリント技術によるパターニングは二つの側面を有している。一つ目の側面は微細成型技術としての位置づけである。これは微細なモールド（金属金型，樹脂型など）を，被成型材料に押し当てることで被成型材料を変形させ，モールドの反転構造を成型する技術である。モールドを押し当てる際に，熱，UV，超音波などエネルギーを加える。二つ目の側面は微細転写技術としての位置づけである。こちらはモールドの凸部に被転写インク材料をのせ，それを"はんこ"の要領で転写する微細転写技術である。こちらはマイクロコンタクトプリンティングとよばれ，100 nm 以下の微細転写の報告例がある[1~3]。

　いずれも非常に簡便な方法でありながらサブミクロン以下の微細構造が低コストで製造可能であることから様々なアプリケーションが提案され注目を浴びている。特にサブミクロンレベルの構造が必要とされ，高精度な積層位置あわせを必要としない記録メディア，ディスプレイの偏向フィルムなどは相性が良いアプリケーションであるといわれている。近年においては国による省エネ製品の普及促進政策もあり，LED の市場が爆発的に広がっている。その光取り出し効率の向上にナノインプリントを応用することは近年の主要なアプリケーションの例である。また電子書籍端末用のディスプレイ用途の一部では微細転写技術が活用され一部では製造も開始されている。関連する印刷 TFT（Thin Film Transistor）の研究や太陽電池への応用研究も活発になっている[4,5]。

　これまでのナノインプリント技術の適用領域は MEMS 領域の部品が主であった。しかしモバイル機器を中心とした小型化，薄型化の進行により，実装技術の領域が MEMS の領域に近づき，ナノインプリント技術の適用が期待されている。本稿ではマイクロコンタクトプリンティングとよばれるナノインプリント技術の実装応用に向けた要素技術について紹介する。

3.2　実装領域への応用に期待されるナノインプリント技術

　近年の携帯電話の小型化のトレンドを図1に示す。これまでセットメーカーは小型・薄型のモバイル機器の実現のため配線基板や実装部品をディスクリート部品として購入し，最適な組み合

***

* 　Masahiro Kubo　日本電気㈱　システム実装研究所　主任

ナノインプリントの開発とデバイス応用

わせ設計による小型化薄型化を実現してきた。近年ではさらなる薄型化を目指し，配線基板の内層に部品を内蔵する技術開発[6,7]や，携帯電話などの筐体に直接回路形成を行い薄型化ならびに設計自由度の向上を狙う技術開発が報告されている[8]。筐体への直接回路形成に必要となる技術の特徴を表1に示す。こうした小型・薄型化ニーズに対しナノインプリント技術の活用が期待される点として，二つのポイントがある（図2）。一つ目はナノインプリントの微細パターニング性能を生かしたアクティブ素子の製造である。これはマイクロコンタクトプリンティング工法などのナノインプリント技術を活用し

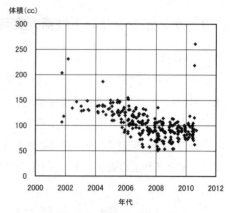

図1　近年の携帯電話の容積変化
（㈱NTTドコモの携帯電話を調査）

パッシブ回路（アンテナや配線）のみならず，アクティブ回路（TFTなど）までを印刷工法で行う取り組みである[9,10]。TFTは高速化のために一桁ミクロンレベルの微細印刷性が期待されており，ナノインプリントの微細転写性の活用が期待される。二つ目は機器の設計自由度の向上である。例えば筐体材料の内側に回路形成を実現し，アンテナ設計や新機能の追加など機器の設計自由度向上に対応するという開発である。次項ではマイクロコンタクトプリンティング工法を用

表1　筐体への回路形成に期待されるナノインプリント技術の特徴

期待される技術的特徴	期待されるスペック
転写面の構造自由度	・筐体など，一定の凹凸や曲面にもパターン形成が可能であること
低温・低抵抗配線	・筐体材料（ポリカーボネート，ABS樹脂など）の熱変形温度以下（100℃以下）の焼成温度で10^{-6} Ω・cm オーダーの低抵抗回路形成が可能であること
微細性	・パッシブ回路については100 μm程度，将来的にはアクティブ回路形成も対応可能なサブミクロンレベルの微細性
信頼性	・耐落下，耐熱，耐湿など使用環境下における信頼性

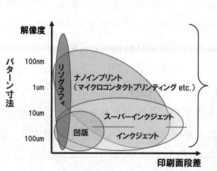
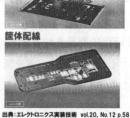

図2　パターニング工法との比較と将来の薄型電子機器への適用イメージ

第12章　電子デバイス

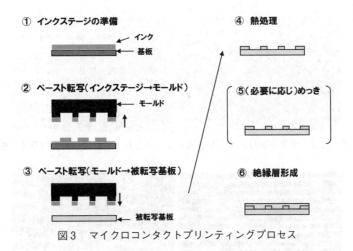

図3　マイクロコンタクトプリンティングプロセス

3.3　回路形成技術応用

図3にマイクロコンタクトプリンティングのプロセスイメージを示す。また評価に使用した装置を図4に示す。評価に使用した導電インク材料は銀ナノ粒子を含むインク材料であり，150℃以下での低温焼成が可能である。さらに，最近では低温焼結（100℃以下）が可能で，かつ，マイグレーションのリスクが低い銅素材の導電インク材料の開発が盛んでありいくつかの報告例がある[11,12]。

図4　マイクロコンタクトプリンティング装置

評価に用いたマイクロコンタクトプリンティングプロセス用のモールドは以下のプロセスで製造した。フォトリソグラフィで製造したレジスト回路パターンに離型処理（1H,1H,2H,2H-perfluorooctyl trichlorosilaneなど）を行った後，シリコンウェハーをシャーレに固定する。未硬化の液状PDMS（ポリジメチルシロキサン）をシャーレに注ぎ込み脱泡したのち，常温で約48時間放置をすることでPDMSを硬化させた。硬化したPDMSの外周を切断しSiウェハーからPDMSモールドを剥離した。得られたPDMSモールドのパターン面と逆側の面に酸素プラズマ処理を行い，ガラス板と接することでガラス板とPDMSの間に化学結合を生じさせ固定した。ガラスに固定したPDMSモールドを図3の装置に固定し，マイクロコンタクトプリンティングを行った。スピンコーターやバーコーターなどで膜厚を管理した導電性インクを拾い，インクの乾燥状態を管理しながら被転写基材に転写した。得られた回路を，そのインク材料に適した温度で熱処理し配線とした。得られた微細回路を図5に示す。

マイクロコンタクトプリンティング技術の活用により，スクリーン印刷技術など，従来印刷技術では実現が困難な一桁ミクロンレベルの微細配線が実現できている。得られた微細配線のシー

233

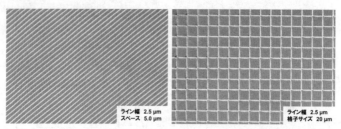

図5　マイクロコンタクトプリンティング法により得られた微細回路の例（ライン幅2.5μm）

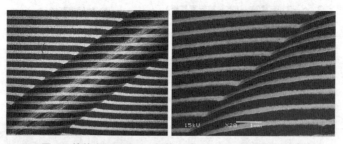

図6　筐体上の2mmの段差を乗り越えた印刷配線の例
線幅150μm，ポリカーボネート基板上の配線．左図は上方からの写真，右図は段差箇所のSEM像

ト抵抗は0.3Ω/□以下であり，印刷アクティブ回路の駆動において必要なレベルを有している。また，モバイル端末の筐体への回路形成を想定し，筐体材料（ポリカーボネート基板）の凹凸部に回路形成した写真を図6に示す。柔らかい版材料を活用した転写プロセスにより，高さ2mmの凹凸に対し追従した回路形成ができている。

3.4　おわりに

本稿ではナノインプリント技術の実装回路応用について紹介した。近年，実装に要求される技術も微細化が進み，ナノインプリント技術の応用が視野に入りつつある。特に従来の汎用印刷技術では実現が困難なハイアスペクトパターンの転写や，筐体など凹部への転写は電子機器に新たな機能を付与する可能性をもった技術として期待がある。また，ナノインプリント技術は半導体や配線基板のような回路形成のみならず光学素子，エネルギーデバイスなど微細成型による高効率化を実現する上でも有用な技術である。

最後にナノインプリント技術の実用化に向けた課題について述べる。重要な課題となるのは，製造歩留まり，検査技術にあると思われる。例えば携帯電話の組み立てに要求される実装歩留りはほぼ100%である。ナノインプリント技術は，装置，材料，プロセス，モールドの複合技術であり管理すべき項目も多い。高歩留まりを要求される製品においては特にモールドの汚れの管理や検査方法，また得られたパターンの検査方法などを含めて低コスト化が必要となる。

S.Y.Chou教授により"ナノインプリント"が発表され約15年が経過した[13,14]。またMITによる21世紀を変える十大技術にナノインプリントが選定（2003年）されてから約8年が経過した。

近年の LED の急速な普及などを足がかりにいよいよ実用期が近づいていると思われる。実装応用も含め今後の広範な展開が期待される。

文　　献

1) Y. Xia and G. M. Whitesides, *Annu. Rev. Mater. Sci.*, **28**, 153-184 (1998)
2) A. Kumar and G. M. Whitesides, *Appl. Phys. Lett.*, **63**(14), 2002-2004 (1993)
3) A. Kumar, H. A. Biebuyck and G. M. Whitesides, *Langmuir*, **10**, 1498-1511 (1994)
4) 日経エレクトロニクス 2010.6.14号．p 114
5) 日経エレクトロニクス 2009.11.30号．p 34
6) Y. Nakashima *et al.*, Proc. 10th IEEE International Conference on Electronics Packaging, WB1-3 (2010)
7) K. Mori *et al.*, Proc. 59th IEEE Electronic Components and Technology Conf., 1447-1552 (2009)
8) 本田朋子，伊藤健志，滝澤　稔，菅井崇弘，秋葉裕一郎，第20回マイクロエレクトロニクスシンポジウム，1A1 (2010)
9) A. Takakuwa, M. Ikawa, M. Fujita and K. Yase, *Jpn. J. Appl. Phys.*, **46**(9A), 5960-5963 (2007)
10) A. Takakuwa, R. Azumi, *Jpn. J. Appl. Phys.*, **47**(2), 1115-1118 (2008)
11) M. Inada *et al.*, Proc. 11th IEEE International Conference on Electronics Packaging, FD3-1 (2011)
12) 石原薬品プレスリリース；http://www.unicon.co.jp/ir/pdf/press-h23_04_21.pdf
13) S.Y.Chou *et al.*, *Appl. Phys. Lett.*, **67**, 3114 (1995)
14) S.Y.Chou *et al.*, *J. Vac Sci. Technol. B*, **15**, 2897 (1997)

4 実装技術

4.1 はじめに

水野　潤[*1]，篠原秀敏[*2]

　先端大規模集積（LSI）回路やスマートセンサシステムは，ナノメートルスケールの信号伝達配線が必要である。近年，電子デバイスの進歩に伴い多層配線技術が内部配線／接続の主要技術として開発されてきている。従来の集積回路のための多層配線は回路基板の貫通孔を用いているため，デッドスペースが大きく，実際の内部配線のスペースは小さい。この問題はコア基板上に金属層と別の層を一層ずつ積み上げるビルドアップ方式によって解決可能だが，この方式では多積層化のためには複雑な工程が必要となる。すなわち，従来の工程では下層配線とのコンタクトホール（ビア）と上層配線用の配線溝構造（トレンチ）を形成するためにリソグラフィとエッチング，アライメントを繰り返さなければならない。一方，多段モールドを用いたナノインプリントにより，ビアとトレンチから成る多段パターンを同時に形成できる[1,2]。

　また，配線の微細化による配線断面積の減少に伴い配線抵抗が増大し，配線抵抗と配線容量の積で表される配線遅延が問題となってきた。配線断面積の減少は電流密度の増大につながり，発熱量の増大に伴い配線金属がシリコン及び SiO_2 中に拡散移行するエレクトロマイグレーション（EM）を生じやすくなることから，比抵抗の小さい配線材料が要望されている。以上の要求を満たす材料として，多層配線には Cu がよく用いられている。

　本稿では，UV ナノインプリントリソグラフィ（UV–NIL）で多段パターンを形成し，得られた樹脂パターンをそのまま電解めっきのマスクとして用い Cu を埋め込む方法について紹介する[3]。

4.2 実験

　UV–NIL を用いた Cu 多段パターン作製プロセスを図1に示す。まず，酸化膜付き Si 基板に電解めっきのシード層になる Cr, Cu 薄膜を成膜する。次に，UV 硬化性樹脂をシード層上にスピンコートしたのち，UV インプリントにより UV 硬化性樹脂に石英モールドのパターンを転写する（図1(a)）。UV 光は波長365 nm の i 線を1000 mJ/cm^2 照射した。モールドの凸部分を押し付けた箇所に薄膜が残るため，次工程の電解めっきを行うためにその残膜を O_2-反応性イオンエッチング（O_2-RIE）で除去する（図1(b)）。シード層を使用し，樹脂で形成した溝部分に配線となる Cu を電解めっきで析出させる（図1(c)）。電解めっき条件を表1に示す。最後に，化学機械研磨（CMP）により余分な Cu を研磨し，基板を平坦化する（図1(d)）[4]。UV 硬化性樹脂は高い O_2-RIE 耐性及び電解めっき耐性を有する，東洋合成工業の TR-21 を選択した。

　図2に使用したモールド内パターンの走査型電子顕微鏡（SEM）画像を示す。図のように，上から一段目のビア構造及び二段目のトレンチ構造から成り，図2(c)に示すように二種類のパ

---

*1　Jun Mizuno　早稲田大学　ナノ理工学研究機構　准教授

*2　Hidetoshi Shinohara　早稲田大学　理工学術院　電子光システム学科　助手

第12章 電子デバイス

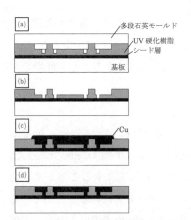

図1 UV-NIL を用いた多段 Cu 構造体作製プロセス
(a) UV インプリント，(b) 残膜除去，
(c) Cu 電解めっき，(d) 化学機械研磨（CMP）[3]

表1 電解めっき条件[3]

めっき浴組成	$CuSO_4 \cdot 5H_2O$	0.8 mol/L
	H_2SO_4	0.5 mol/L
	PEG6000	100 ppm
	HCl	50 ppm
	SPS	1 ppm
条件	温度	24 ℃
	時間	1 min

ターン（パターンA及びパターンB）を有する。パターンAのビア構造及びトレンチ構造のサイズはそれぞれ$360 \times 360 \ nm^2$，$600 \times 2000 \ nm^2$で，パターンBのそれらはそれぞれ$80 \times 80 \ nm^2$，$200 \times 500 \ nm^2$である。これらのパターンがモールド内に数多く配列されている。なお，このモールドは凸版印刷からご提供頂いた。

UVインプリントは図3に示す小型の治具で行った[5]。この治具は基板を固定するボトムプ

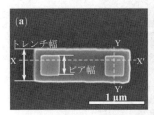

(c)	パターンA	パターンB
トレンチ幅	600 nm	200 nm
ビア幅	360 nm	80 nm

図2 多段石英モールド
(a) 上面及び(b) 断面 SEM 画像，(c) トレンチ幅，ビア幅の寸法[3]

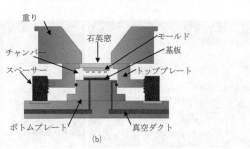

図3 インプリント治具
(a) 全体写真，(b) 模式図

レート，モールドを固定するトッププレート，及び試料を加圧するための重りから構成され，最大直径30 mm の基板に対応している。UV 光は石英窓とモールドを通して上方から照射される。UV インプリント時の気泡の残留を防ぐため，チャンバー内を減圧にすることも可能である。

4.3 実験結果

図4にUVインプリント後の多段パターンの断面SEM画像を示す。パターンAではビア幅360 nm，トレンチ幅600 nm，パターンBではビア幅80 nm，トレンチ幅200 nmであった。また，樹脂の塗布膜厚を最適化することで，残膜厚をいずれも20 nm以下にすることができた。よって，残膜処理後もこれらの形状を保ったまま次の電解めっきプロセスに移ることができる。

図5に電解めっき後のCuパターンの断面SEM画像を示す。Cuの多段構造がシード層上に形成されていることが分かる。パターンAではビア幅350 nm，トレンチ幅600 nm，パターンBではビア幅73 nm，トレンチ幅190 nmであった。Cu構造体にボイドや境界線が見られないことから，電気的接続には問題がないと考えられる。また，溝の上方に過剰にめっきされたCuが確認できる。また，上面からのCuパターンのSEM画像（図6）から，めっきが均一に行えている

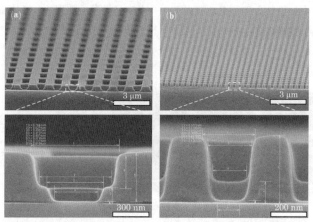

図4　UVインプリント後の(a)パターンA及び(b)パターンBの断面SEM画像（図2のY-Y′断面に相当）[3]

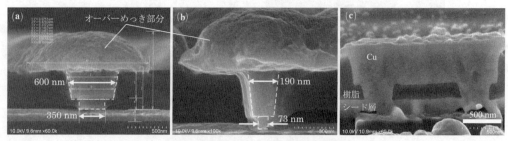

図5　電解めっき後の断面SEM画像
(a) パターンA（図2のY-Y′断面に相当），(b) パターンB（Y-Y′断面），(c) パターンA（X-X′断面）[3]

第12章　電子デバイス

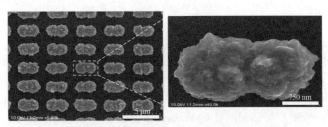

図6　電解めっき後のパターンAの上面SEM画像[3]

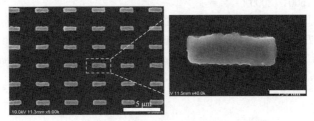

図7　CMP後のパターンAの上面SEM画像[3]

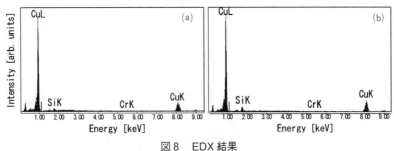

図8　EDX結果
(a) ビア部分，(b) トレンチ部分[3]

ことが示唆される。

　図7に最適化したCMP条件（スラリー種類，定盤・ウェーハ支持ヘッド回転数，荷重，処理時間）下における，CMP後のCuパターンの上面SEM画像を示す。図6と比較し，余分なCuが除去され平坦化されたことが分かる。

　ここで，電解めっきの際，ビア構造の底部から析出されるCuは通常のめっき成長だが，トレンチ構造は左右のビア構造から成長してきたCuがぶつかり結合するため，通常のめっき成長とは異なると考えられる。そこで，ビア及びトレンチ構造の部分に対しエネルギー分散型X線分析（EDX）を行った結果を図8に示す。ビア及びトレンチ構造の結果に差異は見られないことから，この多段構造パターン内のCu組成は均一となっていることが示唆される。

　将来的にlow-kのUV硬化性樹脂を用いることでその樹脂が絶縁層の役割をも果たすため，多段構造のパターニングと絶縁層の形成を同時に行えるハイスループットな方法となる。そのため，将来の先端LSI回路や高性能スマートセンサシステムのための高密度配線に適用可能な技術として期待できる。

239

ナノインプリントの開発とデバイス応用

文　　　献

1) B. Chao, F. Palmieri, W. L. Jen, D. H. McMichael, C. G. Willson, J. Owens *et al., Proceedings of SPIE*, **6921**, 69210C（2008）

2) G. M. Schmida, M. D. Stewart, J. Wetzel, F. Palmieri, J. Hao, Y. Nishimura, K. Jen and E. K. Kim, D. J. Resnick, J. A. Liddle, C. G. Willson, *J. Vac. Sci. Technol. B*, **24**, 1283-1291（2006）

3) N. Nagai, H. Ono, K. Sakuma, M. Saito, J. Mizuno and S. Shoji, *Japanese Journal of Applied Physics*, **48**, 115001（2009）

4) H. Shinohara, M. Fukuhara, T. Hirasawa, J. Mizuno and S. Shoji, *Journal of Photopolymer Science and Technology*, **21**, 591-596（2008）

5) M. Fukuhara, J. Mizuno, M. Saito, T. Homma and S. Shoji, *IEEJ Transactions on Electrical and Electronic Engineering*, **2**, 307-312（2007）

第12章　電子デバイス

5　化学増幅系光硬化性樹脂の熱・光併用インプリント成形法とマイクロスケールデュアルダマシン銅配線製造への応用

尹　成圓[*]

5.1　はじめに

　ナノインプリントリソグラフィ（NIL）技術は光の回折限界に対応できる新方式の半導体リソグラフィとして開発された低コスト，高生産性，高精度パターン形成技術であり，光学，エネルギー，バイオ，半導体デバイスなど様々なデバイス製造への応用が期待されている[1]。その内，大規模集積回路（LSI），フラッシュメモリーなど，回路形成への応用が注目されている。NIL技術の半導体応用において期待される効果は，ナノパターンの低コスト大量生産，工程と装置の簡略化による費用の削減，2.5次元構造の単工程製造，温暖化ガス使用量の低減などである。例えば，NILをデュアルダマシン銅配線製造に適用する場合，半導体リソグラフィとドライエッチング技術を利用する場合に比べて，1層のメタル配線製造あたり約16工程（総工程中，約70%）が削減できる[2,3]。しかし，半導体分野においてNIL技術をナノスケール配線形成技術として実用化するためには，生産性の向上，欠陥密度の低減，位置合わせ精度の向上，検査・修正技術の確立，さらなる微細化などの課題を解決する必要がある。これらのことからナノインプリント技術は，アライメント精度が比較的寛容である複雑形状の転写への適用が有望と考えられる。そこで，最近，NIL技術のマイクロスケール実装配線への応用が注目を浴びている[4〜7]。実装配線とは集積回路，抵抗器，コンデンサーなどの電子部品を表面に固定し，その部品間を電気的に繋げる技術を意味する。異なる幅の配線パターンを同じ深さでもそれぞれ違う深さでも単工程で形成できる点は，実装配線において大きいメリットである。また，実装配線においては，はんだリフロー温度（約260℃）に対応可能な素材に数〜数十μm幅の段付パターンを形成する必要があるため，耐熱性樹脂への2.5次元構造の低コスト・高効率形成が可能なインプリント技術は有効である。しかし，耐熱性樹脂に数十μmレベルパターンを形成するためには，熱インプリントの場合には熱応力による欠陥（基板反り，離型剤劣化，膜剥がれ）発生を，光インプリントの場合には被成形樹脂の制限および石英の低エッチングレートなどの問題を解決する必要がある。これらの問題を解決する手法として，耐熱性樹脂の架橋前の高成形性を活用した低温熱インプリント技術が報告されている。本稿では，その内，SU-8の熱・光併用インプリントのマイクロスケールデュアルダマシン銅配線製造への応用[8,9]について述べる。

5.2　デュアルダマシン構造形成用二段Ni電鋳型の作製

　デュアルダマシン構造の製造において，トレンチとビアの精密なアライメントは重要であり，各種犠牲層を用いたセルフアラインメントなどの手法が報告されている[10]。ここでは，トレンチとビア構造の高精度位置合わせを効率よく実現できる手法として，Siトレンチ形成用エッ

---

　*　Youn Sung-Won　㈱産業技術総合研究所　集積マイクロシステム研究センター　研究員

チマスクをビア形成用補助マスクとして再活用する方式を紹介する。Si 二段パターン構造製作工程の模式図を図 1 に示す。通常のデュアルダマシン構造のエッチング加工では，ビアパターンの形成後にトレンチパターンを形成するが，本プロセスはその逆順で行う。先ず，熱酸化させた Si 基板上にポジ型レジストをスピン塗布し，ステッパを用いてフォトリソグラフィを行なう。その結果形成されたレジストパターンをエッチマスクとして活用し，SiO$_2$ パターンをエッチングした後，続いてのボッシュ工程（Bosch process）により

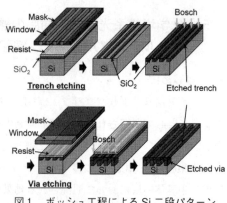

図 1 　ボッシュ工程による Si 二段パターン構造作製工程

Si トレンチパターンをエッチングする。ここで，Si パターン上部の SiO$_2$ 膜は，トレンチパターンエッチング用マスクの役割だけではなく，続いてのビアパターンエッチング工程において補助マスクの役割も果たすため，除去せずに，二度目のフォトリソグラフィを行なう。この時，SiO$_2$ パターンの存在により，トレンチの平行方向はビアと自動的にアラインメントされる。続いての二度目のボッシュ工程により，ビア部が形成される。最後に，残留レジストと SiO$_2$ 層を除去する。一方，ボッシュ工程による Ni 電鋳用母型 Si マスター製作においては，銅配線断面積変化による電気特性変化（抵抗など）の防止と離型力減少のために，垂直・高品質の側面を有するパターン構造を実現することが重要である。ボッシュ工程は，エッチングレートの材料の結晶方位への依存性がなく垂直方向に高アスペクトの構造を形成できる利点を有するが，エッチングと堆積による保護ステップを交互に繰り返すことにより加工を行なうため，エッチング構造の側面に必然的にスカラップと呼ばれる表面凸凹が発生する問題がある。このような表面凸凹は，インプリント成形の際，摩擦力上昇による離型力の上昇を招くため，最小化する必要がある。ここでは，エッチングステップにおいて，SF$_6$（335 sccm）と C$_4$F$_8$（115 sccm）を併用することによって，エッチングに対する側面の保護効果の上昇を図った。前述の工程で得られた Si マスターと，それを Ni 電鋳用マスターとして活用して作製したデュアルダマシン構造形成用二段 Ni 電鋳型の表面形状を図 2 に示す。トレンチとビアパターンが精度よくアラインメントされていることが観察される。

5.3　SU-8 の熱・光併用インプリントプロセス

　SU-8 は耐薬品性，耐熱性に優れた化学増幅系ネガ型永久レジスト（i 線）であり，高アスペクト比のパターン形成ができることから，微小電気機械素子（MEMS），集積回路パッケージ，バイオデバイス，光学デバイスに幅広く使われている。紫外線（UV）フォトリソグラフィ用レジストである SU-8 は，紫外線露光により光酸が生成され，続いての加熱により光酸と架橋剤との 3 次元架橋反応が促進されることによって硬化される。架橋反応による硬化後には耐熱温度

第12章　電子デバイス

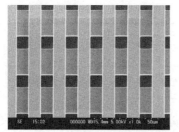
(a) ボッシュ工程により作製したSi二段パターン構造

(b) 二段Ni電鋳型

図2　デュアルダマシン構造成形用二段Ni電鋳型の製作例

300℃の熱硬化性樹脂であるが，架橋反応前には熱可塑性（ガラス転移温度：約60℃）を有する変形特性に着目したSU-8の光ナノインプリント成形例が報告されている[11〜14]。SU-8の光インプリント工程では成形中に露光を行うため石英型が一般的に利用される。しかし，マイクロスケールデュアルダマシン構造成形用多段凸石英型の製作は難しく，費用も高い。石英型の代替として複製透明樹脂型を用いる方法も報告されているが，繰り返し露光による樹脂の劣化およびパターン変形などの問題も残されている。ここでは，化学増幅系樹脂の架橋特性に着目し，露光工程と加熱工程を分離することによって，透明性型に限らず非透明性型による低温成形を可能にした，SU-8の熱・光併用インプリントプロセス技術を紹介する。

図3は熱・光併用インプリントプロセスの成形メカニズムを示す。SU-8塗布後，UV光の照射により膜内部に光酸が発生して架橋反応が始まる。この段階（UV前処理後）では架橋率が低いため，SU-8は熱可塑樹脂として挙動する。続いての熱インプリント工程の際の加熱により，成形と硬化が同時に行われる。SU-8の熱インプリントの場合，気泡欠陥の発生を防ぐと同時に素材の成形性を最大化できる成形温度は95℃付近であることが報告されている。しかし，熱・光併用インプリント工程では，成形温度がSU-8の成形性だけではなく架橋率に大きい影響を及ぼすため，成形温度と架橋率との関係を考慮する必要がある。製造社が提供する文献によると，膜厚20〜100μmのSU-8膜を用いるフォトリソグラフィ工程において，露光に必要なドース量は通常150〜250 mJ/cm^{2}である。表1は参考文献から抜粋したデータであり，ドース量125 mJ/cm^{2}で露光したSU-8レジスト（膜厚50μm）の架橋率の露光後加熱（PEB）温度依存性を示している。PEB時間が一定（6分）の場合，架橋反応速度が温度上昇により促進されるため，PEB温度と架橋率が比例する。このデータを熱・光インプリント工程に適用して考えてみると，厚さ50μmのSU-8膜に対して，UV前処理ドース量125

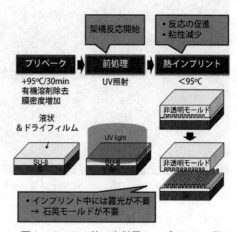

図3　SU-8の熱・光併用インプリント工程

ナノインプリントの開発とデバイス応用

表1 SU-8/Si の PEB 工程において，架橋率と加熱温度の関係[15]

加熱温度（℃）	45	65	115	145
架 橋 率（％）	48	81	87	95

基板材料：Si，膜厚さ：50 μm，加熱時間：6分，露光ドース量：125 mJ/cm^2

mJ/cm^2，加熱温度95℃，成形時間6分の条件で成形を行った場合，成形後のSU-8の架橋率は81～87％の範囲内にあることが推測できる。95℃以上への加熱は気泡欠陥を招く恐れがあるため，架橋率をもっと上昇させるためには，加熱（成形）時間を長くするか，紫外線前処理ドース量を上げる必要がある。例えば，PEB温度が65℃の場合，加熱時間を10分以上に長くすることによって90％以上の架橋率が得られる。しかし，PEB工程において，SU-8の架橋率は加熱開始から数分内（3～6分）に急激に上昇し，それ以降には，架橋率の上昇が大幅に遅くなるため[14]，インプリント工程の生産性向上および型の長寿命化のためには望ましくない。代わりに，SU-8の成形性の制御パラメータとして，UV前処理の際のドース量が考えられる。図4は熱インプリント成形条件（2.2 MPa，90±5℃，5分）を一定にし，UV前処理の際のドース量を変数（600, 400, 200, 160 mJ/cm^2）にして行った熱・光併用インプリント成形実験結果を示す。成形時間はPEB温度が65～145℃の場合には主な架橋反応が約3分以内に行われること[14,15]を考慮し，それより長めに設定した。ドース量が増加すると，SU-8内に発生する光酸量も増えるため，架橋反応も早くなり，転写量が減少していることが観察される。この結果は，SU-8の成形が可能な状態を長く保つためには，UV前処理の際のドース量を減らすことが有効であることを示す。因みに，成形後のSU-8の架橋率が低いと耐久性も減少するため，離型の際の摩擦力あるいは衝撃により，膜剥離あるいはパターン崩れなどが発生する場合もある。その場合には，成形（加熱）時間を長くし，架橋率を高めることによって素材をもっと固める必要がある。

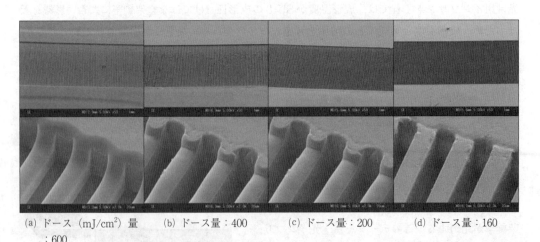

(a) ドース（mJ/cm^2）量：600　(b) ドース量：400　(c) ドース量：200　(d) ドース量：160

図4　SU-8の熱・光併用インプリント成形パターン（高さ25 μm，10 μm L&S）：UV前処理条件の影響
（熱インプリント成形条件：2.2 MPa，90℃，300秒，離型温度＜40℃，SU-8初期膜厚：50 μm）

第12章　電子デバイス

5.4　SU-8の熱・光併用インプリントによるデュアルダマシン構造形成

　インプリント成形後に押し切れずに残る樹脂膜（残留膜）は，単層配線基板製作の際には絶縁層になるが，下部基板との通電が必要な場合にはエッチバック工程などの後工程により除去される。エッチバックはエッチングにより表面を全面削っていって平らにする工程であるため，残膜除去後のパターン寸法変化による配線構造の信頼性低下を最小化するには，残膜厚制御手法と高異方性エッチング条件を確立する必要がある。パターン寸法と密度分布が均一な場合，残膜厚さ，初期レジスト膜厚，型パターン形状・寸法の関係から，型パターンの押し込みによる膜厚増加分を考慮し，レジスト初期膜厚を調節することによって残膜厚を制御することができる[8]。図5には，図2(b)のNi型を用いて行った熱・光併用インプリントによって実証したデュアルダマシン配線構造を示す（UV前処理条件：60 mJ/cm^2，熱インプリント成形条件：2.2 MPa, 90 ℃, 5分）。線幅10 μmのデュアルダマシン構造パターン（残膜厚：約1 μm）が良好に形成されていることが観察される。一方，型パターンの密度および寸法分布が不均一な場合において，残留膜の膜厚を薄く，かつその分布を均一にするためには，二つの方法が考えられる。先ず一つは，ステップアンドフラッシュインプリント工程のように，レジストを転写部位ごとに噴射塗布する方法である[16]。型のパターン密度分布に合わせてレジストの噴射量を制御することによって，レジスト初期膜厚を制御することができる。もう一つの対策として，パターン領域内の密度分布に合わせて型パターンの長さあるいは高さを制御した，いわゆる容積均一化型[17]の利用が考えられる。しかし，この方式の場合，多段型の作製が難題であり，その作製技術の高効率化に関する研究が行われている[18,19]。

　図6には，O$_2$反応性イオンエッチング（RIE）工程において，SU-8の高精度・高異方性エッチングが可能な混合ガス比率および工程例を示す。SU-8のRIE（60 sccm O$_2$, 15 sccm CHF$_3$）において，エッチング時間変化に伴うSU-8パターンの寸法変化を図6(b)に示す。図6(a)で示した異方性係数Aの定義[20]から分かるように，Aが1に近ければ近いほどエッチング異方性はよい。この条件において，得られた異方性係数Aは0.77であった。上記条件で行ったエッチバック工程前後のビア部の断面形状を図6(c)に示す。

図5　熱・光併用インプリント成形によるデュアルダマシン構造パターン形成
10 μm L&S，ビア部のアスペクト比：2

245

ナノインプリントの開発とデバイス応用

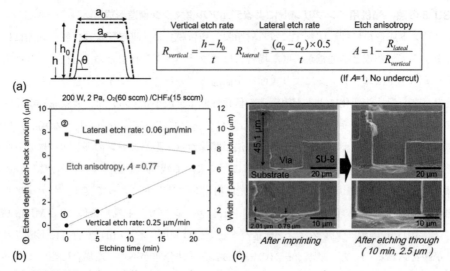

図6 (a) 異方性係数（A）の定義, (b) RIE（60 sccm O$_2$, 15 sccm CHF$_3$）によるSU-8エッチング特性, (c) エッチバック工程（O$_2$/CHF$_3$ RIE 10分）前後のSU-8/SiサンプルのSEM写真

5.5 銅めっきとCMPを併用した銅配線基板作製

　高密度配線，携帯端末機器用微細配線に主に要求される線幅を考慮し，10 μm〜1 mm幅（最大アスペクト比：1）の実パターンに近いCu/SU-8/Si配線基板を作製した．図7(a)は熱・光インプリントにより形成された配線構造パターンを示す．配線構造が良好に形成されていることが

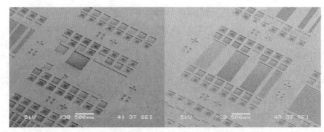

(a) SU-8の熱光併用インプリント成形パターン
（UV前処理の際のドース量60 mJ/cm^2，熱インプリント条件：90℃，2.2 MPa，300秒）

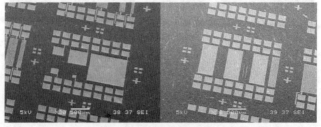

(b) メッキ，CMP後のSEM観察写真（暗いパターン：SU-8，明るいパターン：銅）

図7　Cu/SU-8/Si配線基板の作製例

第12章　電子デバイス

観察される。図7(b)は，熱・光併用インプリントにより形成されたパターンに，バリア層（Ti＝150 nm）とシード層（Cu＝300 nm）をスパッタした後，メッキによる溝が充分埋まるだけ厚く銅を堆積し，機械化学研磨（CMP）により銅を表面から平らに研磨して，ちょうど最初に掘った溝だけ銅が残るように削った Cu/SU-8/Si 配線基板の SEM 観察写真である。銅配線パターンが，隣接する配線も短絡のない良好な形状となっていることが観察される。

5.6　まとめ

　ナノインプリントプロセスの実装技術への応用例として，化学増幅系光硬化性樹脂の架橋メカニズムを活用した SU-8 の熱・光併用インプリント技術とそのマイクロスケールデュアルダマシン銅配線製造工程への適用について紹介した。複雑な2.5次元構造の配線パターンを比較的簡便な装置を用いて単工程で作製できることから，実装技術の微細化の進展に伴いその重要性が高まってくると期待される。さらに，ここで紹介した SU-8 熱・光インプリント技術はデュアルダマシン銅配線工程への適用に限ることなく広く半導体工程および微小電気機械素子（MEMS）部品への適用の可能性を有しているものと考えている。

謝辞

　二段電鋳 Ni 型の作製に協力して頂いた上野昭久氏（現ナノクラフトテクノロジーズ㈱）に感謝の意を表します。

文　　献

1)　H. Schift, *J. Vac. Sci. Technol. B*, **26**, 458（2008）
2)　和田英之，表面技術，**59**，654（2008）
3)　G. M. Schmid *et al.*, *J. Vac. Sci. Tech. B*, **24**, 1283（2006）
4)　S. W. Youn *et al.*, *Jpn. J. Appl. Phys.*, **47**, 5189（2008）
5)　S. Lee *et al.*, *Jpn. J. Appl. Phys.*, **48**, 06FH16（2009）
6)　N. Nagai *et al.*, *Jpn. J. Appl. Phys.*, **48**, 115001（2009）
7)　Y. Matsumura *et al.*, *Langmuir*, **26**, 12448（2010）
8)　S. W. Youn *et al.*, *Jpn. J. Appl. Phys.*, **48**, 06FH09（2009）
9)　S. W. Youn *et al.*, *Microelectron. Eng.*, **87**, 1150（2010）
10)　S. M. Saydur *et al.*, *Nanoscale Res. Lett.*, **5**, 545（2010）
11)　X. Cheng *et al.*, *Microelectron. Eng.*, **71**, 277（2004）
12)　W. Hu *et al.*, *J. Vac. Sci. Technol. B*, **24**, 2225（2006）
13)　X. Wang *et al.*, *Microelectron. Eng.*, **84**, 872（2007）
14)　関口　淳，電子ジャーナル，**5**，148（2007）

ナノインプリントの開発とデバイス応用

15) Y. Sensu *et al.*, *Journal of Photopolymer Science and Technology*, **18**, 125 (2005)
16) M. Colburn *et al.*, *Proc. of SPIE*, **3676**, 379 (1999)
17) H. Hiroshima, *Jpn. J. Appl. Phys.*, **47**, 8098 (2008)
18) Q. Wang *et al.*, *J. Vac. Sci. Technol. B*, **28**, C6M125 (2010)
19) S. W. Youn *et al.*, *Jpn. J. Appl. Phys.*, **50**, 06GK03 (2011)
20) E. Meng *et al.*, *J. Micromech.Microeng.*, **18**, 045004 (2008)

第12章　電子デバイス

6　パターンドメディア

鎌田芳幸*

6.1　はじめに

　ビットパターンドメディア（Bit patterned media：BPM）は磁気記録装置（ハードディスクドライブ：HDD）向けの次世代記録媒体として開発されているものである。BPMは1ビットの大きさに磁性体を切り取った記録媒体で，従来用いられてきたHDD用媒体と比べ，高密度記録をした際の記録安定性に優れているという利点があり，注目されている技術である。BPMの最大の課題は記録媒体全面での均一微細加工である。例えば2.5インチHDDで5.0 Tb/in^2（1平方インチ当たりのビット数）の記録を想定した場合，記録ビットが12.2 nmピッチで配列したBPMを作製する必要がある。半導体製造装置である電子線描画や収束イオンビームリソグラフィでも，このサイズの加工を2.5インチ基板全面に行うことは困難である。

　そこで，物質が自然に周期構造を形成する「自己組織化」過程を利用した微細構造作製方法が注目されている。二種類の性質の異なるポリマー（重合体）が化学結合した材料であるジブロックコポリマーは，熱処理を加えるという簡便な方法で7 nm以下のピッチで整然と配列したドットパターンを作製できることが知られている[1]。このドットパターンをマスクとして加工した磁性体ドットを1ビットとして記録できれば10 Tb/in^{2}の記録密度にあたり，2.5インチHDDでは媒体一枚あたり7 TB程度の容量に相当する。

　この自己組織化配列はナノメートルサイズの規則構造を大面積に容易に作製することができるが，HDDシステムが媒体上に要求する人為的なパターン，例えば記録再生ヘッドを特定記録トラック上に位置決めするために必要なサーボパターンを作り出すことはできない。そこで，自己組織化配列の得意とする微細構造をHDD上で使用可能なBPMの作製手法として用いることを目的とし，ナノインプリント技術を用いてサーボパターン等の人為的なガイド溝を作製し，ガイド溝の中に自己組織化材料を充填する配列制御法を開発した[2]。

　本稿では，ナノインプリント技術を用いて媒体上に人為的に形成したサーボパターンガイドに自己組織化材料を配列させたBPM（以下，自己組織化BPMと称する）を作製し，記録再生ヘッドの位置決め精度を評価した結果を述べる。

6.2　ナノインプリントで作製したガイド溝を用いる配列制御法

　自己組織化BPMは10 nm以下の磁性体ドットが基板全面に配置されたものであるが，各々のドットを個別に人為的形状に配置するのは困難である。そこで，EB描画装置等で容易に作製可能な100 nm程度の大きさのガイドを作製し，ガイドに沿って自己組織化材料を配列させる技術が知られている。ガイド構造として，基板表面に化学的に性質の異なる表面のパターンを作製する方法（化学ガイド方式）[3]や，物理的な凹凸を持つガイド溝を作製する方法（物理ガイド方式）[2]

＊　Yoshiyuki Kamata　㈱東芝　研究開発センター　主任研究員

249

が知られている。何れの方法も自己組織化材料を人為的形状に配列させる技術であるが、化学ガイド方式は自己組織化材料をガイドによって「配置する」場所を規定する方法である。一方、物理ガイド方式は凹部のみに自己組織化材料を充填する方法であるため凸部にはドットが存在しない。すなわち、自己組織化材料を「配置しない」場所を規定する方法である。自己組織化BPMのサーボパターンは、磁性体ドット群の有無で信号を作り出すため、ドットが存在しない領域を作る必要がある。このため、サーボ構造を備えた自己組織化BPM作製に好適な配列制御法として物理ガイド方式を採用した。

物理ガイド方式で必要になるガイド溝はナノインプリントで作製できる。例として、自己組織化材料PS-PDMS（polystyrene-polydimethylsiloxane）から得られる磁性体ドット加工用マスクを、HDDの記録トラックの位置情報を表すアドレスマーク形状に沿って配置した走査型電子顕微鏡（SEM）像を図1に示す。図1(a)はガイド溝のない平坦な基板上に配列させたPS-PDMSの平面SEM像である。9 nm径のPDMSマスクが17 nmピッチの六方格子状に均一に配列している様子がわかる。図1(b)はナノインプリントで作製したアドレスマーク形状のガイド溝にPS-PDMSを配列させた試料の斜視SEM像である。ガイド溝を用いることで、ドットマスク群が存在する領域とマスクが存在しない領域を作製できることがわかる。

この技術を応用し、サーボパターン形状のガイド溝と記録再生用トラック形状のガイド溝を媒体上に作製し、ガイド溝に沿って自己組織化配列したドットマスクを用いて磁性層を微細加工することにより、磁性ドットの集合体で構成されたサーボ領域と記録再生用データ領域を作製することができる。

6.3 自己組織化BPMの作製

自己組織化BPM作製方法の詳細は参考文献に掲載しているので[4]、ここでは概要を記す。図2に自己組織化BPM作製スキームを示す。サーボパターンと配列制御用ガイド溝（記録領域）を電子ビーム（EB）露光装置で描画し、Niスタンパ及び光透過性プラスチックスタンパを作製

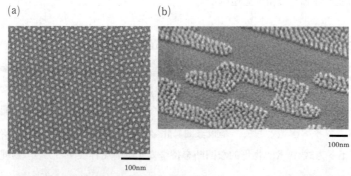

図1 自己組織化材料（PS-PDMS）から形成したドットマスクの平面SEM像(a)、ガイド溝に充填した試料の斜視SEM像(b)

第12章　電子デバイス

した。ガラス基板上に垂直磁気記録膜（ガラス基板/CoZrNb(70)/Pd(4)/Ru(20)/Co80Pt20(10)/C(7)）を作製し，表面にレジストを塗布，ナノインプリントでサーボパターン及びガイド溝を転写した。続けて自己組織化材料 PS-PDMS（分子量　PS：11700, PDMS：2900）をガイド溝に充填し，140℃でアニールすることで17 nmピッチのドットパターン（2.5 Tb/in^2 相当）を作製した。酸素ガスを用いた反応性化学エッチングでPSとガイド溝を選択的に除去し，磁性体エッチング用のマスクを作製した。続けてArイオンミリングでCoPt記録層をエッチングし，表面保護層としてCを成膜することで自己組織化BPMを得た。

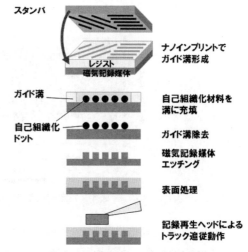

図2　自己組織化BPMの作製方法

　図3に自己組織化BPMのSEM像を示す。図の左から，記録トラックの位置情報であるアドレス，記録再生ヘッドの位置誤差を検出するのに必要なバースト，データ記録に用いられる記録トラックである。一見溝のように見えるが，拡大図が示すように各パターンはドットピッチ17 nm，ドット径9 nmのCoPtドット列で構成されている。データ記録領域ではガイド溝の中に概ね4列の磁性ドットが配列している。試作した自己組織化BPMと現行製品の再生ヘッドを用いて，ある特定記録トラックに追従させた試験の結果を図4に示す。横軸はトラック一周の角度，縦軸はトラッキング誤差である。プロットは50周分の位置誤差を重畳したもので，誤差の3σの位置を太い線で示している。一周の平均トラッキング誤差は3σで4.4 nmであった。この位置決め精度4.4 nmは，作製した自己組織化BPMのドットピッチ17 nmに対して小さいので，この評価システムで一つ一つの磁性ドットへの記録再生評価が可能であることを示唆している。

　今回の試験はドットサイズに対して幅の広い再生ヘッド（60 nm）を用いているため，ドット径分散の影響が平均化され，低減されている。図3の磁性ドットピッチ分散及びドット径分散を解析したところ，ピッチ分散は14.6%であり，ドット径分散は15.7%であった。高密度記録再生用の微小ヘッドに対応するにはこの分散値は改善を要する。配列制御用ガイド幅が最適化されて

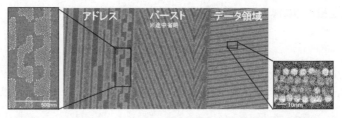

図3　磁性体ドット加工後の自己組織化BPMの平面SEM像

ナノインプリントの開発とデバイス応用

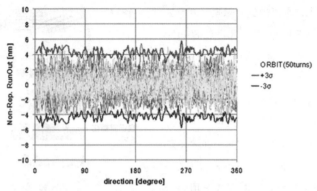

図4　特定トラックで得られた非同期トラッキング誤差

いない場合の自己組織化配列は，配列の不具合をドット径の変形（ドットの結合や不十分なサイズでの自己組織化）で補うために配列分散に影響を与えることが予想される。2.5 Tb/in^2 密度再生実現のためにはドットサイズと同程度の幅の再生ヘッドを用いる必要があるため，さらにガイド構造の最適化を進め，ドット径分散とピッチ分散を低減する必要がある。

6.4　まとめと今後の展望

ナノインプリント技術と自己組織化材料の組み合わせにより，サーボパターン領域とデータ領域の両方を備えた自己組織化ビットパターンドメディアの製作技術を開発した。自己組織化材料 PS-PDMS を用いてドット径9 nm，ドットピッチ17 nm の2.5 Tb/in^2 相当のビットパターンドメディアを作製し，現行機種のヘッドを用いたトラッキング実験で特定記録トラックに誤差4.4 nm で追従できることを確認した。この結果により，ガイド構造を用いた自己組織化配列プロセスでの BPM における HDD サーボトラッキングの可能性を示すことができた。

自己組織化材料を用いたナノパターニングは，10 nm 以下の微細パターンを作製できる実力があるが，デバイスとして動作するための精度が得られるかどうかが実用化の鍵である。精度向上には，データ領域，サーボパターン領域の両方で配列が乱れないガイド溝を高精度で作製する技術の開発を進める必要がある。想定される高記録密度に対応したヘッドを用いたビットパターンドメディア搭載 HDD を実用化するためには，ドット径分散が5％以下であると言われており[5]，少なくともこのレベルまではドット径分散を抑制する必要がある。将来にわたって HDD の記録密度トレンドを牽引し続けていくために，ガイド作製のためのナノインプリント技術だけでなく，他分野技術を積極的に導入し，研究開発を進めていくことが重要である。

謝辞

本研究は独立行政法人新エネルギー・産業技術総合開発機構（NEDO）の「超高密度ナノビット磁気記録技術の開発（グリーンIT）プロジェクト」の支援を受けて行われた。

第12章　電子デバイス

文　　献

1) S. Park *et al.*, *Sience*, **323**, 1030 (2009)
2) K. Naito *et al.*, *IEEE Trans. Magn.*, **38**, 1949–1951 (2002)
3) J. Y. Cheng *et al.*, *Adv. Mater.*, **13**, 1174 (2001)
4) Y. Kamata *et al.*, *IEEE. Trans. Magn.*, **47**(1), pp 51 (2011)
5) H. J. Richter *et al.*, *IEEE. Trans. Magn.*, **42**, 2255 (2006)

7 フレキシブルディスプレイ

八瀬清志*

7.1 はじめに

プラスチックシートなどのフレキシブルな基板上にスイッチングあるいは電荷注入のためのバックプレーンとしての有機半導体や導電性高分子をアクティブ層とした薄膜トランジスタ（Thin Film Transistor：TFT）で駆動する液晶ディスプレイ（LCD），電気泳動型マイクロカプセル（EPC）パネルおよび有機電界発光（EL）ディスプレイなどの研究および試作が世界的に進められている[1~4]。

しかし，既存の非晶質シリコン（a-Si）や低温ポリシリコン（Low Temperature Poly Silicon：LTPS），あるいは酸化物半導体や有機半導体を用いたバックプレーンにおいては，以下に示す理由により，ガラス基板を用いることが不可欠である。

TFT構造をフォトリソグラフィ法により形成するためには，図1に示すゲート電極，絶縁膜，ソース・ドレイン電極および半導体形成の四つの工程が必要である。

それぞれのステップにおいては，

① ゲート電極材料の製膜：化学堆積法（CVD）やスパッタ法等の真空かつ数百度の高温プロセスによるゲート電極材料の蒸着

② レジストコート：スピンコーター等を用いた光感応性樹脂（フォトポリマー）の製膜

③ 露光：マスクを介した紫外光照射

④ 現像：光あるいは加熱によるフォトポリマーの架橋，固体化

⑤ エッチング：酸・アルカリを用いた洗浄やエッチング，あるいは活性イオンを用いたエッチング（RIE）など

⑥ レジスト剥離：有機溶媒を用いたレジスト膜の溶出，洗浄

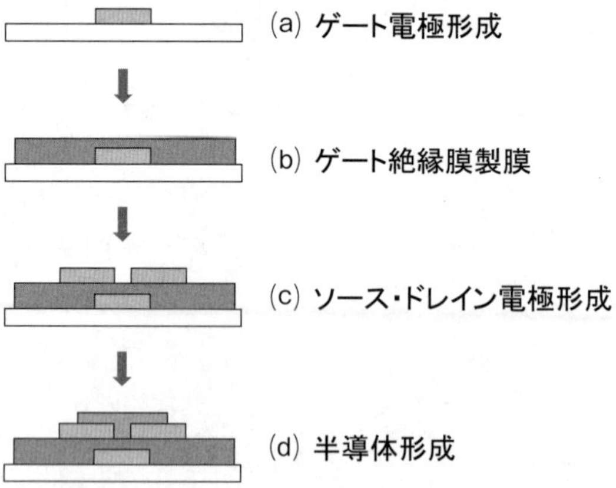

図1 TFT製造プロセス

---

* Kiyoshi Yase ㈱産業技術総合研究所 ナノシステム研究部門 研究部門長

第12章　電子デバイス

が必要である。このため，総工程数が25～30になるばかりではなく，ハードな条件での製膜やエッチング，あるいはリンスであるために，フレキシブルなプラスチック基板を用いることはできない。

一方，塗布可能な有機半導体あるいは導電性高分子の性能は，非晶質シリコンや真空蒸着による製膜が行われている低分子系有機半導体の性能に比べると1～2桁劣っている。そのため，スクリーン印刷やフレキソ印刷あるいはインクジェット法による有機TFTの作製が試みられているが，TFTのキーパラメーターであるソース電極とドレイン電極の間隔（チャネル長）は数十μmである。その結果，印刷有機TFTは，RF-IDなどの高い性能を必要としないデバイスに限られている。

しかし，本稿で紹介するマイクロコンタクト印刷（μCP）法は，単層の印刷においては数十nmの分解能が可能[5,6]であり，TFTのような多層印刷においても条件を最適化することで，数μmの位置合わせ精度を達成できる[7,8]。そのため，3～5μmというフォトリソグラフィプロセスでしか達成できなかったチャネル長を有するTFTの印刷が可能となった。以下にその詳細を紹介する。

7.2　マイクロコンタクト印刷法

μCP法の手順を図2に示す。

① 表面を電子ビームまたはフォトリソグラフィを用いて微細なパターンを形成したシリコンまたはガラスをマスターとして，ジメチルシロキサン（シリコーンゴムのモノマー）を滴下し，加熱・固化させる（Poly-Dimethyl Siloxane：PDMS）。この手法は，ナノインプリント法として知られている熱硬化性樹脂のパターニング技術である。そのための離形材を含め，熱ではなく，光硬化性樹脂の開発が進められている。

② これを版として，表面に，導電性材料（電極，配線），絶縁材料および半導体材料のインクをPDMS版の表面にコーティングし，所定の被印刷物（プラスチック基板）に転写する。

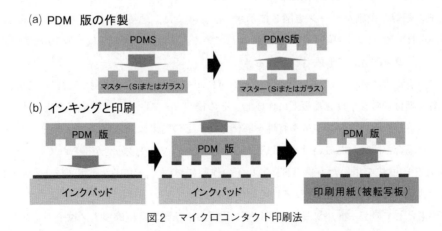

図2　マイクロコンタクト印刷法

あるいは，PDMS 版の圧着によりインクパッド上に残ったものを印刷用紙に転写する転写法も可能である。

基本的には，凸版印刷と同様な手法であるが，凸版印刷の版胴が金属であるのに対し，この μCP 法では，柔軟性に富むシリコーンゴムを用いている。既存の印刷法においては，シアン（C），イエロー（Y），マゼンタ（M）およびブラック（K）のインキを「塗り分ける」ことで，カラー表示が可能であるが，TFT においては，有機半導体，電極，絶縁層などの異なる部材を「塗り重ねる」ことが必要である。そのため，より精度の高い位置合わせに加え，シリコーンゴムのゴム状の弾性（エラストマー性）を利用したコンフォーマル印刷（Conformal Printing）が重要で，数十 nm からサブ μm の段差を有する，既にパターン印刷した表面，すなわち凹凸表面への印刷技術の開発が必要である。

ここ数年，この μCP 法は，界面活性剤などの単分子膜レベルの表面の親水・疎水性の制御ばかりではなく，有機半導体や導電性高分子，および金属のナノ粒子などの電子機能性材料のパターニングに応用されるようになり，それぞれの部材のインク化が進められている。本項においては，電極および配線用材料としての金属ナノ粒子とポリチオフェンの μCP 法による μm オーダーでのパターニングと有機 TFT 応用に向けた最近の研究成果を紹介する[7~16]。

ここで，配線を含め電気伝導性の微細パターンを形成する場合，サブ μm の幅，または間隔に対応する細線においては，それなりの厚さを保持しておくことが必要である。μCP 法における厚膜形成の工夫と，金属ナノ粒子などで必要な製膜後の焼成を避ける工夫は以下のとおりである。シリコン，ガラスあるいは PDMS 基板上にスピンコート法で必要な厚さの薄膜を形成し，その後，加熱により焼結・硬化させる。この場合，表面処理した PDMS スタンプをこの薄膜に圧力をかけながら接触させると，PDMS の凸部に薄膜が転写される。その薄膜付きの PDMS を被転写基板に押し付ける凸版印刷に加え，基板に残った薄膜を，別の被転写基板と接触させることで平版印刷させることもできる。このように，被転写基板としてプラスチックなどの高温処理が不可能なフレキシブルな基板にも，厚さが保証されたパターンを形成することが可能となる。最後の，平版印刷法は，反転印刷法とも言われている。これらの特殊印刷法により作成された銀ナノ粒子の細線と微細パターンを図 3 に示す。図 3(a)では，急峻なエッジを有する幅 2 μm の L/S が得られており，その膜厚も 600 nm に達している。また，同図(b)では，幅 1 μm の「AIST」パターンが，厚さ 60 nm で形成されている。

さらに，有機半導体としてのポリチオフェン（Poly-3-hexyl-thiophene：P3HT）の μCP 法により，酸化膜付きのシリコン基板上に作成し，その後，ソース・ドレイン電極を真空蒸着法によりマスク蒸着し，そのトランジスタ特性を評価した。その結果は，スピンコート法で連続膜として作成した場合と同等，あるいはそれ以上の 2×10^{-3} cm^2/Vs の移動度が得られている[9~11]。

この μCP 印刷法を用いた有機 TFT アレイの作製において，ポリカーボネート・シート上に 200 ppi（画素サイズ：127 μm）のアレイの印刷に成功している（図 4）[12~16]。ここでは，TFT の構成要素としてのゲート，ソース・ドレイン電極および画素電極は銀ナノ粒子のインク，半導

第12章　電子デバイス

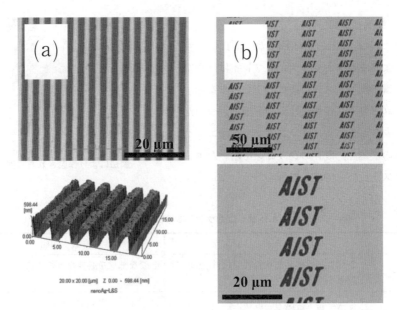

図3　銀ナノ粒子のマイクロコンタクト印刷
(a) L/S：2μm，厚さ600 nm，(b) 線幅：1μm，厚さ60 nm

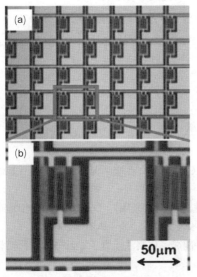

図4　印刷有機TFTの構造

図5　印刷有機TFTによる液晶パネルの駆動

体としてのP3HTをμCP法でパターニング，積層している。この印刷有機TFT上に，表示パネルとしてポリマーネットワーク型液晶を貼り付けた駆動実証の例を図5に示す。100 ppiおよび200 ppiにおいても，NEDO，AISTおよびJCIIの文字が識別できる。すでに，A4サイズのプラスチック基板上にUAGX（1,600×1,200＝192万画素）の200 ppiの印刷有機TFTアレイの作製にも成功している（図6）。

257

7.3 今後の発展と課題

プラスチック基板上の全印刷有機 TFT の作製と，それによるフレキシブルディスプレイは，真空を用いない電子デバイスの製造に大きな一歩を示すとともに，ユビキタス情報化社会の実現に近づいたといえる。フレキシブル・プリンタブル有機エレクトロニクスの展望を，既存のシリコンを用いたエレクトロニクスと比較して表1に示す。

図6 A4 サイズのポリカーボネート上に全印刷法により作製された有機 TFT アレイ

表1 シリコンエレクトロニクスと有機エレクトロニクスの対比

	シリコン：フォトリソグラフィ	有機：印刷
材料	シリコン単結晶を除き製膜材料の90%は除去	必要な部材を必要なところに（省資源プロセス）
プロセス	多段工程，真空・高温	高速印刷，大気中・室温（省エネ・短時間プロセス）
製品	剛直，落とすと壊れる	ソフト，軽い，曲げることができる，落としても壊れない
初期資本投下	フォトリソグラフィ・真空ラインおよび高品質クリーンルームは高額	印刷装置は電子線描画装置などに比べて安く，装置内のみのクリーン化で十分

文　　献

1) 日本学術会議情報科学用有機材料第142委員会 C 部会編，有機半導体デバイス―基礎から最先端材料・デバイスまで―，オーム社（2010）
2) 工藤一浩監修，有機トランジスター評価と応用技術―（普及版），シーエムシー出版（2010）
3) 時任静士，安達千達矢，村田秀幸，有機 EL ディスプレイ，オーム社（2004）
4) 工藤一浩監修，有機トランジスタの技術―材料開発，作製法，素子設計―，技術情報協会（2003）
5) 藤平正道，日本印刷学会誌，**41**(5)，261-278（2004）
6) J. Tien, Y. Xia, G. M. Whitesides, In Microcontact Printing of SAMs, A. Ulman, ed., Academic Press, London, U. K., 24 (1998)
7) 八瀬清志，応用物理，**77**(2)，173-177（2008）
8) 金原粲監修，八瀬清志，薄膜工学：第2版，pp. 273-288，丸善出版（2011）
9) A. Takakuwa, M. Ikawa, M. Fujita and K. Yase, *Jpn. J. of Appl. Phys.*, **47**(9A), 5960-5963 (2007)

第12章　電子デバイス

10) M. Karakawa, M. Chikamatsu, Y. Yoshida, M. Oishi, R. Azumi and K. Yase, *Appl. Phys. Exp.*, **1**, 061802 (2008)

11) Y. Horii, M. Ikawa, K. Sakaguchi, M. Chikamatsu, Y. Yoshida, R. Azumi, K. Yase, H. Mogi, M. Kitagawa and H. Konishi, *Thin Solid Films*, **518**, 642-646 (2009)

12) K. Matsuoka, O. Kina, M. Koutake, K. Noda, H. Yonehara and K. Yase, 15th International Display Workshop (IDW08), AMD1-4L, Niigata Dec. (2008)

13) K. Matsuoka, O. Kina, M. Koutake, K. Noda, H. Yonehara and K. Yase, SID2009, 16.3, San Antonio Jun. (2009)

14) K. Matsuoka, O. Kina, M. Koutake, K. Noda, H. Yonehara, K. Nakanishi and K. Yase, IDW2009, AMD6-2, Miyazaki Dec. (2009)

15) K. Yase, IDW'10, FLX3 EP1-1, Fukuoka Dec. (2010)

16) O. Kina, K. Matsuoka, M. Koutake and K. Yase, *Jpn. J. of Appl. Phys.*, **49**, 01AB07 (2010)

第13章　エネルギーデバイス

1　有機太陽電池への応用

平井義彦[*]

1.1　はじめに

　熱ナノインプリントは，多様な材料に直接ナノ加工を施すことが可能である。このため，金属，セラミック，高分子などの機能性材料のマイクロ・ナノ加工により，素子化を容易にする他，機能性材料の微細化によって機能そのものの向上が期待できる。

　ここでは，機能性材料としてデバイス応用が進められている有機太陽電池へのナノインプリント技術の応用について，国内外の研究報告例を中心に紹介する。ナノインプリント技術を有機半導体材料に応用する目的と効果としては，①従来のリソグラフィの代替として低コスト化を図る，②従来のリソグラフィでは困難な加工を実現する，③従来のリソグラフィあるいは他の微細加工では不可能な新しい付加価値を実現する，などが挙げられる。

　有機太陽電池は，フレキシブル基板との互換性や，他の有機半導体トランジスタを用いた素子とのプロセス互換性があるため，これらの素子の駆動源としての小電力発電素子として期待されている。しかし，結晶系の太陽電池と比較すると，キャリアの平均自由工程が短く，生成した電子—ホール対が効率よく電極に到達しないために発電効率が低いなど，解決すべき多くの技術的課題が存在する。

　ここでは，光学的な取り出し効率を向上させるために，反射防止構造やフォトニック構造をナノインプリントによって作製するなど，結晶系の太陽電池にも応用される内容は除外し，ナノインプリントと有機半導体材料の組み合わせによりなし得る応用を中心に紹介する。

1.2　国内外の研究報告例

　有機太陽電池では，キャリアの収集効率を向上させるため，PN接合部分に，キャリアの平均自由工程と同程度のサイズ（20 nm 程度）の微細な凹凸による PN接合（ナノネットワークヘテロ接合）を設けて，収率を向上させる取り組みが提案されている（図1）[1]。

　Guo と Kim らのグループは，PET フィルム上に，TDPDT に幅130 nm 程度の溝構造を熱ナノインプリントで作製し，PCBM をスピンコートして溝を埋めるナノヘテロ構造を作製することにより，平坦構造によるヘテロ接合に比べて，発電効率が３倍強増加することを報告した（図2）[2]。

---

　*　Yoshihiko Hirai　大阪府立大学　大学院工学研究科　電子物理工学分野　教授

第13章　エネルギーデバイス

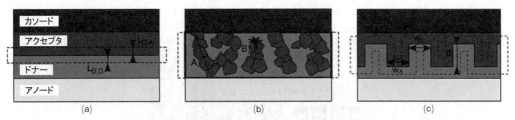

図1　ナノ構造接合による有機太陽電池の概念[1]
(a) 薄膜ヘテロ接合，(b) バルクヘテロ接合，(c) ナノネットワークヘテロ接合

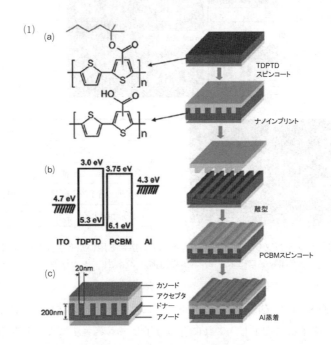

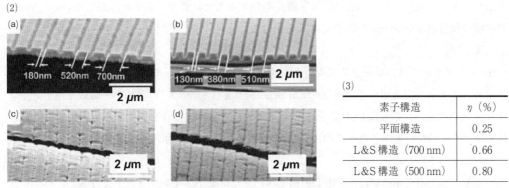

素子構造	η (%)
平面構造	0.25
L&S構造（700 nm）	0.66
L&S構造（500 nm）	0.80

図2　ナノインプリント＋スピンコートによるヘテロ接合を用いた有機太陽電池[2]
(1) 熱ナノインプリントによるナノネットワーク接合構造の作製方法，(2) 試作した素子の電子顕微鏡写真，(3) 作製した素子の性能

ナノインプリントの開発とデバイス応用

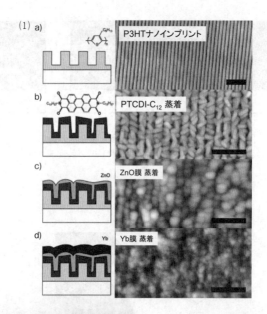

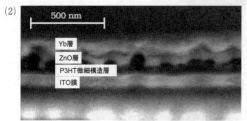

素子構造	η（％）
平面構造	0.07
70/70 nm L&S 構造　膜厚40 nm	0.096
50/50 nm L&S 構造　膜厚40 nm	0.104
50/50 nm L&S 構造　膜厚100 nm	0.04

図3　ナノインプリント＋蒸着によるヘテロ接合を用いた有機太陽電池[3]
(1) 作製プロセス，(2) 素子の断面，(3) 試作素子の性能

　これに続いて，2008年にはCheynsらのグループは，熱ナノインプリントにより，P3HTを50〜70 nmの線幅に格子状に加工し，これに有機分子ビーム蒸着法によりPTCDI-C$_{12}$を50 nm蒸着し，さらに電極としてZnO膜，Yb膜を蒸着することにより，素子を作製している。50 nmの線幅で残存膜厚が40 nmの素子では，平面構造に比べて約1.5倍程度の効率向上を報告している（図3）[3]。

　HuらのグループはP，ポーラスアルミナのメンブレンをマスターモールドとして作製したSiナノポーラスモールドを用いて，直径80 nm 高さ150 nm 程度のP3HTのピラー構造を熱ナノインプリントで作製し，さらにPCBMをスピンコートしてヘテロ接合を作製することにより，発電効率がピラーのない場合と比べて約1.8倍に上昇し，全体として効率が2.5％を超えたことを報告している（図4）[4]。

　2010年には，同グループは，P3HTの格子状パターンをナノインプリントで作製し，ヘテロ接合材料にPCBMに代えてC$_{60}$を蒸着することにより，平坦接合構造と比較して効率を50％向上させている（図5）[5]。

第13章 エネルギーデバイス

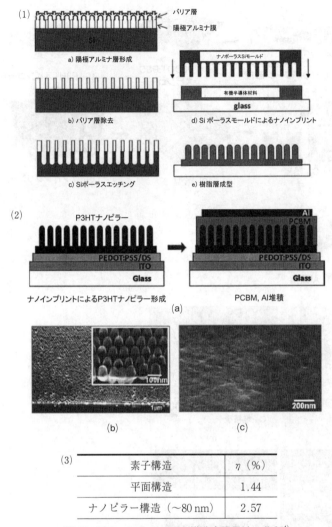

図4 ピラーによるヘテロ構造太陽電池の作製[4]
(1) ポーラスアルミナ原版によるポーラスSiモールドの複製と成型，(2) ヘテロ接合の形成，
(3) ナノインプリントで作製したヘテロ構造による太陽電池特性

　同年には，HuckらのグループはP先ずナノインプリントによって直径200〜25 nmのP3HTのピラー構造を作製し，これをモールドとしてF8TBTにナノインプリントを行い，発電効率のサイズ依存性を調べている（図6）[6]。径の減少に従って効率が向上し，25 nmのピラーを用いると，平坦構造と比べて約5倍程度向上することを報告している。

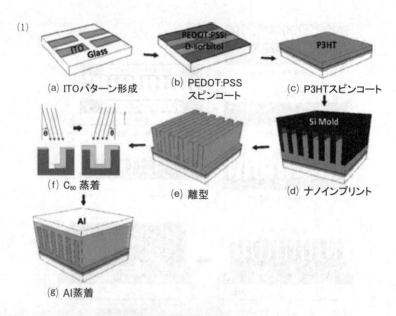

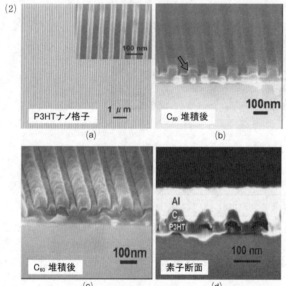

素子構造	η (%)
平面構造	0.90
L&S 構造（～50 nm）	1.35

図5　P3HT/C_{60}による格子状ヘテロ構造による太陽電池[5]
(1) P3HT格子構造へのC_{60}蒸着による太陽電池作製方法，(2) P3HTの加工後ならびにC_{60}，Al電極形成後のSEM写真，(3) インプリントにより作製した格子状ヘテロ構造太陽電池の特性

第13章　エネルギーデバイス

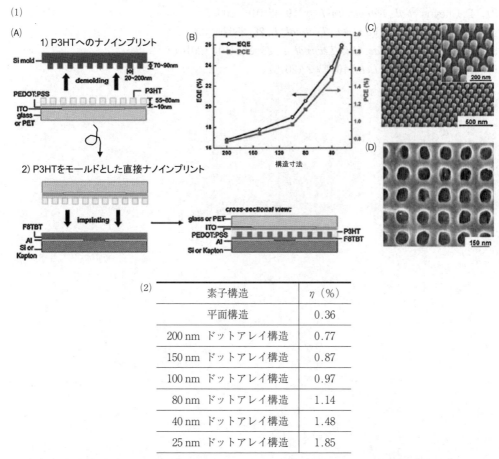

図6　多重直接ナノインプリントによるピラーヘテロ構造による有機太陽電池の作製[6]
(1) 直接インプリントによる P3HT/F8TBT ヘテロ接合の作製方法，(2) 発電効率のピラー寸法依存性

1.3　まとめ

　スピンコート法による平坦ヘテロ構造やバルクヘテロ構造に代わり，ナノインプリントによって直接加工したナノサイズの格子あるいはピラー構造によるヘテロ接合を制御性よく作製することにより，1.5～5倍の発電効率の向上が検証されている。今後の材料開発とともに，より高効率の有機太陽電池の開発へ寄与を期待したい。

文　　献

1) D. Cheyns et al., *Nanotechnology*, **19**, 424016 (2008)
2) M. Kim et al., *Appl. Phys. Lett.*, **90**, 123113 (2007)

3) D. Cheyns *et al.*, *Nanotechnology*, **19**, 424016 (2008)
4) M. Aryal *et al.*, *J. Vac. Sci. Technol. B*, **26**, 2562 (2008)
5) Y.Yang *et al.*, *J. Vac. Sci. Technol. B*, **28**, C6M104 (2010)
6) X. He *et al.*, *Nano Lett.*, **10**, 1302 (2010)

第13章　エネルギーデバイス

2　燃料電池

宮内昭浩[*]

2.1　はじめに

　燃料電池は水素の原料となる都市ガス，水素ガス，エタノールなどを供給し続けることで，連続的に電力を取り出せる。一次電池や二次電池と異なり，電気容量の制約がないため，家庭や自動車の電源，定置発電への応用が期待されている。

　燃料電池の内部には電解質膜と呼ばれるプロトンを輸送する膜が用いられている。電解質膜の表裏面での酸化・還元反応によって起電力が生じるが，ナノインプリントによって電解質膜の表裏面に凹凸を付けることで化学反応密度を上げ，燃料電池のエネルギー密度の向上を試みた。

2.2　発電原理

　図1は固体高分子形燃料電池の一種である，ダイレクトメタノール燃料電池の動作原理を示している。燃料極のメタノールが電解質膜表面の白金触媒によって分解され，プロトンと二酸化炭素が発生する。プロトンは電解質膜中を透過し，空気極側で酸素と反応し，水が発生する。荷電粒子のプロトンが移動するため，起電力が生じ，電池として機能する。

　ナノインプリントの応用としては，図1に示すように，電解質膜の表面をパターニングすることで，メタノールや酸素との反応面積を増大させ，単位面積当たりの化学反応密度を増加させることが目的である。電池性能としては，エネルギー密度が増加することになる。また，電池の内部抵抗が下がる効果も期待できる。

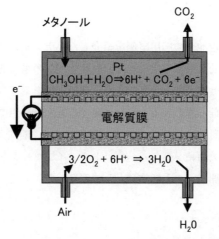

図1　ダイレクトメタノール燃料電池の動作原理

---

[*]　Akihiro Miyauchi　㈱日立製作所　日立研究所　主管研究員

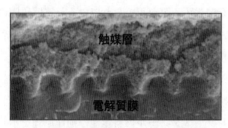

図2 試作した燃料電池における電解質膜と触媒層との界面状態

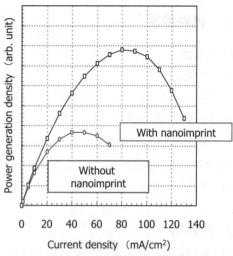

図3 電解質膜表面の加工の有無による出力特性の違い

2.3 試作例

図2は試作した燃料電池の電解質膜近傍の断面SEM(走査型電子顕微鏡)像である。電解質膜に高さ1μm程度の柱状形状をナノインプリント法で形成した。形成する形状は,触媒層が電解質膜の加工面と密着できるようにすることが必要である。

図3は,電解質膜を加工した場合と加工しない場合の燃料電池の出力特性の違いである。電解質膜を加工することで,出力密度が増加することが分かる。これは化学反応に寄与する電解質膜の表面積が増加したことや,電解質膜と触媒層との接触抵抗が低下したためと考えられる。

2.4 まとめ

ナノインプリントの燃料電池への応用事例を紹介した。ナノインプリントは表面改質の観点から見ると,表面積を増加させる効果を生む。これを化学反応の場に応用すると,単位体積当たりの反応密度を増大させることが可能となり,また,接触抵抗を下げる効果を期待できる。類似の発想は他のデバイスでも可能と思われる。研究開発者の自由な発想による高機能デバイスの出現が楽しみである。なお,本研究は,新エネルギー・産業技術総合開発機構(NEDO)のナノテク・先端部材実用化研究開発「大面積・高スループットナノインプリント装置・プロセス技術及び新デバイス応用に関する研究開発」の委託業務として開発した。

第14章　バイオデバイス

1　細胞培養

宮内昭浩*

1.1　はじめに

　細胞培養とは，細胞を体外で増殖，維持させることである。培養は血液中の細胞のような浮遊細胞，及びマトリックスに付着した状態で増殖する接着細胞に大別される。接着細胞を培養する単層培養では，培養シャーレの底面部分に細胞が付着し，増殖する。細胞は培養シャーレに接着してしまうため，培養した細胞を回収する際には，トリプシンのような酵素によって接着蛋白質を分解している。しかしながら，分解酵素によって，培養した細胞自体の細胞活性が低下してしまう問題があった。シャーレに付着してしまう細胞を容易に剥離する方法としては，温度感応性ポリマーを用いて，単層培養した細胞膜を20℃程度まで下げることで剥離回収する技術が知られている[1]。

　一方，ナノインプリントでは，アスペクト比の大きな微小凸構造（ナノピラー）を簡便に形成できる。そこで図1のように，ナノピラーシートの上で細胞を培養すれば，細胞と培養基材との接触面積が低下するために培養した細胞の剥離が容易になると考え，ナノインプリントの細胞培養への応用を開始した[2,3]。

1.2　培養特性

　細胞種としてはヒト子宮頸がん由来のHeLa細胞を用いた。図2は培養に用いたポリスチレン製のナノピラー構造の走査型電子顕微鏡（SEM）像である。直径は500 nm，ピッチは1 μm である。用いたナノピラーのレイアウトは，モールドの開孔直径や孔のレイアウトなどを設計することで制御できる。

　図3は培養1日目と3日目のHeLa細胞の増殖状態と拡大写真である。HeLa細胞はナノピラー基材に付着し，増殖したことが分かる。また，HeLa細胞の形状は，従来の培養シャーレでの培養のように平坦な形状ではなく，丸い形状であることが分かる。これはナノピラー上では細

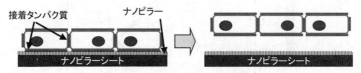

図1　ナノピラー構造上での細胞培養の模式図

---

*　Akihiro Miyauchi　㈱日立製作所　日立研究所　主管研究員

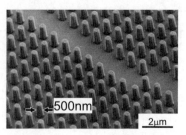

図2 ナノピラーのSEM像

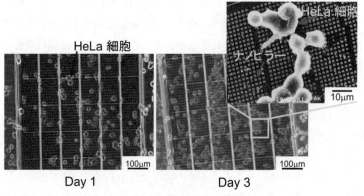

図3 HeLa細胞の増殖状態と拡大写真

胞の基材への接着力が弱くなったためと考えられる。

　図4はHeLa細胞の増殖能を，従来の平滑な表面とナノピラー上で比較した結果である。材質は共にポリスチレンである。HeLa細胞の増殖能は共に同程度あることから，ナノピラーを足場にした細胞培養基材は増殖能の点では問題ないことが分かった。

　図5は培養後のHeLa細胞を培地のピペッティングで除去した例である。ナノピラー上では細胞と基材との接触面積が低減するために，従来のようなトリプシン処理をしなくとも細胞を回収できることが分かった。

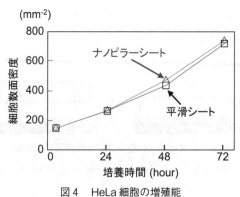

図4 HeLa細胞の増殖能

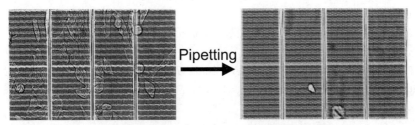

図5　培地のピペッティングによるHeLa細胞の除去

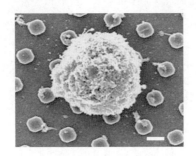

スケールバー:2 μm
図6　スフェロイド化した肝細胞のSEM像

　ところで，ナノピラーを足場とする培養基材においては，HeLa細胞や軟骨細胞が塊状（スフェロイド）になる現象が現れた。これは細胞が基材表面を移動することが容易になったためと考えられる。図6はスフェロイド化した肝細胞の外観写真である。スフェロイド化した肝細胞は，生体内と同じく胆管への薬剤排泄能を有していた[4]。排泄薬剤の分泌量や成分から，肝細胞に滴下した化学物質の毒性や効用を評価可能となれば，動物実験の代替として創薬試験にスフェロイド化肝細胞を応用できる可能性がある。今後，創薬分野への展開が期待される。

1.3　まとめ

　ナノインプリントの細胞培養への応用事例を紹介した。微細な構造体の表面で細胞を培養すると培養細胞の回収が容易になるだけでなく，スフェロイド化し易くなることが分かった。基材と細胞との接着特性を基材表面の幾何学的形状で制御できれば，従来の二次元面内に拘束された単層培養の制約から解き放たれる可能性がある[5]。

文　　献

1) T. Okano, N. Yamada, M. Okuhara, H. Sasaki and Y. Sakurai, *Biomaterials*, **16**, 297 (1995)
2) S. Nomura, H. Kojima, Y. Ohyabu, K. Kuwabara, A. Miyauchi and T. Uemura, *Jpn. J. Appl.*

ナノインプリントの開発とデバイス応用

Phys., **44**, L1184 (2005)

3) S. Nomura, H. Kojima, Y. Ohyabu, K. Kuwabara, A. Miyauchi and T. Uemura, *J. Artificial Organs*, **9**, 90 (2006)

4) R. Takahashi, H. Sonoda, Y. Tabata, A. Hisada, *Tissue Eng. Part A.*, **16**, 1983 (2010)

5) Editorial, *Nature*, **424**, 861 (2003)

第14章　バイオデバイス

2　マイクロTAS

水野　潤[*1]，笠原崇史[*2]，庄子習一[*3]

2.1　はじめに

　近年，半導体微細加工技術を利用し，センサやアクチュエータ等機械的な機能と電気的な機能を有するデバイスを作製するMicro Electro Mechanical Systems（MEMS）の研究に注目が集まっている。またそのMEMS技術を応用し，マイクロチャネル，マイクロポンプ，マイクロバルブ，マイクロミキサ等を数センチ角の基板上に集積化し，その微小空間内で化学・生化学の分析や合成を行うMicro Total Analysis Systems（µTAS）あるいはLab-on-a-Chip（LOC）の研究も盛んに行われている[1]。従来のビーカーやフラスコ内で行われていた化学・生化学実験を，マイクロチップ内で行うことにより試薬や廃液の大幅な削減ができるだけでなく，反応時間の短縮化や高効率化が期待されている。

　マイクロチップ内での分析において，最も発展を遂げている技術の一つとしてマイクロチップ電気泳動（MCE）がある。MCEは微細なマイクロチャネルが形成されたチップ内で，キャピラリー電気泳動（CE）の分離原理に基づく分析を行うものであり，従来のCEに比べ，分離の高速化やチャネルの並列化によるハイスループット分析を可能にする特徴を有している[2]。特に特定の化合物や官能基を有する化合物を定量することができる質量分析（MS）のMCEへの適用（MCE-MS）が期待されている。しかしMCE-MSを実現するにはMCEによって分離された試料を，希釈させることなく，効率良くイオン化し，MS検出部へ導入するチップの開発が重要な課題となっている。

　さらに上記MCEチップや生化学，医療の現場での使用を見据えた場合，チップ内の汚染や二次感染の問題から使い捨て可能なマイクロチップへの要求が高まっている[3]。従来のµTASデバイスは主にシリコンやガラス基板上に形成される場合が多かったが，コストの観点からシリコンやガラスに代わる安価で大量生産が可能な材料及び作製方法が求められている。そこで近年はモールド技術によるプラスチック等のポリマーをベースとしたマイクロチップの開発が進められている。

　本節ではプラスチック材料の一つであるシクロオレフィンポリマー（COP）をベース材料として，ホットエンボス技術と低温直接接合技術を用いて，MCEと溶液中で高電界を印加することで生体分子イオンを気相中へ噴霧するエレクトロスプレーイオン化（ESI）を1チップ上で行えるナノスプレー一体型ポリマーチップの研究例（COP MCE-MS）を紹介する[2,4]。

---

　*1　Jun Mizuno　早稲田大学　ナノ理工学研究機構　准教授

　*2　Takashi Kasahara　早稲田大学　理工学術院　先進理工学研究科　ナノ理工学専攻

　*3　Shuichi Shoji　早稲田大学　理工学術院　教授

2.2 ナノスプレー一体型ポリマーチップの作製

図1にCOP MCE-MSチップのデザインを示す。電気泳動用分離流路は，一般的なクロス型であり，先端部には金薄膜を形成したESIナノスプレーを有している。マイクロチャネルは流路幅50 μm，流路深さ20 μm，有効分離長30 mmとし，分離流路の終端はチップ側面に開放され，流路幅は50～10 μmに絞った設計となっている。また流路開口部は四面を絞ったテーパー構造に加工され，これがESIナノスプレー部となる。先端の金薄膜は電気泳動電圧及びESI電圧を印加するための電極である。ベース材料のCOPは，光透過性に優れ，有機溶媒に対して良好な耐性があり，さらに表面の金属化が容易という特徴がある[5]。

図2にチップ作製プロセスを示す。チップ作製はモールド作製，ホットエンボス加工，低温直接接合，四面加工，電極形成の五つの工程から成っている。まずはシリコンウェハにフォトリソグラフィとDeep-RIE（Reactive Ion Etching）によって流路構造を持つモールドを作製し，モールド表面をフッ素系材料により離型処理を行う（図2(1)）。続いて作製したシリコンモールドを用いてCOP基板にホットエンボス加工（EV group製EVG520HE）をすることで流路構造を形成する（図2(2)）。ホットエンボスとは加熱された樹脂にモールドを押し当てることでモールドパターンを転写する技術である。COP基板は幅12.5 mm×40 mm，厚さ1 mm，ガラス転移温度T_gが138 ℃の日本ゼオン製 ZEONEX® を用いた。ホットエンボス加工は温度165 ℃，加重1400 N，保持時間4分間で行った。COP基板からモールドを離型した後，インレット及びアウトレット部分に貫通穴を形成する。続いて流路基板と蓋基板の接合工程に移るが，接合技術はマイクロチャネル作製において極めて重要な技術と言える。接着剤を用いた方法や基板をガラス転移温度以上に加熱し熱圧着する方法が報告されているが，ここではCOP基板の最表面の化学・物理的性質をコントロールすることで，ガラス転移温度以下で接合する低温直接技術を用いる[4,6]。まず流路基板及び蓋基板のCOPを真空酸素プラズマ処理（EV group製EVG810LT）し，表面を改質した後，COPのガラス転移温度以下の120 ℃で，加重1000 N，保持時間5分で接合させる（EVG520HE）（図2(3)，(4)）。ガラス転移温度以下で接合することでマイクロチャネルの変形を抑制することが可能になる。その後，卓上丸ノコ盤を用いて流路開口部があるチップ側面を四面加工し（角度90°，60°，30°），テーパー構造を作製する（図2(5)）。電子線蒸着によりテーパー構造部のみに金を成膜し電気泳動電圧及びESI電圧印加用の電極を形成する（図2(6)）。

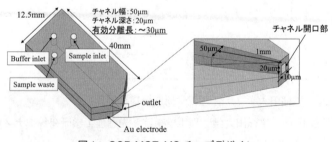

図1　COP MCE-MSチップデザイン

第14章 バイオデバイス

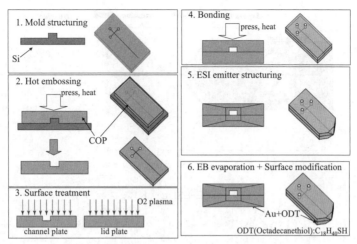

図2　MCE-ESI-MS作製プロセス

この金電極の表面を1％メルカプトオクタデカン溶液に浸漬することで疎水化処理し，スプレー先端に形成するテイラーコーンの体積が最小になるようにする。

図3に先端角60°で作製したMCE-ESI-MSチップを示す。チップに貫通穴がいくつもあいているのは，ホットエンボス加工および低温直接接合時に発生する熱応力を開放させ，基板の反りを軽減させるためである。

2.3　エレクトロスプレーイオン化実験

図4にMCE-ESIの実験系を示す。チップ端面の電極は電気泳動用とESI用の電極を兼ねており，バッファーインレットと金電極間に泳動電圧（V_{SEP}）を印加し，ESI電極に電圧（V_{ESI}）を印加することで分離からイオン化までを行うことが可能になる。

まず作製したチップにおいてイオン化ができているかどうかの指標となるテイラーコーン形成の評価を行った。V_{SEP}に1.0 kV，V_{ESI}に2.0 kV印加しながら電気浸透流によって送液を行ったところ，先端角30°のチップにおいて最も安定してテイラーコーンが形成できることが確認された（図5）。

図3　作製したMCE-ESI-MSチップ

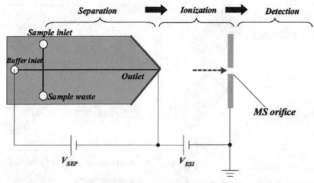

図4 MCE-ESIセットアップ

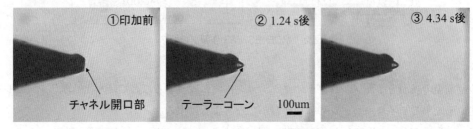

図5 テイラーコーン形成実験結果

　テイラーコーン形成に成功した先端角30°のチップを用いてMCE-MS分析を行った。サンプルはカフェインに，水に溶けやすくMSでの検出が容易なアルギニンを加えた混合試料を使用した。試料はゲート注入法により1秒間分離流路に注入し，V_{SEP}に1.3 kV，V_{ESI}に2.0 kVを印加することで，MCE-MS検出を行った。このとき10 mMの酢酸塩緩衝液を泳動液とした。図6にMCE-MS検出結果を示す。

　エレクトロフェログラムより0.643分，0.710分にそれぞれアルギニンとカフェインに由来するピークが検出された（図6(1)）。さらにm/z値をモニターした結果，アルギニンとカフェインが分離できていることが確認された（図6(2)，(3)）。エレクトロフェログラムからMCEによる分離にまだ改善の余地があることがわかるが，作製したナノスプレー一体型マイクロチップによってMCE-MS検出を実現できることが確認された。

2.4 まとめ

　ホットエンボス技術と低温直接接合技術を用いて，電気泳動とイオン化を1チップで行えるナノスプレー一体型のマイクロチップを作製した。作製したチップはキャピラリーやシリンジポンプを接続することなく，MCE-MS検出に成功した。アルギニンとカフェインのピークが重なっている点や，より多くのサンプルを分離可能にするためにも，分離能及び検出感度の高いチップの作製のための改善が必要であるものの，COP基板による使い捨て可能なMCE-MS検出可能なマイクロチップとして化学，医療分野での応用が期待される。

第14章　バイオデバイス

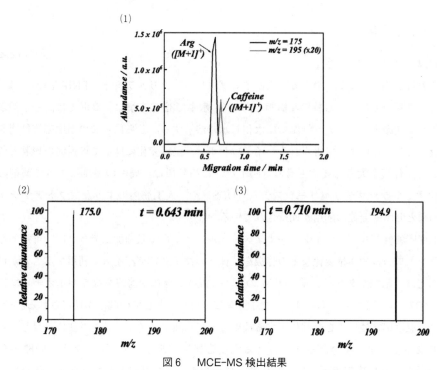

図6　MCE-MS 検出結果
(1) エレクトロフェログラム，(2) アルギニンのマススペクトル，(3) カフェインのマススペクトル

謝辞

本研究は，京都大学工学研究科材料化学専攻の大塚浩二教授の研究グループとの共同研究によって行われた。ここに深甚なる謝意を表します。

文　　　献

1) 北森武彦ほか，マイクロ化学チップの技術と応用，pp. 21-32，丸善 (2004)
2) 北川文彦ほか，*IEEJ Trans. SM*, **130**, pp. 351-355 (2010)
3) 松井真二ほか，ナノインプリント技術および装置の開発，pp. 205-213，シーエムシー出版 (2005)
4) H. Shinohara *et al.*, *Sens. Actuators B*, **132**, pp. 368-373 (2008)
5) M. Ishizuka *et al.*, Digest, Int. Conf. Miniaturized Systems for Chemistry and Life Science, pp. 1212-1214 (2005)
6) H. Shinohara *et al.*, *Sens. Actuators A*, **165**, pp. 124-131 (2011)

3 バイオ応用

横山義之[*]

3.1 はじめに

　温度応答性樹脂として知られるポリ-N-イソプロピルアクリルアミド（PNIPAAm）は，温度によりその性質を変化させる特殊な樹脂である[1]。水中で32℃を境に，高温では高分子鎖が脱水和し凝集して沈殿する。一方，低温では水和し水に溶解する。さらに，この温度応答性樹脂を三次元架橋させることによって得られるハイドロゲルは，温度変化に伴って可逆的な膨潤と収縮を引き起こし，体積を大きく変化させる（図1）[2]。この特徴は，周囲の温度によって薬剤の放出量が変化するドラッグデリバリーシステム（DDS）や，人工筋肉のようなソフトアクチュエーターの一種として，今後の応用が期待されている[3,4]。

　この温度応答性ゲルを，マイクロ～ナノメートルスケールに微細加工できれば，可逆的な物質の放出コントロールや体積変化などの特徴を，種々のマイクロデバイスで利用することが可能になる。例えば，細胞やタンパク質，DNAのような微小な物体や溶液を扱うバイオチップにおいて，マイクロポンプやマイクロバルブ，マイクロピンセットとしての利用が期待される。そこで，筆者らは，温度応答性ゲルを微細加工する技術として，熱ナノインプリント法に着目し，熱ナノインプリント法によって微細加工が行える温度応答性ゲル「バイオレジスト」の開発を行った[5,6]。開発した温度応答性ゲルは，レジスト材料のように微細パターニングが可能なこと，バイオチップでの利用を想定していること，また，温度変化に伴って体積が大きく変化し，微細パターンが生きているように変形することから，「バイオレジスト」と名付けた。

3.2 バイオレジストの微細パターン形成

　はじめに，バイオレジストのベース樹脂となる温度応答性樹脂の合成を行った。温度応答性サイトとして働くN-イソプロピルアクリルアミドモノマーと，架橋サイトとして働く水酸基を有

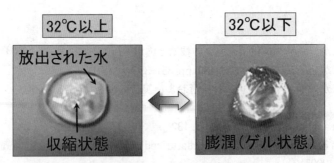

図1　温度応答性ゲルの温度応答性

---

*　Yoshiyuki Yokoyama　富山県工業技術センター　機械電子研究所　電子技術課
　　主任研究員

第14章　バイオデバイス

する2-ヒドロキシエチルアクリレートモノマーをラジカル重合し，PNIPAAm共重合体を得た。次に，架橋剤としてクエン酸を加え，1-メトキシ-2-プロパノールに溶解し，バイオレジスト溶液を調製した。その化学組成および熱ナノインプリントプロセスを，図2に示す。

調製したバイオレジストを，無水コハク酸を末端に有するシランカップリング剤で表面処理したガラス基板にスピンコートし，レジスト膜を形成した。シランカップリング剤は，基板表面とバイオレジストとを強固な共有結合でつなぐために用いている。これによって，モールド引き抜き時や微細パターン変形時に，バイオレジストと基板間の剥離が起きないようにしている。次に，基板を120℃に加熱し，バイオレジストを軟化させて，微細な凹凸パターンを有するシリコン製モールドを3 MPaの圧力で押し込んだ。モールドは，フッ素高分子系の離型剤（Optool HD-1101Z，ダイキン工業㈱）による表面処理をあらかじめ行っている。次に，モールドを押し当てたまま，基板を200℃に加熱して，バイオレジスト内部および，バイオレジストと基板間で，三次元架橋反応を進行させた。最後に，基板を80℃に冷却して，モールドを引き抜いた。図3に，熱ナノインプリント法によって形成した微細パターンのSEM写真を示す。10 μm〜50 nmの微細なパターンが，良好に転写できることが確認できた。

3.3　バイオレジストの温度応答性

バイオレジストの微細パターン上に水を滴下し，温度変化に伴うパターン変形の様子を観察した（図4）。基板を36℃にすると，バイオレジストは収縮し，穴パターンの直径やラインパターンの線間が拡がった。それに対して，基板を20℃にすると，バイオレジストは膨潤し，穴パターンやラインパターンの線間は完全に閉じた。この時，隣り合うパターン同士が干渉し合って，穴パターンの場合は，自然に縦横に潰れた形状で，ラインパターンの場合は，自然に蛇行した形状で閉じることがわかった。また，この挙動は，可逆的に何度も繰り返し行うことができた。

さらに，レーザー光によるスポット加熱を利用して，微細パターンの特定箇所だけの変形を試みた。レーザー光は，細胞に悪影響を与えない波長として，近赤外領域の光（784 nm）を用いた。

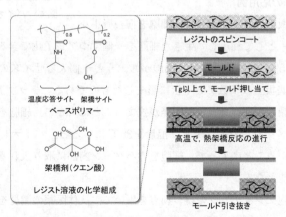

図2　熱ナノインプリント用バイオレジスト

図3　熱ナノインプリント法によるバイオレジストの微細パターン

バイオレジストは，可視〜近赤外領域には吸収を持たないことから，近赤外光吸収剤としてカーボン微粒子をレジスト中に分散させた。熱ナノインプリント法は，フォトリソグラフィ法と異なり，遮光材料であるカーボン微粒子が多く含まれたレジストに対しても，良好に微細パターンを転写することが可能であった。基板を20℃にして，全ての穴パターンが閉じている状態で，レーザー光によるスポット加熱を行うと，狙った穴パターン一個のみを開くことができた。また，近赤外レーザーの照射を止めると，熱が周囲に急速に奪われ，穴が再び閉じた。

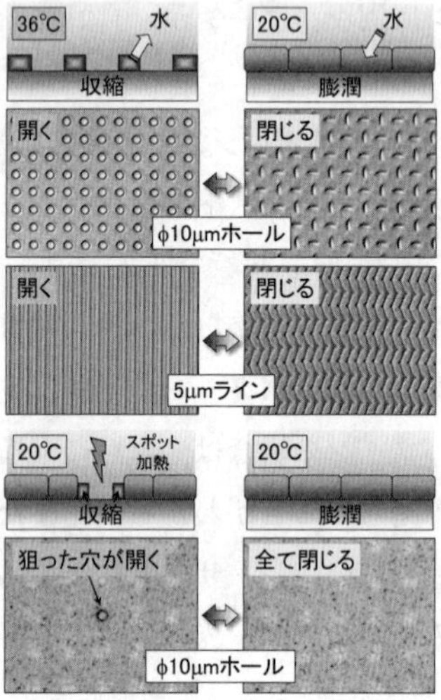

3.4　バイオチップへの応用例

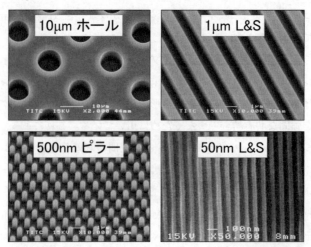

図4　バイオレジストの温度応答性

　バイオレジストの微細パターン変形を，細胞を掴む微小なゲルアクチュエーターとして利用し，生きた細胞を一個ずつアレイ化できる細胞アレイチップへの応用を試みた（図5）。このチップは，細胞がちょうど一個入るサイズの穴パターンを，バイオレジストを用いて基板上に多数アレイ状に形成したものである。チップ温度を20℃にすると，バイオレジストが膨潤し，穴パターンの内径が狭まることによって，細胞を穴パターン内部で掴むことが可能である。それに対し，チップ温度を36℃にすると，バイオレジストが収縮し，穴パターンの内径が拡がることによって，細胞を穴パターン内部に取り入れる，または，再び外部に取り出すことが可能となる。

　著者らは，この細胞アレイチップの持つ利点を用いて，抗体医薬の開発を目的とした免疫細胞のスクリーニングシステム[7,8]への応用を試みている（図6）。このシステムでは，多数の免疫細

第14章 バイオデバイス

図5　バイオレジストを用いた細胞アレイチップ

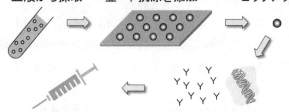

図6　モノクローナル抗体医薬の開発システム

胞をチップ上にアレイ化した後，ウィルスや細菌などの抗原を添加し，特異的に応答する免疫細胞を1細胞レベルで検出する．有用な反応を示した免疫細胞を回収し，その遺伝子配列を解析することによって，モノクローナル抗体医薬としての抗体産生を目指すものである．モノクローナル抗体医薬は，病原体のみを精度良く攻撃できる副作用の少ない次世代の薬として注目されている．このシステムの実現には，小さな浮遊性の免疫細胞（直径6μm）を，数十万個同時に固定・アレイ化できるチップ，さらには，有用な細胞を検出した後に，再び細胞をチップ上から回収できるチップが求められている．そのため，細胞を掴んだり放したりできるバイオレジストを利用した細胞アレイチップは，このシステムに，非常に適している．

図7に，細胞をアレイ化する手順を示す．はじめに，チップ温度を36℃に保持した状態（穴パターンが開いている状態）で，細胞懸濁液を滴下し，細胞の自然沈降を2分間待った．次に，チップ温度を20℃に下げることにより，バイオレジストを膨潤させ，穴パターンの中に入った

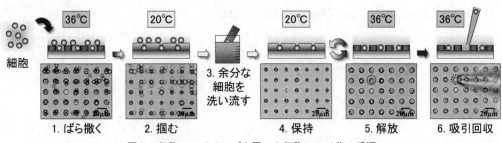

図7　細胞アレイチップを用いた細胞アレイ化の手順

細胞を掴んだ。その後，チップを洗浄し，掴まれていない余分な細胞を洗い流した。その結果，穴パターン内部に一個ずつの細胞をアレイ化することができた。さらに，チップ温度を36℃に戻すと，バイオレジストは収縮し，再び細胞を解放することができ，マイクロキャピラリーによる吸引操作によって，目的の細胞を回収することができた。

3.5　今後の展開

　熱ナノインプリント法によって微細加工が行える温度応答性ゲル「バイオレジスト」を開発した。これにより，温度応答性ゲルのユニークな特徴を，様々なバイオチップ上で容易に利用することが可能になった。さらに，バイオレジストを用いた細胞を掴んだり放したりできる細胞アレイチップを作製した。このチップ技術は，免疫細胞だけでなく，その他の血球細胞，スフェロイド，大腸菌，酵母菌，機能性微粒子（磁気ビーズや量子ドット）などをアレイ化する有力な手法の一つになるものと期待される。

　また，温度に応答する樹脂だけでなく，pH，光，電気といった様々な外部刺激に応答する刺激応答性樹脂（インテリジェントポリマー）が，近年多数報告されている。バイオレジストのように，これらの樹脂にも微細加工性を付与することによって，より高度なマイクロデバイスの構築が可能になると考えられる。ナノインプリント法は，これらの樹脂に微細加工性を付与できる非常に魅力的な手法になっていくと思われる。

文　　　献

1)　M. Heskins *et al.*, *Macromol. Sci. Chem. A*, **2**, 1441 (1968)
2)　T. Tanaka *et al.*, *Science*, **218**, 467 (1981)
3)　K. Kataoka *et al.*, *J. Am. Chem. Soc.*, **120**, 12694 (1998)
4)　D. J. Becbe *et al.*, *Nature*, **404**, 588 (2000)
5)　Y. Yokoyama *et al.*, *Proc. of Microprocesses and Nanotechnology 2009*, **1**, 64 (2009)
6)　Y. Yokoyama *et al.*, *Proc. of Micro Total Analysis System 2006*, **1**, 960 (2006)
7)　岸　裕幸ほか，バイオチップの最新技術と応用，p 225，シーエムシー出版 (2004)
8)　S. Yamamura *et al.*, *Anal. Chem.*, **77**, 8050 (2005)

ナノインプリントの開発とデバイス応用《普及版》(B1235)

2011 年 10 月 28 日　初　版　第 1 刷発行
2018 年 3 月 9 日　普及版　第 1 刷発行

監　修　　松井真二　　　　　　　　　　Printed in Japan
発行者　　辻　賢司
発行所　　株式会社シーエムシー出版
　　　　　東京都千代田区神田錦町 1-17-1
　　　　　電話 03(3293)7066
　　　　　大阪市中央区内平野町 1-3-12
　　　　　電話 06(4794)8234
　　　　　http://www.cmcbooks.co.jp/

〔印刷　あさひ高速印刷株式会社〕　　　© S. Matsui, 2018

落丁・乱丁本はお取替えいたします。

本書の内容の一部あるいは全部を無断で複写（コピー）することは，法律
で認められた場合を除き，著作権および出版社の権利の侵害になります。

ISBN 978-4-7813-1272-9 C3054 ¥5600E